高等学校测控技术专业规划教材

测控信号分析与处理

伍川辉　朱云芳　宁　静　编

西南交通大学出版社
·成　都·

内容简介

本书根据“测控技术及仪器”专业对信号分析处理的基本要求，系统讲述了信号分析与处理的基本原理与方法。重点介绍了确定性信号的频谱分析与滤波技术，并对随机信号的分析与处理方法进行介绍；分析对象包括模拟信号和数字信号，对系统分析也作了适量的介绍；讲述了当前流行的小波分析的基本方法和 DSP 芯片的原理及应用等基本内容。

本书可作为自动化及各种非电子信息类专业的教材，也可作为相关专业与工程技术人员的自学参考用书。

图书在版编目（CIP）数据

测控信号分析与处理 / 伍川辉，朱云芳，宁静编．
成都：西南交通大学出版社，2009.9
高等学校测控技术专业规划教材
ISBN 978-7-5643-0460-7

Ⅰ．测… Ⅱ．①伍…②朱…③宁… Ⅲ．①自动检测系统－信号分析－高等学校－教材②自动检测系统－信号处理－高等学校－教材 Ⅳ．TP274

中国版本图书馆 CIP 数据核字（2009）第 178318 号

高等学校测控技术专业规划教材
测控信号分析与处理
伍川辉　朱云芳　宁　静　编
*
责任编辑　张华敏
特邀编辑　张　阅
封面设计　墨创文化
西南交通大学出版社出版发行
(成都二环路北一段 111 号　邮政编码：610031　发行部电话：028-87600564)
http: //press.swjtu.edu.cn
四川森林印务有限责任公司印刷
*
成品尺寸：185 mm×260 mm　印张：15.5
字数：387 千字
2009 年 9 月第 1 版　2009 年 9 月第 1 次印刷
ISBN 978-7-5643-0460-7
定价：28.00 元

前　言

测控信号的分析处理工作是测控技术的重要内容，在工程应用中要从被分析的对象中获得有用信息，必须用有效的方法对测得的信号进行分析、处理。近年来，信号分析与处理技术发展极其迅速，在科学技术的各领域得到广泛应用。

信号分析与处理技术作为一门新兴学科，正在受到越来越多的重视，成为高等院校测控技术及仪表、非电子信息类、自动化等专业非常重要的教学内容。根据高校本科教学需要，我们结合多年从事测控信号分析与处理教学和科研实践的体会，编写了本书。

全书共 10 章。绪论主要介绍信号的定义及分类、系统的概念及分类。第 1 章主要介绍连续时间信号时域分析中信号的描述、分解和卷积，频域分析中周期信号的傅里叶级数，非周期信号的傅里叶变换。第 2 章介绍连续系统分析基础，包括拉普拉斯变换和连续系统的 s 域分析。第 3 章介绍离散时间信号分析的基本理论，包括序列的 z 变换及 z 反变换。第 4 章介绍离散系统的描述，离散系统的时域分析和 z 域分析。第 5 章介绍离散时间信号分析，包括序列的傅里叶变换、离散傅里叶级数(DFS)、离散傅里叶变换(DFT)、快速傅里叶变换(FFT)。第 6 章介绍模拟滤波器的概念，巴特沃斯和切比雪夫模拟滤波器的设计。第 7 章介绍数字滤波器的基本概念，IIR 数字滤波器和 FIR 数字滤波器的设计。第 8 章介绍随机信号分析，包括随机信号的概念、相关函数和功率谱、线性时不变系统对随机信号的响应。第 9 章介绍小波变换，包括时频分析的基本概念、短时傅里叶变换、小波变换。第 10 章介绍测控信号处理的 DSP 实现。

本书的特点是简明扼要，深入浅出，系统性强，注意循序渐进，减少学习台阶，强调基本原理，力求概念准确、图文并茂，注重数学公式的物理概念的解释，方便理解和自学。

本书的编写得到了西南交通大学高品贤教授的大力支持。他对全书的体系结构和具体的细节叙述都提出了许多指导性的意见，在此表示衷心的感谢。在编写过程中还得到了傅莉萍、李潇潇、程杨等同志的帮助。在此，向所有为本书进行审阅并提出宝贵意见以及在编写出版过程中给予热情帮助和支持的同志们，一并表示衷心的感谢。

由于时间仓促，加之我们的水平有限，书中难免存在一些不妥之处，敬请读者不吝指正。

编　者

2009 年 8 月于成都

目　录

绪　论……1

0.1　信号的概念……1

0.2　信号的分类……2

0.3　系统的概念与分类……5

0.4　线性时不变系统……9

第 1 章　连续时间信号分析……11

1.1　几种典型的连续信号……11

1.2　连续信号的时域分解……16

1.3　周期连续信号的频谱分析（FS）……20

1.4　非周期连续信号的频谱分析（FT）……27

1.5　抽样信号的傅里叶变换……39

习　题……45

第 2 章　连续系统分析基础……48

2.1　拉普拉斯变换（laplace transform）……48

2.2　拉普拉斯反变换……51

2.3　拉普拉斯变换的一些重要性质……54

2.4　LTI 连续系统的 s 域分析……56

习　题……60

第 3 章　z 变换……62

3.1　离散时间信号……62

3.2　序列的 z 变换……65

3.3　常用序列的 z 变换……67

3.4　z 反变换……72

3.5　z 变换的重要性质……77

习　题……82

第 4 章　离散时间系统分析……84

4.1　线性非移变离散系统……84

4.2　离散系统的时域分析……86

4.3　离散系统的 z 域分析……90

习　题……96

第 5 章　离散时间信号分析……98

5.1　序列的傅里叶变换……98

5.2 信号的傅氏、拉氏及 z 变换间的关系 …… 100
5.3 离散傅里叶级数（DFS） …… 104
5.4 离散傅里叶变换（DFT） …… 107
5.5 快速傅里叶变换（FFT） …… 117
5.6 离散傅氏变换的应用 …… 126
习 题 …… 140

第 6 章 模拟滤波器 …… 142
6.1 基本概念 …… 142
6.2 传递函数设计方法 …… 146
6.3 巴特沃思滤波器 …… 148
6.4 切比雪夫滤波器 …… 157
习 题 …… 164

第 7 章 数字滤波器 …… 166
7.1 基本概念 …… 166
7.2 IIR 数字滤波器 …… 171
7.3 FIR 数字滤波器 …… 184
7.4 数字滤波器的实现 …… 192
习 题 …… 199

第 8 章 随机信号分析 …… 201
8.1 随机信号的概念 …… 201
8.2 LTI 系统对随机信号的响应 …… 208
8.3 相关函数和功率谱估计 …… 210
习 题 …… 212

第 9 章 小波变换 …… 214
9.1 时频分析 …… 214
9.2 短时傅里叶变换（STFT） …… 216
9.3 小波变换（WT） …… 219
习 题 …… 230

第 10 章 测控信号处理的 DSP 实现 …… 231
10.1 概 述 …… 231
10.2 DSP 芯片的基本结构和特征 …… 234
10.3 TMS320C54x 系列 DSP …… 235
10.4 数字滤波器的 DSP 实现 …… 238
习 题 …… 241

参考文献 …… 242

绪　论

内容提要

1. 信号的概念与分类
2. 系统的概念与分类
3. 线性系统的定义及特性

0.1　信号的概念

0.1.1　信号（signal）

信号是物质运动的表现形式，或者说是随着时间变化的某种物理量。

信号可以理解为函数 $f(t)$（连续信号）或序列 $f(n)$（离散信号），在数学上可以表示为一个或 n 个独立变量的函数，亦可用声、光、电、文字、符号、图形、图像来表示。

不管是何种信号，它总是蕴含着某种信息，所以信号是传输信息的载体。例如，十字路口的红绿灯，是用“光”表示的信号，它含有“禁止通过”和“允许通过”两种信息；上、下课的钟声，是用“声”表示的信号，它含有“上课”或“下课”两种信息。

0.1.2　信息（information）

信息是反映一个物理系统状态或特性的预先不知道的报道。

信息是比较抽象的概念。信息本身不是物质，不具有能量，但信息却是物质所固有的，可以将信息理解为事物运动的状态和方式，是用来消除不确定性的一种东西。

信息是通过信号传递的，是从信号中获取的。

信息可以识别、转换、存储和传输。

0.1.3　测试（measurement）

测试是人们认识客观事物的方法，是获取信息的手段。

测试过程是从客观事物中提取有关信息的认识过程。它较一般的测量、计量和测绘具有更广泛的含义，测量、计量和测绘是指对“物”的“量度”；而测试是指对“现象”的检测和对所检测到的信号进行分析与处理，即获取信号和从信号中提取信息。它包括四个主要部分：

检出信号→变换信号→分析处理（获取信息）→判断（决策）

在现代广义的测试中，以计算机为主体的测试系统已成为主流，而且发展很快，由于这种系统能实现自动测试和进行测试控制，所以又称为测控系统，其系统框图如图 0.1 所示。

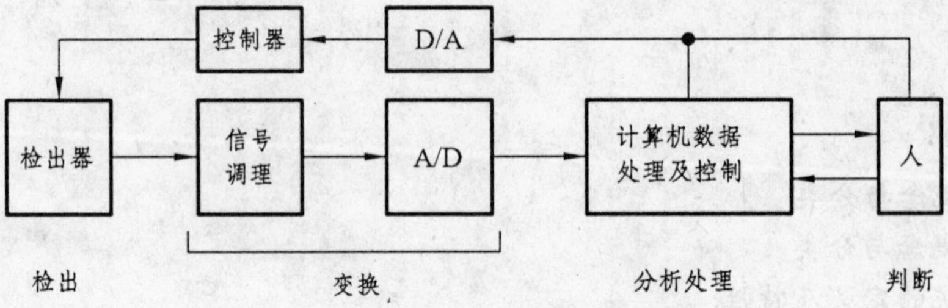

图 0.1 测试系统

0.2 信号的分类

信号分类的方法很多，最常用的有两种：一是按信号的性质分类；二是按信号的变量取值方式分类。

0.2.1 按信号的性质分类

按信号的性质，信号可分为确定性信号和随机信号两大类，如图 0.2 所示。

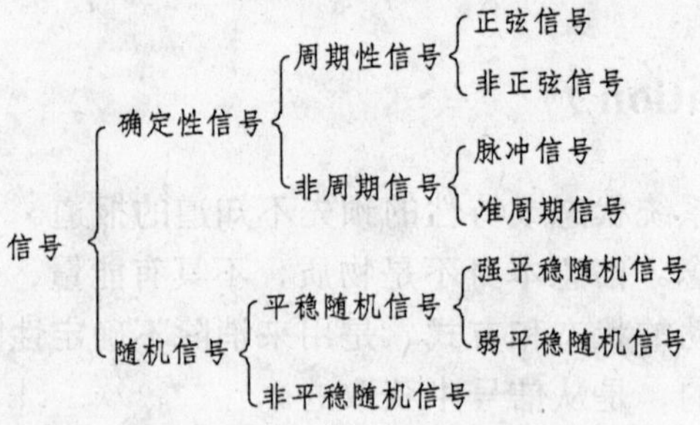

图 0.2 按信号的性质分类

1. 确定性信号

确定性信号随时间的变化服从于某种确定规律，能用确定的数学函数描述，对于任一确定的时刻，信号有确定的函数值。确定性信号主要有两种：周期信号（periodic signal）和非周期信号（aperiodic signal），周期信号是时间的周期函数，是按周期 T 重复出现的，其表达式为：

连续周期信号

$$f(t)=f(t\pm nT),\qquad n=0,1,2,\cdots \tag{0.1}$$

离散周期信号

$$f(k)=f(k\pm nN),\qquad k,n=0,1,2,\cdots \tag{0.2}$$

其中，T、N 为周期。

非周期信号可以看成是周期信号在周期 T（或 N）趋向于无穷大时的特例。

2. 随机信号（random signal）

随机信号的取值在不同时刻是随机变化的，不能预先确切地知道它的变化规律，工程中有不少信号都属于该类型。由于随机信号不能用一个确定的时间函数来描述，所以只能用数理统计的方法来加以研究。随机信号也分两种：一是平稳性随机信号，其统计特性基本上不随测量时间而变化；二是非平稳随机信号，其统计特性是随测量时间不同而变化的。

0.2.2 按信号的变量取值方式分类

1. 时间连续信号（continuous-time signal）

这是一种时间 t 连续的信号，函数值 $f(t)$ 可以是连续的，也可以是离散的，前者称为模拟信号（analog signal），是最常见的信号；后称为量化信号，主要用于抽样过程中的量化，如图 0.3（a）、（b）所示。

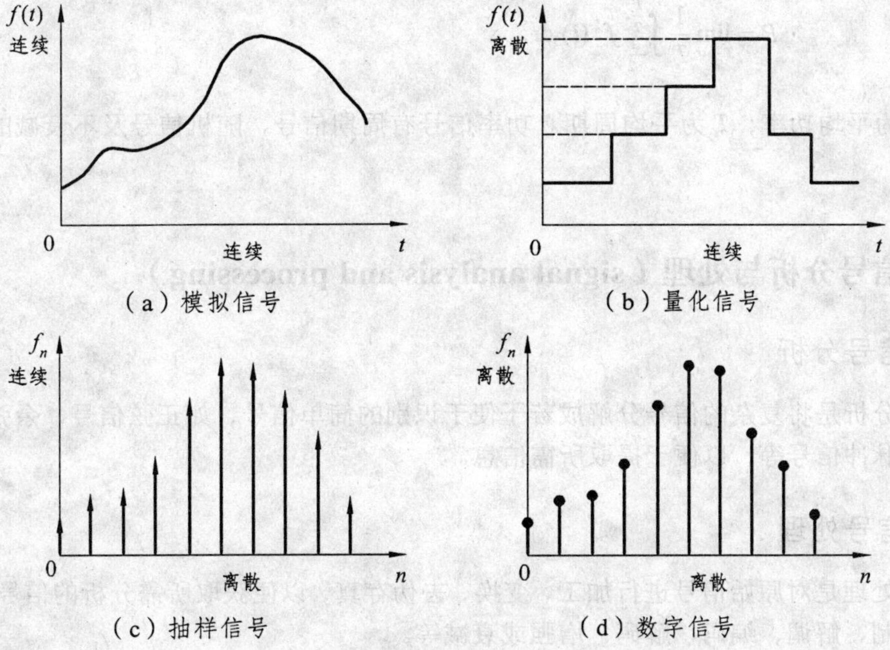

（a）模拟信号　（b）量化信号

（c）抽样信号　（d）数字信号

图 0.3　按信号的变量取值方式分类

2. 时间离散信号（discrete-time signal）

这是一种时间 t 离散的信号，函数值 $f(t)$ 可以是连续的，也可以是离散的。前者称为抽样信号，后者称为数字信号（digital signal），如图 0.3 所示。

0.2.3 其他分类法

1. 因果信号与非因果信号

如果一个信号只在自变量的非负半轴左闭区间［0，∞）才取非零值，而在（−∞，0）开区间内取值均为 0，那么这样的信号就称为“因果信号（causal signal）”，否则就称为“非因果信号”。

2. 能量有限信号和功率信号

如果一个信号其能量是有限的，则称之为能量有限信号（energy-limited signal），如衰减的周期信号或有限长的非周期信号（持续时间有限）。能量信号定义为

$$E=\int_{-\infty}^{\infty} f^2(t)\,\mathrm{d}t<\infty \tag{0.3}$$

式中，E 为称为能量，满足 $E<\infty$ 的信号称为能量有限信号。

对于周期信号，其能量为无穷大，不满足式（0.3）的要求，这时只能用平均功率来表达信号的能量，故称为功率信号。信号的平均功率的定义为

$$P=\lim_{T\to\infty}\frac{1}{T}\int_{-\frac{T}{2}}^{\frac{T}{2}} f^2(t)\,\mathrm{d}t \tag{0.4}$$

式中，P 为平均功率；T 为平均周期。功率信号有周期信号、随机信号及不衰减的非周期信号等。

0.2.4 信号分析与处理（signal analysis and processing）

1. 信号分析

信号分析是将复杂的信号分解成若干便于识别的简单信号，如正弦信号、余弦信号、直流信号、脉冲信号等，以便于提取所需信息。

2. 信号处理

信号处理是对原始信号进行加工、变换，去伪存真，以便获取所需分析的信号，如滤波，变换、调制、解调，编码、解码，增强或衰减等。

需要指出的是，信号的分析与处理并无严格的区别，而是一种复合关系，分析中包含有

处理，处理中也包括有分析。

3. 分析方法

信号分析的方法主要有三种：时域分析法、频域分析法和时频分析法。

时域分析法主要是分析信号的“波形（waveform）”，信号波形是信号的幅度随时间变化的关系曲线。通过时域分析，可以了解信号的时域特性，如波形的参数、波形的变化、信号的强度、时域相关特性、概率密度函数等。

频域分析法主要是分析信号的“频谱（spectrum）”，信号的频谱是信号幅度或功率随频率变化的关系曲线。因此，进行频谱分析时，需要将时域信号变换为频域信号，最常用的是傅里叶变换（FT），通过变换，可以研究信号在频域内的特性和频率结构，如幅度谱、相位谱、功率谱等。

时频分析法是将时域分析与频域分析结合起来，取长补短，将一维分析变为二维分析，这是一种现代分析方法，是分析处理时变信号的一种有效方法。

0.3 系统的概念与分类

各种变化着的信号不是孤立存在的，信号总是在系统中产生又在系统中不断传递，因此信号与系统是不可分离的。

0.3.1 系统（system）

系统是由若干相互联系、相互作用的单元组成的具有一定功能的有机整体（如一台机器、一座大桥、通信系统、检测系统、生态系统、经济系统等），其种类繁多，内容丰富，广泛存在于自然界，是工程研究的主要对象。

信号的产生、传输、分析与处理均离不开系统，而系统的性质往往是通过输入与输出信号间的关系来描述的。

系统的输入与输出可表示为：单输入、单输出系统，这是一种理想化的系统；多输入、多输出系统，这是一种实际系统，如图 0.4 所示。

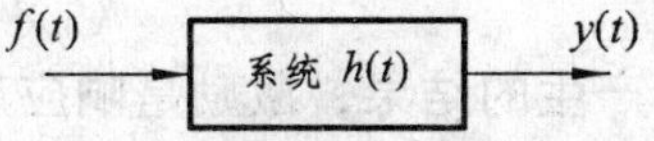

（a）单输入单输出系统

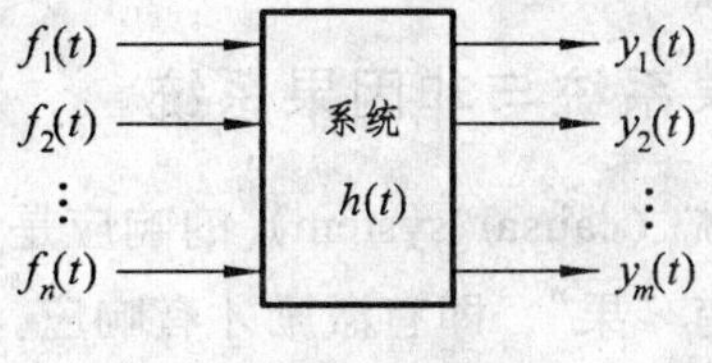

（b）多输入多输出系统

图 0.4 系统的表示

0.3.2 系统分类

1. 连续系统、离散系统、混合系统

根据系统处理的信号形式分为：连续系统、离散系统、混合系统。

连续系统：若系统的输入（激励）和输出（响应）都是连续时间信号，则称此系统为连续时间系统，简称连续系统。连续系统是用微分方程来描述的，如图 0.5（a）所示。

离散系统：若系统的输入（激励）和输出（响应）都是离散时间信号，则称此系统为离散时间系统，简称离散系统。离散系统是用差分方程来描述的，如图 0.5（b）所示。

混合系统：连续系统与离散系统的组合，如图 0.5（c）示。

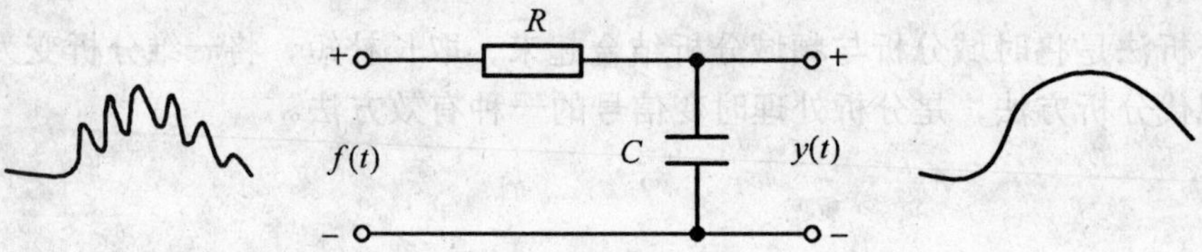

（a）连续系统

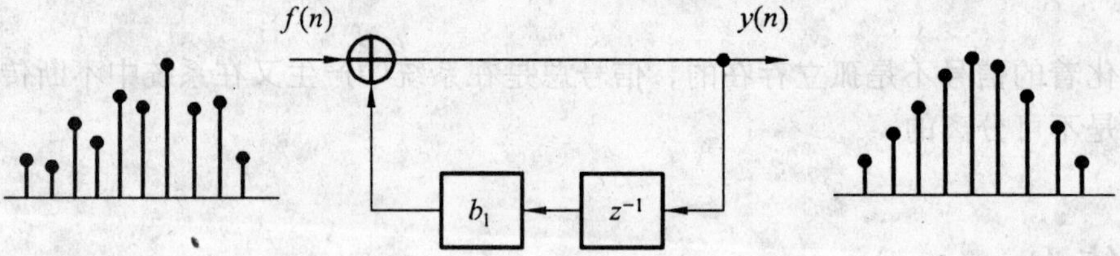

（b）离散系统

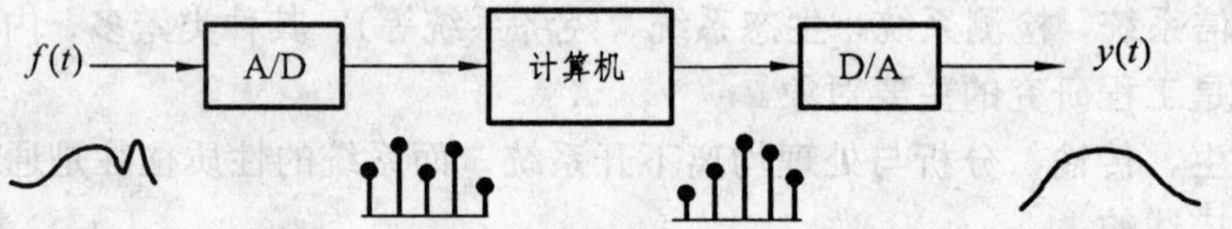

（c）混合系统

图 0.5 系统的分类

2. 因果系统与非因果系统

因果系统（causal system）的响应是系统激励所产生的结果，激励是响应产生的原因，有“因”才有“果”，即有激励才有响应，如图 0.6 所示。一般的电路系统、机械系统等物理上可实现的系统都具有这种特性，故因果系统又称物理上可实现的系统。因果系统的特点是，在 $t<0$ 时，输入 $f(t)$ 和输出 $y(t)$ 恒为零。

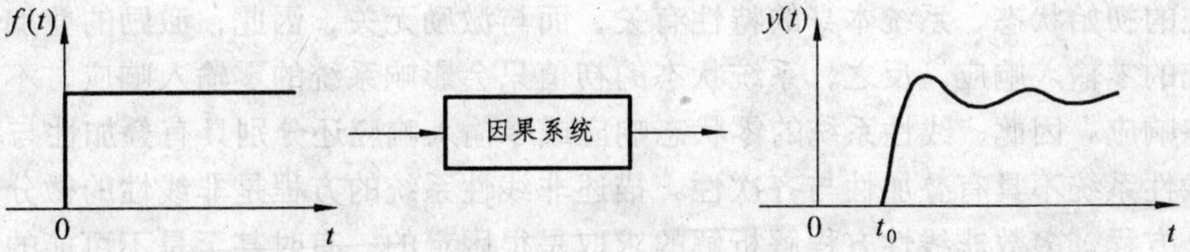

图 0.6 因果系统

非因果系统的响应与未来激励有关，响应在激励之前就已存在，这是一种物理不可实现系统，如图 0.7 所示，响应中的 $-t_0$ 部分出现在激励之前，也就是说它与未来的激励有关。

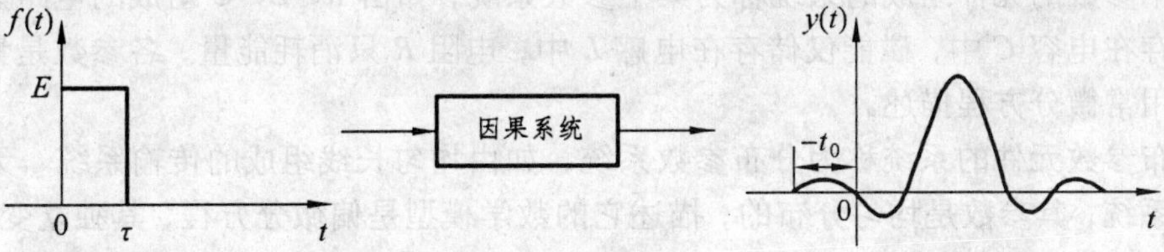

图 0.7 非因果系统

3. 动态系统与即时系统

描述系统的方程若为微分方程或差分方程，该系统为动态系统；若为代数方程，则该系统为即时系统。

电学上的纯电阻网络就是即时系统，包含有电感、电容的电路则是动态系统，力学上有惯量的系统也是动态系统。

动态系统任意时刻的输出不仅与此时刻的输入有关，还与此时刻以前的系统的历史状况有关；而即时系统某时刻的输出只与此时刻的输入有关，与历史状况无关。所以，动态系统又称有记忆的系统，即时系统又称无记忆的系统。

4. 时不变系统与时变系统

描述系统的微分（或差分）方程的系数与时间 t（或 n）无关时，则该系统为时不变系统；系数与时间 t（或 n）有关时，则为时变系统。

时不变系统本身的参数不随时间变化，因此，在同样的起始状态下，系统的响应与激励施加于系统的时刻无关，这就是时不变系统响应的时不变特性。

5. 线性系统与非线性系统

线性系统是指那些数学模型是线性微分方程或线性差分方程的系统；如果系统数学模型是非线性的微分方程或非线性差分方程，则为非线性系统。

线性系统具有叠加性和齐次性，在几个激励信号同时作用下产生的零状态响应等于每个激励单独作用时所产生的零状态响应之和。当激励为原激励的 K 倍时，线性系统的零状态响应也为原来激励所产生的零状态响应的 K 倍。

任何线性系统的全响应均可分解为零输入响应与零状态响应两部分。系统的零输入响应只与系统的初始状态、系统本身的特性有关，而与激励无关，因此，激励的叠加与加倍不会改变系统的零输入响应。反之，系统状态的初值只会影响系统的零输入响应，不会影响系统的零状态响应。因此，线性系统的零状态响应或零输入响应还分别具有叠加性与齐次性。

非线性系统不具有叠加性与齐次性。描述非线性系统的方程是非线性的微分方程或非线性的差分方程，多数非线性方程解析解的求取是很困难的，有时甚至是不可能的，而图解法与数值分析则是常用的方法。

6. 集中参数系统与分布参数系统

由集中参数的元件组成的系统称为集中参数系统，如由 R、L、C 组成的电路系统，它的电能仅储存在电容 C 中，磁能仅储存在电感 L 中，电阻 R 只消耗能量，各参数是集中的，集中参系统用常微分方程描述。

含分布参数元件的系统称为分布参数系统，如由均匀长线组成的传输系统、天线等就是分布参数系统，其参数是均匀分布的，描述它的数学模型是偏微分方程，其独立变量有两个：时间变量和空间变量。

0.3.3 系统的组成

实际系统通常由许多子系统组合而成。

1. 串联（级联）系统

串联系统是由多个子系统串接而成的，如图 0.8 所示。串联系统的总传递函数是各个子系统传递函数的乘积，即

$$H(s) = H_1(s) \cdot H_2(s) \cdots H_i(s) \tag{0.5}$$

式中，$H(s)$ 为系统的总传递函数；$H_i(s)$ 为第 i 个子系统的传递函数。

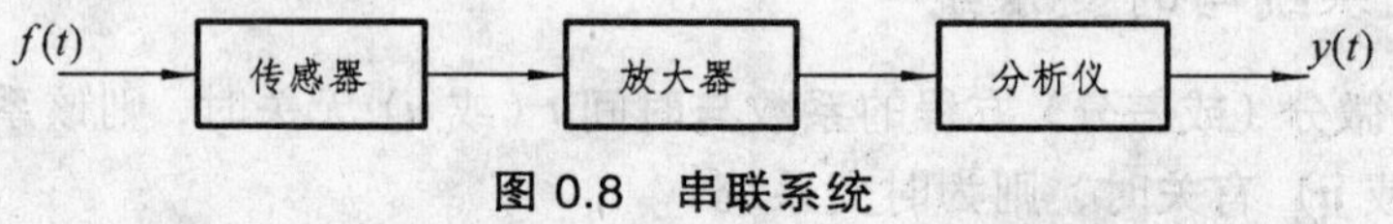

图 0.8 串联系统

2. 并联系统

并联系统是由多个子系统并接而成的，如图 0.9 所示。并联系统的总传递函数是各个子系统传递函数的和，即

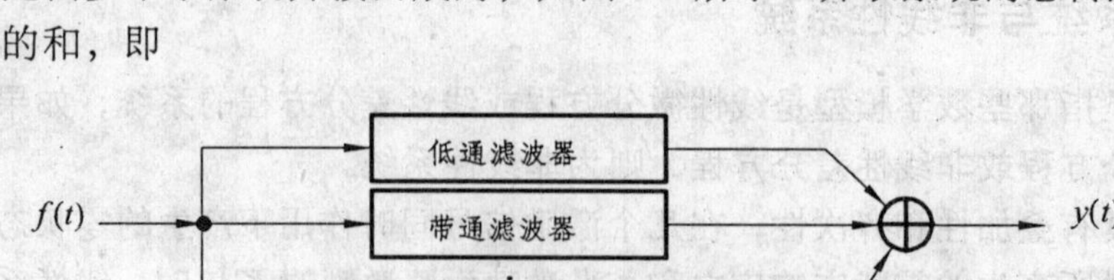

图 0.9 并联系统

$$H(s)=H_1(s)+H_2(s)+\cdots+H_i(s) \tag{0.6}$$

式中，$H(s)$ 为系统的总传递函数；$H_i(s)$ 为第 i 个子系统的传递函数。

3. 混联系统

一个系统如果有串联部分，也有并联部分，则这个系统称为混联系统，实际系统大都是混联系统。

4. 反馈系统

一个系统如果存在反馈连接部分，如图 0.10 所示，则这个系统称为反馈系统，这种系统在控制系统中经常采用。

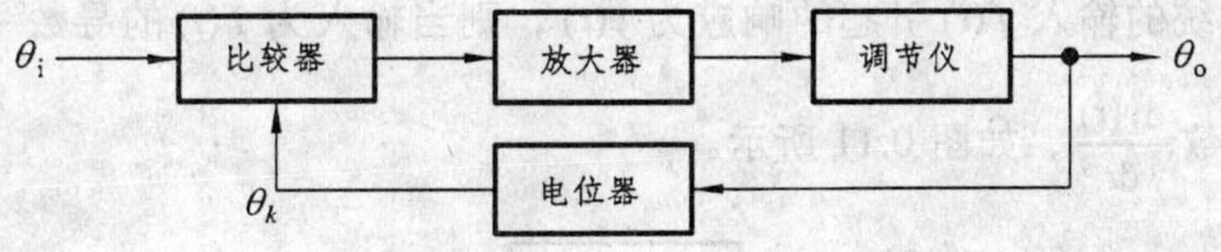

图 0.10 反馈系统

0.4 线性时不变系统

0.4.1 线 性

线性包含叠加性和齐次性两个重要概念。

1. 叠加性

如果输入 $f_1(t)$ 时系统的响应为 $y_1(t)$，输入 $f_2(t)$ 时系统的响应为 $y_2(t)$，则输入 $f_1(t)+f_2(t)$ 时，系统的响应为 $y_1(t)+y_2(t)$。

2. 齐次性

如果输入 $f(t)$ 时系统的响应为 $y(t)$，当输入增至 a 倍即 $af(t)$ 时，其响应也增加 a 倍即 $ay(t)$。

同时满足叠加性和齐次性的系统称为线性系统。一般情况下，系统的这两个性质是同时具有的，即有

$$a_1f_1(t)+a_2f_2(t)\to a_1y_1(t)+a_2y_2(t) \tag{0.7}$$

不满足式（0.7）关系的称为非线性系统，如：

$y'(t)+2y(t)=x(t)$ 所描述的是线性系统。

$y'(t)+2y^2(t)=x(t)$ 所描述的为非线性系统。

0.4.2 线性时不变系统及特性

线性时不变系统是指既具有线性性又具有时不变性的系统，线性时不变系统简记为 LTI（linear time invariant）。

线性时不变系统有三个重要的特性：微分特性、积分特性和频率保持特性。

1. 微分特性

如果线性系统的输入 $f(t)$ 引起的响应为 $y(t)$，则当输入为 $f(t)$ 的导数 $\frac{\mathrm{d}f(t)}{\mathrm{d}t}$ 时，则输出将变为 $y(t)$ 的导数 $\frac{\mathrm{d}y(t)}{\mathrm{d}t}$，如图 0.11 所示。

图 0.11 LTI 系统的微分特性

2. 积分特性

如果线性系统的输入 $f(t)$ 引起的响应为 $y(t)$，则当输入为 $f(t)$ 的积分 $\int_0^t f(\tau)\mathrm{d}\tau$ 时，则输出将变为 $y(t)$ 的积分 $\int_0^t y(\tau)\mathrm{d}\tau$，如图 0.12 所示。

图 0.12 LTI 系统的积分特性

3. 频率保持特性

如果线性系统的输入信号中含有频率成分：ω_1，ω_2，…，ω_n，则系统的稳态响应也只含有 ω_1，ω_2，…，ω_n 的成分，有些成分可能没有，但不会增加成分，也就是说，信号通过线性系统后不会产生新的频率分量。

0.4.3 线性时不变因果系统

线性时不变因果系统是同时满足线性性、时不变性和因果性的系统，这是一种理想化的系统，但在工程界中，有许多实际系统接近这种系统，这种系统的分析理论比较成熟，求解方便，能解决很多实际问题，是本课程的主要研究对象。

第 1 章　连续时间信号分析

内容提要

1. 几种典型的信号（函数）
2. 主要时域分析方法，卷积（褶积）
3. 主要频率分析方法，频谱

1.1　几种典型的连续信号

1.1.1　单位阶跃函数 $\varepsilon(t)$（unit step function）

阶跃函数是幅值在 $t=0$ 处发生跳变的一种函数，是一种特殊的连续信号，又称为奇异信号。在工程界中，一个直流稳压电源，在开关的闭合过程可以用阶跃函数来描述。其幅度为 1 时称为单位阶跃函数，国标 GB3102.11—93 规定用 $\varepsilon(t)$ 表示，习惯用 $u(t)$ 表示，波形如图 1.1 所示。定义为

$$u(t)=\begin{cases}1, & t>0\\ 0, & t<0\end{cases} \tag{1.1}$$

图 1.1　单位阶跃函数

在跳变点 $t=0$ 处，函数值未定义，或定义 $u(0)=1/2$。单位阶跃函数的其他形式如图 1.2 所示。

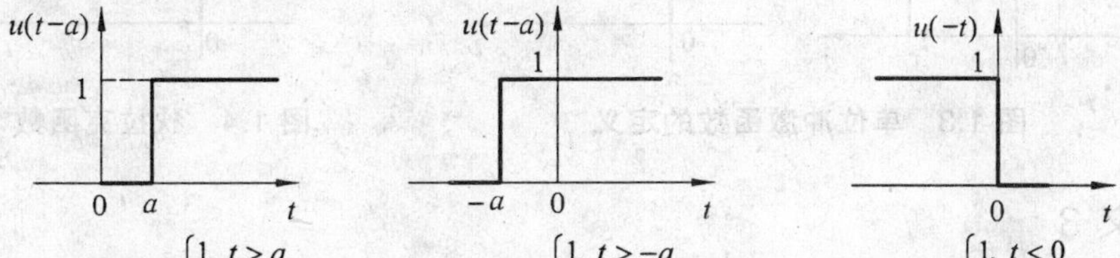

$u(t-a)=\begin{cases}1, & t>a\\ 0, & t<a\end{cases}$　$u(t+a)=\begin{cases}1, & t>-a\\ 0, & t<-a\end{cases}$　$u(-t)=\begin{cases}1, & t<0\\ 0, & t>0\end{cases}$

图 1.2　单位阶跃函数的其他形式

单位阶跃信号是一个很有用的信号，可以用两个单位阶跃信号来表示一个矩形脉冲信号，还可以用单位阶跃信号来表示单边信号以及一个信号的起始点。

1.1.2　单位冲激函数 $\delta(t)$（unit impulse function）

在工程界中，存在一些在一瞬间发生的信号，在这一瞬间过后信号又消失了，如两个物

体碰撞、电学中的放电、运行列车在制动瞬间产生的冲击、天空中的闪电等。冲激信号是这类信号抽象的理想的描述，即当信号发生时间趋于零时产生冲激信号，又称 δ 函数，该函数在信号分析中占有重要的地位。该函数有如下几种定义方式。

1. 定义 1

设一面积为 1 的方波为

$$S_\tau=\begin{cases}\dfrac{1}{\tau} & 0\leqslant t\leqslant \tau\\ 0 & 0>t,\ t>\tau\end{cases}$$

当 $\tau\to 0$ 时，得

$$\delta(t)=\begin{cases}\infty & t=0\\ 0 & t\neq 0\end{cases}\tag{1.2}$$

则 $\delta(t)$ 称为冲击函数。如果将 $\delta(t)$ 函数的单位取为 1，则称单位冲激函数，如图 1.3 所示。

2. 定义 2

这是物理学家狄拉克分析量子力学时给出的定义，故又称狄拉克函数，如图 1.4 所示。定义如下，当冲激能量为有限值时，用单位面积表示则面积为 1，即

$$\int_{-\infty}^{\infty}\delta(t)\,\mathrm{d}t=1,\quad \delta(t)=0,\ t\neq 0\tag{1.3}$$

也可以表示为如下的延时形式：

$$\int_{-\infty}^{\infty}\delta(t-a)\,\mathrm{d}t=1,\qquad \delta(t-a)=0,\ t\neq a$$

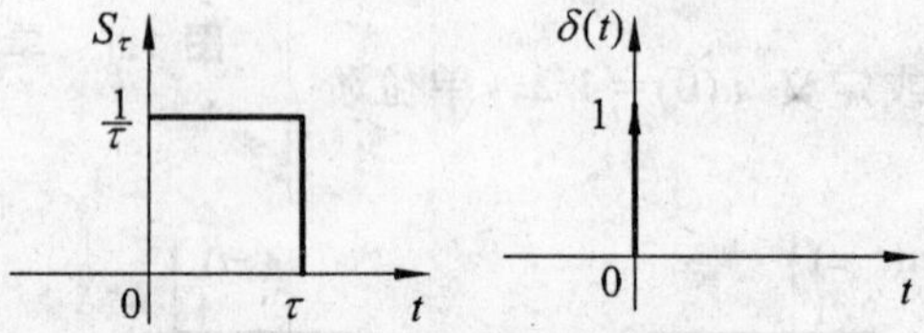

图 1.3 单位冲激函数的定义

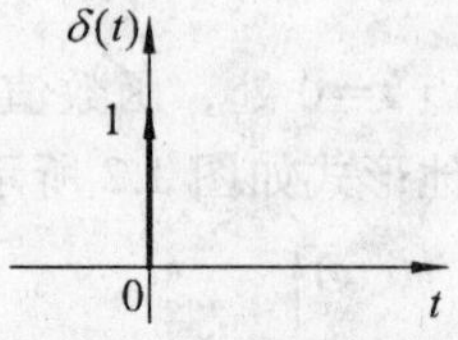

图 1.4 狄拉克函数

3. 定义 3

冲激函数亦可用各种脉冲函数来表示。

用矩形脉冲定义，如图 1.5 所示。

$$\delta(t)=\lim_{\tau\to 0}\frac{1}{\tau}\left[u(t+\frac{\tau}{2})-u\left(t-\frac{\tau}{2}\right)\right]\tag{1.4}$$

用三角形脉冲定义，如图 1.6 所示。

$$\delta(t)=\lim_{\tau\to 0}\left\{\frac{1}{\tau}\left(1-\frac{|t|}{\tau}\right)\left[u(t+\tau)-u(t-\tau)\right]\right\}\tag{1.5}$$

此外，还可以用双边指数脉冲、钟形脉冲等来定义。

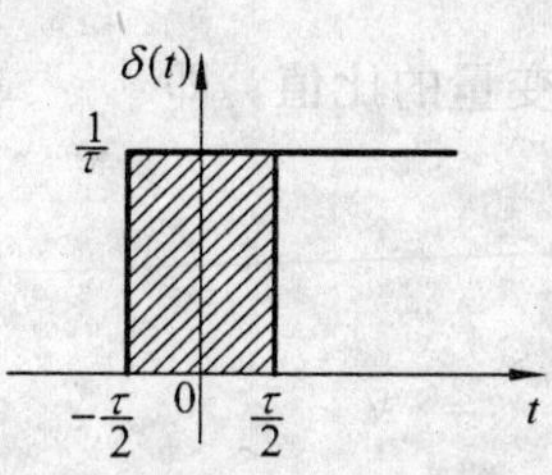

图 1.5　用两个阶跃函数定义

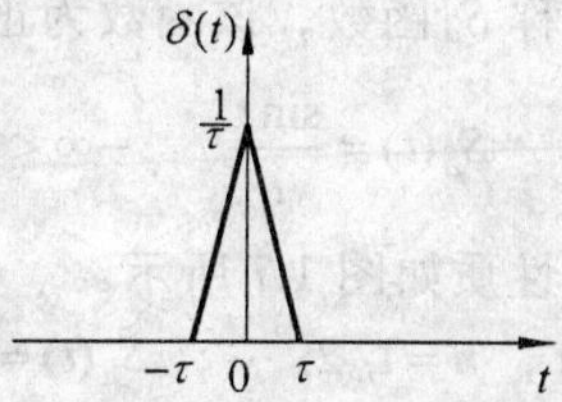

图 1.6　用三角形脉冲定义

4. δ 函数的性质

设 $f(t)$ 为连续且有界函数，即满足可积条件，根据单位冲激函数的定义，可得到如下性质。

1）乘积特性

又称抽样特性，即函数 $f(t)$ 与 $\delta(t)$ 的乘积等于函数在 $t=0$ 时的取值，有

$$f(t)\delta(t)=f(0)\delta(t) \tag{1.6}$$

同样有

$$f(t)\delta(t-a)=f(a)\delta(t-a) \tag{1.7}$$

2）积分特性

又称筛选特性，当连续时间函数 $f(t)$ 与 $\delta(t)$ 或 $\delta(t-a)$ 相乘，并在 $(-\infty,\infty)$ 积分时，可得到函数在 $t=0$ 或 $t=a$ 点函数值 $f(0)$ 或 $f(a)$，有

$$\int_{-\infty}^{\infty} f(t)\delta(t)\mathrm{d}(t)=\int_{-\infty}^{\infty} f(0)\delta(t)\mathrm{d}t=f(0)\int_{-\infty}^{\infty}\delta(t)\mathrm{d}(t)=f(0) \tag{1.8}$$

$$\int_{-\infty}^{\infty} f(t)\delta(t-a)\mathrm{d}(t)=\int_{-\infty}^{\infty} f(a)\delta(t-a)\mathrm{d}t=f(a) \tag{1.9}$$

3）$\delta(t)$为偶函数

$$\delta(t)=\delta(-t) \tag{1.10}$$

5. 阶跃函数 $u(t)$ 与冲击函数 $\delta(t)$ 的关系

（1）冲激函数的积分等于单位阶跃函数，有

$$\int_{-\infty}^{t}\delta(\tau)\,\mathrm{d}\tau=u(t) \tag{1.11}$$

$$\int_{-\infty}^{t}\delta(t-a)\,\mathrm{d}\tau=u(t-a) \tag{1.12}$$

（2）单位阶跃函数的微分等于冲激函数，有

$$\frac{\mathrm{d}u(t)}{\mathrm{d}t}=\delta(t),\qquad \frac{\mathrm{d}u(t-a)}{\mathrm{d}t}=\delta(t-a) \tag{1.13}$$

1.1.3 抽样函数（sample function）

抽样函数又称 S_a 函数，该函数为正弦函数与其自变量的比值，即

$$S_a(t)=\frac{\sin t}{t} \qquad -\infty<t<\infty \tag{1.14}$$

抽样函数的性质如图 1.7 所示。

（1）$t=\pm n\pi$，$n=1, 2, \cdots$；$S_a(t)=0$。

（2）为偶函数：$S_a(t)=S_a(-t)$。

（3）积分面积为 π：$\int_{-\infty}^{\infty} S_a(t)\,\mathrm{d}t=\pi$；

（4）$t=0$ 时幅度为 1：$\lim\limits_{t\to 0}\frac{\sin t}{t}=1$。

（5）为衰减函数。

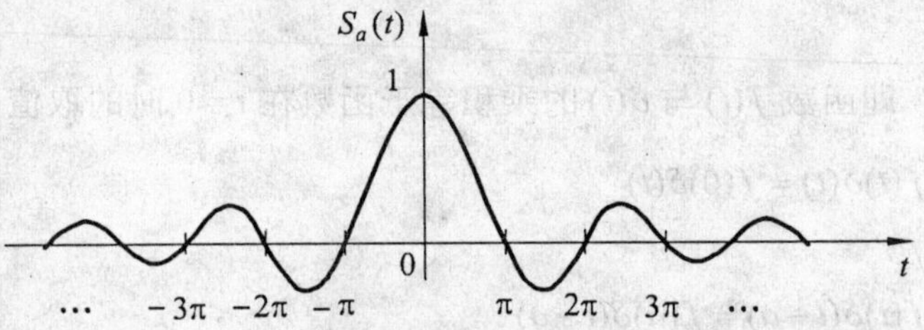

图 1.7 抽样函数

与抽样函数类似的还有 $\sin c(t)$ 函数（有时也称抽样函数），它与抽样函数具有相同的性质。$\sin c(t)$ 函数定义为

$$\sin c(t)=\frac{\sin(\pi t)}{\pi t}$$

1.1.4 高斯信号（gaussian signal）

高斯信号的形状像一口钟，如图 1.8 所示，故又称钟形脉冲信号，定义为

$$f(t)=K\mathrm{e}^{-\left(\frac{t}{\tau}\right)^2} \tag{1.15}$$

式中，K 为常量。

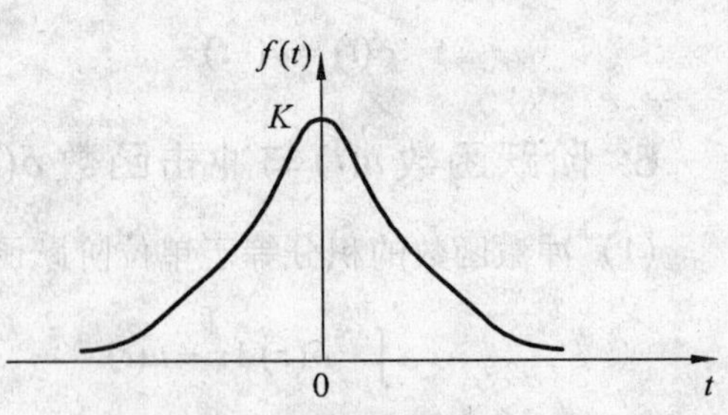

图 1.8 高斯信号的波形

该信号在随机信号分析中占有很重要的地位，凡是满足正态分布 $N(0, \sigma)$ 的密度函数都是高斯函数，即

$$f(x)=\frac{1}{\sqrt{2\pi}\sigma}\mathrm{e}^{-\frac{x^2}{2\sigma^2}}=\frac{1}{\sqrt{2\pi}\sigma}\mathrm{e}^{-\left(\frac{x}{\sqrt{2}\sigma}\right)^2}$$

式中，σ 为方差。

1.1.5　实指数信号（real exponential signal）

实指数信号简称指数信号，定义为

$$f(t) = K\mathrm{e}^{\alpha t} \tag{1.16}$$

式中，K 为常量；α 为实数，反映了信号衰减（$\alpha<0$）或信号增加（$\alpha>0$）的快慢，绝对值越大，速度越快，当 $\alpha=0$ 时，则变为直流信号。

1.1.6　复指数信号（complex exponential signal）

复指数信号的定义为

$$f(t) = K\mathrm{e}^{st} = K\mathrm{e}^{(\sigma+\mathrm{j}\omega)t} \tag{1.17}$$

式中，$s=\sigma+\mathrm{j}\omega$ 为复数。根据欧拉公式，复指数信号正、余弦信号间的关系为

$$\begin{cases} \mathrm{e}^{\mathrm{j}\omega t} = \cos\omega t + \mathrm{j}\sin\omega t \\ \mathrm{e}^{-\mathrm{j}\omega t} = \cos\omega t - \mathrm{j}\sin\omega t \end{cases}$$

或

$$\begin{cases} \cos\omega t = \dfrac{\mathrm{e}^{\mathrm{j}\omega t} + \mathrm{e}^{-\mathrm{j}\omega t}}{2} \\ \sin\omega t = \dfrac{\mathrm{e}^{\mathrm{j}\omega t} - \mathrm{e}^{-\mathrm{j}\omega t}}{2\mathrm{j}} \end{cases}$$

1.1.7　正、余弦信号

正弦信号（sinusoidal signal）和余弦信号（cosinoidal signal）是最常用的信号，也是最基本最简单的信号，它们的表达式分别为

$$f(t) = K\sin(\omega t+\theta) \tag{1.18}$$

$$f(t) = K\cos(\omega t+\theta) \tag{1.19}$$

式中，K 为振幅；$\omega=2\pi f$ 为角频率（f 为频率）；θ 为初相位。

1.1.8　符号函数（signum）

符号函数简写为 sgn(t)，用来表示自变量的符号特性，定义为

$$\mathrm{sgn}(t) = \begin{cases} 1, & t>0 \\ -1, & t<0 \end{cases} \tag{1.20}$$

它在 0 处的取值可以为 1、－1 或 0，如图 1.9 所示。如果在 0 处取值为 0，则可以用单位阶跃函数表示为

$$\mathrm{sgn}(t) = 2u(t) - 1 \tag{1.21}$$

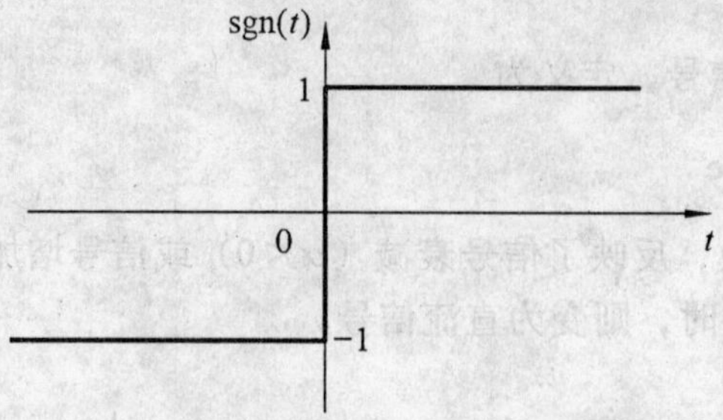

图 1.9 符号函数的波形

1.2 连续信号的时域分解

在信号分析中,将复杂的信号分解为简单的信号是一种最基本的分析和处理。在时域 中,可以将一复杂的信号分解为: 脉冲分量、直流分量与交流分量、偶分量与奇分量、实部分量和虚部分量、正交函数分量等。

1.2.1 任意信号分解为冲激分量

任意一信号可以近似地分解为许多矩形脉冲之和,因而可以表示为多个阶跃函数的叠加,如图 1.10 所示。

$$f(t) \approx \sum_{\tau=-\infty}^{\infty} f(\tau)\frac{\left[u(t-\tau)-u(t-\tau-\Delta\tau)\right]}{\Delta\tau}\Delta\tau$$

当$\Delta\tau \to 0$时，有

$$\begin{aligned} f(t) &= \lim_{\Delta\tau\to 0}\sum_{\tau=-\infty}^{\infty} f(\tau)\frac{\left[u(t-\tau)-u(t-\tau-\Delta\tau)\right]}{\Delta\tau}\Delta\tau \\ &= \int_{-\infty}^{\infty} f(\tau)\delta(t-\tau)\mathrm{d}\tau \end{aligned} \tag{1.22}$$

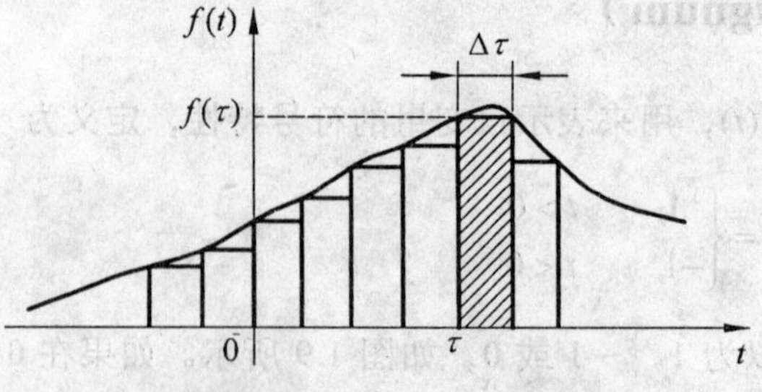

图 1.10 任意一信号的分解

式（1.22）表明，任意一函数 $f(t)$ 可以在时域上分解为具有不同时延的冲激信号叠加，其冲激强度为冲激处的函数值 $f(\tau)$ 与 $\mathrm{d}\tau$ 的乘积（即积分面积）。

1.2.2　卷积积分（convolution）

卷积是线性时不变系统（LTI）时域分析的重要方法，它可以求解线性系统对任意激励信号的零态响应。卷积的基本思路是：对于一个受任一信号 $x(t)$ 作用的 LTI 系统，若将其输入信号分解为若干矩形冲激向量的叠加，在已知系统的冲激响应 $h(t)$ 时，可以求得每个冲激分量所产生的响应，然后叠加为总的响应 $y(t)$。

1. 系统的冲激响应（impulse response）

系统在单位冲激信号 $\delta(t)$ 作用下的响应称为冲激响应，用 $h(t)$ 表示，如图 1.11 所示，它表征系统的固有特性，每个系统都有其自己的冲激响应函数。

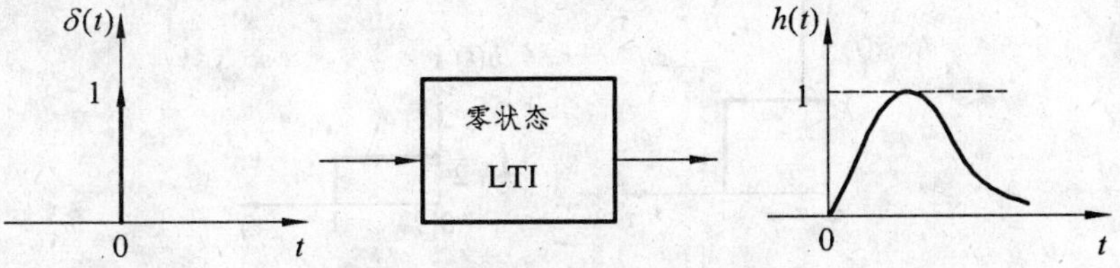

图 1.11　LTI 系统的冲激响应

根据线性时不变系统的齐次性，当激励是强度为 k 倍延时冲激信号 $k\delta(t-t_0)$ 时，其零态响应为 $kh(t-t_0)$。

2. 卷积积分

当任意信号 $x(t)$ 作用于系统时，若将它分解为一系列冲激信号，即

$$x(t)=\int_{-\infty}^{\infty}x(\tau)\delta(t-\tau)\mathrm{d}\tau$$

由于 $x(\tau)\delta(t-\tau)$ 所对应的响应为 $x(\tau)h(t-\tau)$，对于线性时不变系统，假定系统的冲激响应函数 $h(t-\tau)$ 为已知时，根据线性系统的叠加性和齐次性，则系统对任意激励 $x(t)$ 的响应 $y(t)$ 为

$$y(t)=\int_{-\infty}^{\infty}x(\tau)h(t-\tau)\mathrm{d}\tau=x(t)*h(t) \tag{1.23}$$

上式称为卷积积分，简称卷积，符号“*”表示卷积。

3. 卷积的积分限

式（1.23）表示了卷积的一般形式，对于不同的激励信号，其卷积的积分限是不同的，有如下几种情况：

（1）对于激励 $x(t)$ 为有始信号，即 $t<0$ 时，$x(t)=0$，有

$$y(t)=\int_0^{\infty}x(\tau)h(t-\tau)\,\mathrm{d}\tau \tag{1.24}$$

（2）对于响应 $h(t)$ 为因果信号，即 $t<0$ 时，$h(t)=0$，反褶后，有 $t-\tau\geqslant 0$，移项得积分上项为 $\tau\leqslant t$，有

$$y(t)=\int_{-\infty}^{t}x(\tau)h(t-\tau)\,\mathrm{d}\tau \tag{1.25}$$

（3）对于物理可实现系统，也就是有始信号作用于因果系统，即 $t<0$ 时，$x(t)=0$，$h(t)=0$，有

$$y(t)=\int_0^{t}x(\tau)h(t-\tau)\,\mathrm{d}\tau \tag{1.26}$$

3. 卷积过程的图解

对于简单的信号，其卷积过程是可以用图解法来表示，这对进一步了解卷积过程是有帮助的，整个图解过程分为：变量置换、反折、平移、相乘、积分求和。

【例 1.1】 已知两信号如图 1.12 所示，用图解法求其卷积积分，

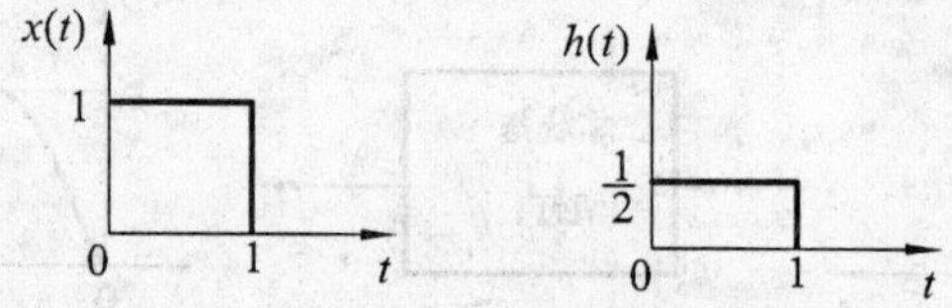

图 1.12 两卷积函数

解 （1）变量置换与反折。

将 $x(t)$ 和 $h(t)$ 自变量 t 用 τ 置换，并对 $h(\tau)$ 反折得 $h(-\tau)$，如图 1.13 所示。

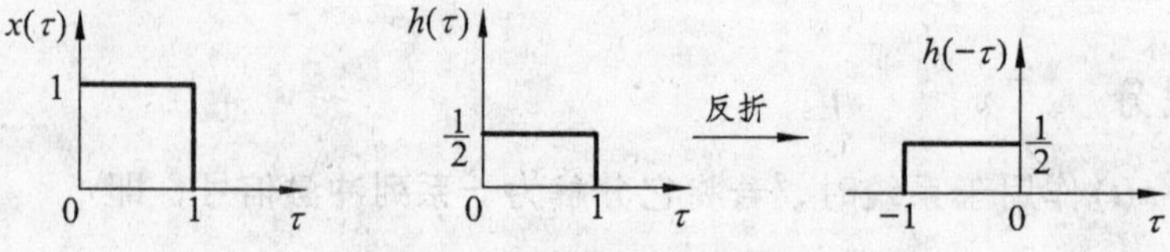

图 1.13 变量置换与反折

（2）平移、相乘、积分求和。

平移、相乘、积分求和过程如图 1.14 所示。

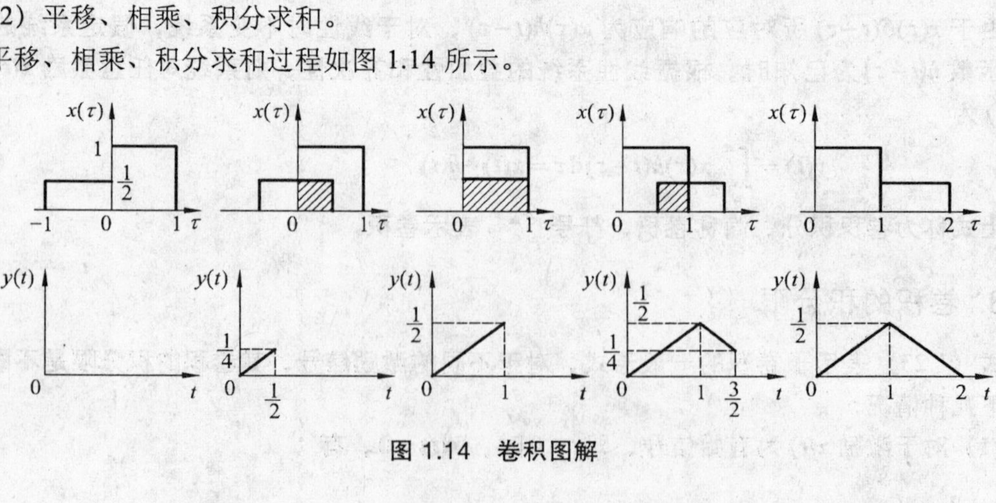

图 1.14 卷积图解

4. 数值计算

从上述简单的图解方法可以推广到一般因果系统的数值计算，设抽样间隔为 T，对应的 x、h 值为 $x_a(t)$、$h_a(t)$，则有

$t=0$ 时，　$y(0)\approx 0$

$t=T$ 时，　$y(T)\approx\int_0^T x_a(\tau)h_a(T-\tau)\mathrm{d}\tau = Tx_0h_1$

$t=2T$ 时，　$y(2T)\approx\int_0^{2T} x_a(\tau)h_a(2T-\tau)\mathrm{d}\tau = Tx_0h_2+Tx_1h_1$

$t=3T$ 时，　$y(3T)\approx\int_0^{3T} x_a(\tau)h_a(3T-\tau)\mathrm{d}\tau = Tx_0h_3+Tx_1h_2+Tx_2h_1$

$\vdots$

$$t=nT \text{ 时，}\quad y(nT)\approx T\sum_{k=0}^{n-1}x_kh_{n-k} \tag{1.27}$$

式（1.27）适用于因果系统，若推导推广到非因果系统，有

$$y(nT)\approx T\sum_{k=-\infty}^{\infty}x_kh_{n-k} \tag{1.28}$$

5. 卷积的性质

（1）任意函数与冲激函数的卷积即为函数本身，则

$$f(t)*\delta(t)=f(t) \tag{1.29}$$

同样有

$$f(t)*\delta(t-a)=f(t-a) \tag{1.30}$$

（2）满足交换律，即

$$f(t)*h(t)=h(t)*f(t) \tag{1.31}$$

（3）满足分配律，即

$$f(t)*\left[h_1(t)+h_2(t)\right]=f(t)*h_1(t)+f(t)*h_2(t) \tag{1.32}$$

（4）满足结合律，即

$$\left[f(t)*h_1(t)\right]*h_2(t)=f(t)*\left[h_1(t)*h_2(t)\right] \tag{1.33}$$

1.2.3　直流分量与交流分量

任意一信号 $f(t)$ 可唯一地分解为直流分量（DC）f_{D} 和交流分量（AC）f_{A}，表示为

$$f(t)=f_{\mathrm{D}}+f_{\mathrm{A}}(t) \tag{1.34}$$

式中，有

$$f_{\mathrm{D}}=\lim_{T\to\infty}\frac{1}{T}\int_{-T/2}^{T/2}f(t)\mathrm{d}t \tag{1.35}$$

式（1.35）为信号的平均值。而交流分量f_A与横轴围成的面积为 0，即

$$\int_{-\infty}^{\infty} f_A(t)\mathrm{d}t = 0$$

【例 1.2】 求单位阶跃信号的直流分量和交流分量。

解 由式（1.35）可以求得:

直流分量 $f_D = \lim_{T\to\infty}\frac{1}{T}\int_{-T/2}^{T/2} u(t)\mathrm{d}t = \lim_{T\to\infty}\frac{1}{T}\int_{0}^{T/2}\mathrm{d}t = \frac{1}{2}$

交流分量 $f_A = u(t) - f_D = u(t) - \frac{1}{2} = \frac{1}{2}\mathrm{sgn}(t)$

可见，单位阶跃信号的交流分量是符号函数的 1/2。

1.2.4 实部分量和虚部分量

任意一复信号 $f(t)$ 含有唯一确定的实部分量（real）和虚部分量（imaginary），有

$$f(t) = f_r(t) + \mathrm{j}f_i(t) \tag{1.36a}$$

它的共轭函数是

$$f^*(t) = f_r(t) - \mathrm{j}f_i(t) \tag{1.36b}$$

将式（1.36a）和式（1.36b）相加或相减，可得到信号的实部分量和虚部分量，即

$$f_r(t) = \frac{1}{2}\left[f(t) + f^*(t)\right] \tag{1.37a}$$

$$f_i(t) = \frac{1}{2}\left[f(t) - f^*(t)\right] \tag{1.37b}$$

虚部为 0 的信号为实信号，实部为 0 的信号为纯虚信号。

1.3 周期连续信号的频谱分析（FS）

傅里叶级数（fourier series）是法国科学家傅里叶（J.B.Fourier）提出的，是将复杂周期信号分解为简单的正弦、余弦信号的一种数学方法。

周期信号的一般表达式为

$$f(t) = f(t+nT), \qquad n = 0,\ \pm1,\ \pm2,\ \cdots \tag{1.38}$$

假定 $f(t)$ 满足狄利赫利条件（Dinichlet），即在一个周期内:

(1) 间断点数目为有限个。

(2) 极大值和极小值的数目为有限。

(3) 信号绝对可积。

则周期信号 $f(t)$ 可以展开为三角级数，是一种正交函数的组合。

1.3.1　三角级数（单边谱）

满足狄利赫利条件的周期信号 $f(t)$ 可以展成如下的三角级数形式，即

$$f(t)=a_0+\sum_{n=1}^{\infty}\left(a_n\cos n\omega_1 t+b_n\sin n\omega_1 t\right)$$

$$=a_0+\sum_{n=1}^{\infty}C_n\cos\left(n\omega_1 t+\varphi_n\right)=a_0+\sum_{n=1}^{\infty}C_n\sin\left(n\omega_1 t+\theta_n\right) \tag{1.39}$$

式中，a_0——$a_0=\dfrac{1}{T_1}\int_0^{T_1}f(t)\mathrm{d}t$，信号的直流分量；

a_n——$a_n=\dfrac{2}{T_1}\int_0^{T_1}f(t)\cos(n\omega_1 t)\mathrm{d}t$，第 n 阶谐波信号的余弦分量；

b_n——$b_n=\dfrac{2}{T_1}\int_0^{T_1}f(t)\sin(n\omega_1 t)\mathrm{d}t$，第 n 阶谐波信号的正弦分量；

ω_1——$\omega_1=2\pi/T_1$，第 1 阶谐波信号的频率，称为基频；

C_n——$C_n=\sqrt{a_n^2+b_n^2}$，第 n 阶谐波信号的幅度；

φ_n——$\varphi_n=\arctan\left(-\dfrac{b_n}{a_n}\right)=-\arctan\left(\dfrac{b_n}{a_n}\right)$，第 n 阶谐波信号的相位；

θ_n——$\theta_n=\arctan\left(\dfrac{a_n}{b_n}\right)=\dfrac{\pi}{2}+\varphi_n$ 第 n 阶谐波信号的相位；

T_1——第 1 阶谐波信号的周期，即基波周期，与函数周期相同；

$C_1\cos(\omega_1 t+\varphi_1)$——第 1 阶谐波信号，即基波；

$C_n\cos(n\omega_1 t+\varphi_n)$——第 n 阶谐波信号，高阶谐波。

将周期信号分解为直流分量、基波分量和一系列高阶谐波分量之和的形式称为周期信号的频谱分析（FS）或谐波分析。

信号谐波幅度 C_n 随频率变化的关系称为幅度谱（amplitude spectrum）；相位 φ_n 随频率变化的关系称为相位谱（phase spectrum）。周期信号的幅度谱和相位谱均为实离散谱，如图 1.15 所示。由于频谱只在 $\omega\geqslant 0$ 时才有取值，故称为单边谱，单边谱有明确的物理意义，其幅频和相频能与组成复杂周期信号的各次谐波一一对应。

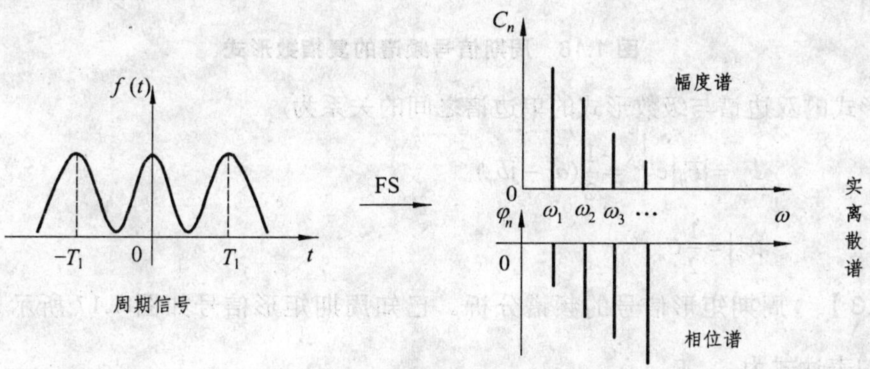

图 1.15　周期信号的频谱

1.3.2 指数形式的傅氏级数（双边谱）

除上述用级数形式表示周期信号的频谱外，还可以用指数形式来表示，由欧拉公式

$$\cos x=\frac{e^{jx}+e^{-jx}}{2},\quad \sin x=-j\frac{e^{jx}-e^{-jx}}{2}$$

可推导出指数形式的傅里叶级数为

$$f(t)=\sum_{n=-\infty}^{\infty}F_n e^{jn\omega_1 t}=\sum_{n=-\infty}^{\infty}|F_n|e^{j\varphi_n}\cdot e^{jn\omega_1 t} \tag{1.40}$$

式中，F_n——$F_n=\frac{1}{T_1}\int_0^{T_1}f(t)e^{-jn\omega_1 t}dt$，指数形式的傅里叶级数系数；

$|F_n|$——$|F_n|=\frac{1}{2}C_n=|F_{-n}|$，傅里叶级数系数的幅度，即幅度谱；

φ_n——$\varphi_n=\arctan\left(-\frac{b_n}{a_n}\right)$，$n>0$时的傅里叶级数系数的相位，即相位谱；

φ_{-n}——$\varphi_{-n}=\arctan\left(\frac{b_n}{a_n}\right)$，$n<0$时的相位谱。

指数形式的谱为复频谱，如图 1.16 所示，由于出现了负频率$-\omega$，没有实际的物理意义，但它用于理论分析是十分方便的。

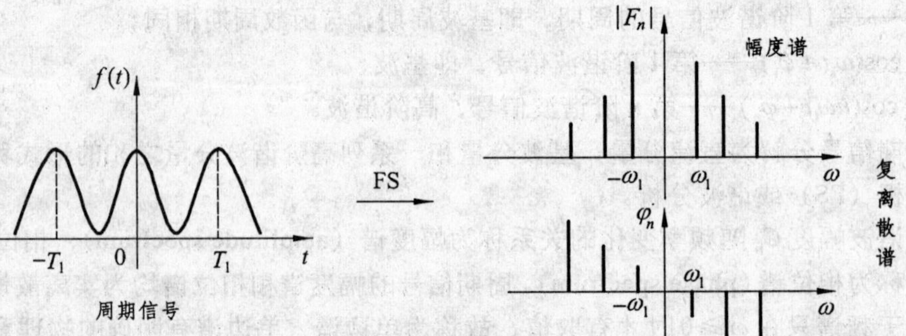

图 1.16 周期信号频谱的复指数形式

指数形式的双边谱与级数形式的单边谱之间的关系为

$$F_n=|F_n|e^{j\varphi_n}=\frac{1}{2}(a_n-jb_n) \tag{1.41}$$

$$|F_n|=\frac{1}{2}C_n \tag{1.42}$$

【例 1.3】 周期矩形信号的频谱分析。已知周期矩形信号如图 1.17 所示，一个周期$\left[-\frac{\pi}{2},\frac{\pi}{2}\right]$的表达式为

$$f(t)=\begin{cases}E & |t|\leqslant\dfrac{\tau}{2}\\ 0 & \dfrac{T_1}{2}>|t|>\dfrac{\tau}{2}\end{cases}$$

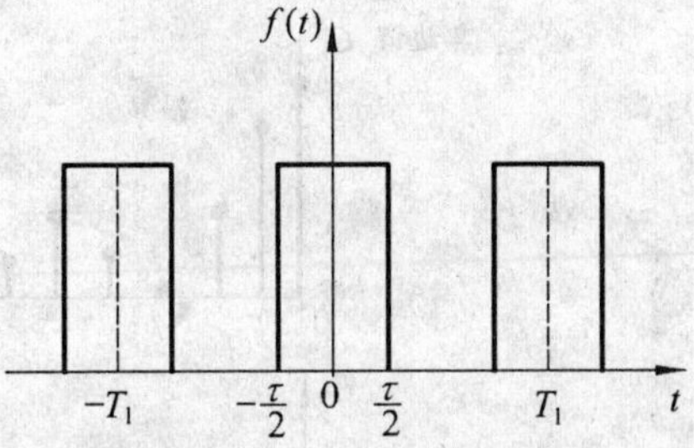

图 1.17　周期矩形信号

解　周期矩形信号为偶函数，无正弦分量，故 $b_n=0$，

(1) 三角级数形式的频谱（单边谱）。根据式（1.39）求得其单边谱如下：

直流分量　$a_0=\dfrac{1}{T_1}\displaystyle\int_0^{T_1}f(t)\mathrm{d}t=\dfrac{1}{T_1}\int_{-\tau/2}^{\tau/2}E\mathrm{d}t=\dfrac{E\tau}{T_1}$

余弦分量　$a_n=\dfrac{2}{T_1}\displaystyle\int_{-\tau/2}^{\tau/2}E\cos(n\omega_1 t)\mathrm{d}t=\dfrac{2E\tau}{T_1}S_a\left(\dfrac{n\omega_1\tau}{2}\right)\cos(n\omega_1\tau)$

傅里叶级数　$f(t)=\dfrac{E\tau}{T_1}+\displaystyle\sum_{n=1}^{\infty}\dfrac{2E\tau}{T_1}S_a\left(\dfrac{n\omega_1\tau}{2}\right)\cos n\omega_1\tau$

幅度谱　$C_n=\left|\dfrac{2E\tau}{T_1}S_a\left(\dfrac{n\omega_1\tau}{2}\right)\right|$

相位谱　$\varphi_n=\arctan\left(-\dfrac{b_n}{a_n}\right)=\begin{cases}0 & a_n>0\\ -\pi & a_n<0\end{cases}$

级数形式的谱图如图 1.18（a）所示。

(2) 复指数形式的频谱（双边谱）。根据式（1.40）求得其双边谱如下：

级数系数　$F_n=\dfrac{1}{T_1}\displaystyle\int_0^{T_1}f(t)\mathrm{e}^{-\mathrm{j}n\omega_1 t}\mathrm{d}t=\dfrac{1}{T_1}\int_{-\tau/2}^{\tau/2}E\mathrm{e}^{-\mathrm{j}n\omega_1 t}\mathrm{d}t$

$$=\dfrac{E\tau}{T_1}S_a\left(\dfrac{n\omega_1\tau}{2}\right)$$

复指数级数　$f(t)=\displaystyle\sum_{n=1}^{\infty}\dfrac{E\tau}{T_1}S_a\left(\dfrac{n\omega_1\tau}{2}\right)\mathrm{e}^{\mathrm{j}n\omega_1 t}$

幅度谱　$|F_n|=\left|\dfrac{E\tau}{T_1}S_a\left(\dfrac{n\omega_1\tau}{2}\right)\right|$

相位谱　$\varphi_n=-\arctan\left(\dfrac{b_n}{a_n}\right)=-\arctan\dfrac{0}{a_n}=\begin{cases}0, & a_n>0\\ -\pi, & a_n<0\end{cases}$

$$\varphi_{-n}=-\varphi_n=\arctan\left(\dfrac{b_n}{a_n}\right)=\arctan\dfrac{0}{a_n}=\begin{cases}0, & a_n>0\\ \pi, & a_n<0\end{cases}$$

幅度谱和相位谱图如图 1.18（b）、（c）所示，其中图 1.18（b）是将幅度谱和相位谱分开画出的，图 1.18（c）是将幅度谱和相位谱合在一起画出的，两种画法是等同的。

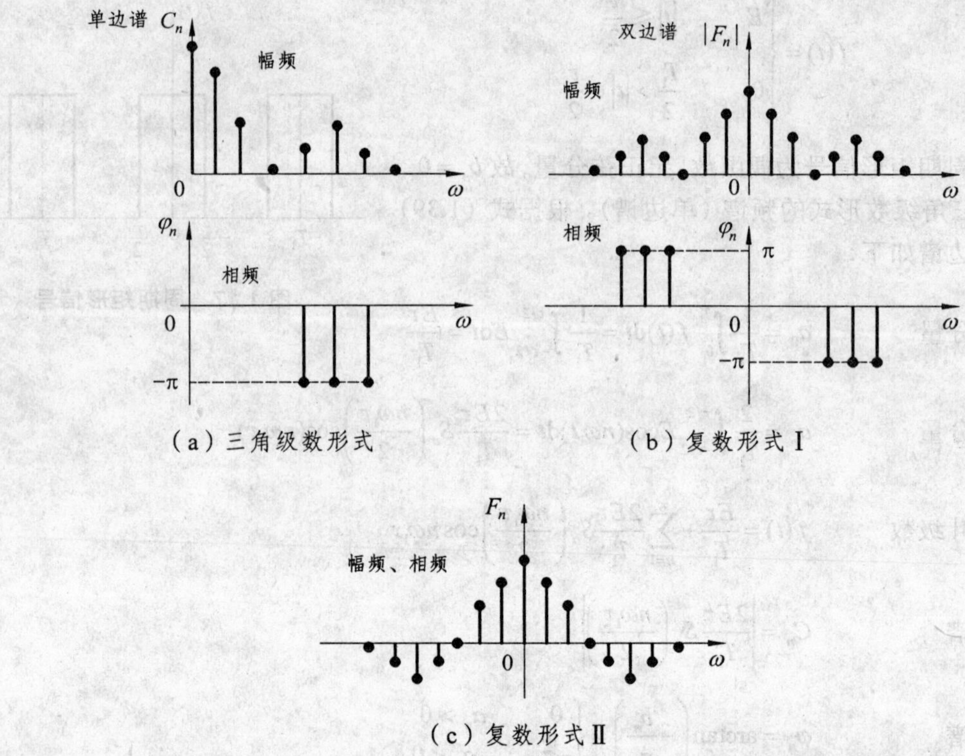

图 1.18 周期矩形信号的频谱

1.3.3 周期信号频谱的特点

1. 周期信号频谱的特点

分析例 1.3 中的周期矩形信号的傅里叶级数，可以得到周期信号频谱的特点：

(1) 周期矩形波频谱为离散谱，基频 $\omega_1=\dfrac{2\pi}{T_1}=2\pi f$ 。

(2) 周期矩形波频谱的谱线有无穷多，各高阶谱的频率为基频的整数倍，具有谐波性。

(3) 周期矩形波频谱的幅度按抽样函数规律衰减，具有收敛性。

2. 周期信号频谱的带宽

从周期信号频谱的谐波性知，周期信号的谱线有无穷多，在实际应用中，不可能一一分析，只需对其主要的谱线区间进行分析，为此，对于周期信号、定义带宽，

$$\omega_B=\frac{2\pi}{\tau} \quad 或 \quad f_b=\frac{1}{\tau} \tag{1.43}$$

带宽是频谱分析的主要区间，是信号能量的集中区，对于频谱幅度衰减较快的周期信号，带宽内的能量达 95% 以上。所以，在一般情况下，仅分析带宽内的频谱就能满足要求，带宽

外的频谱可予以忽略。

3. 周期T_1对频谱的影响

周期T_1对频谱的影响主要在两个方面，一是对幅度C_n的影响；二是对基频ω_1影响，即影响频谱的分辨率。

从周期矩形信号的频谱中可以看出，谱线的幅值C_n与周期T_1是成反比的，随着周期的增大，谱线的幅值C_n是下降的。此外，由于$\omega_1 = 2\pi/T_1$，分辨率将随着周期T_1的增加而增加，即谱线间的间隔随之变小。可以推断，当$T_1 \to \infty$时，离散谱将变为连续谱，其变化情况如图 1.19 所示。

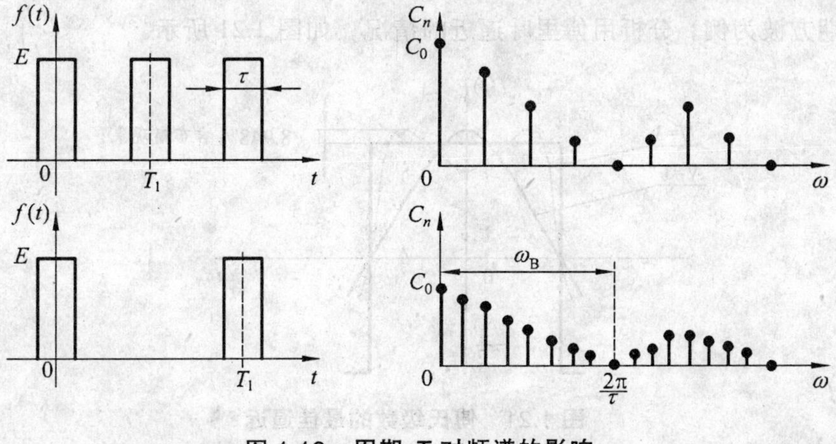

图 1.19　周期 T_1 对频谱的影响

4. 脉冲宽度 τ 对频谱的影响

周期信号的脉冲宽度τ影响幅值C_n和带宽ω_B，如图 1.20 所示。从例 1.3 的幅度谱中可以看出，幅度C_n与脉宽 τ 成正比，带宽ω_B与脉宽 τ 成反比。所以，随着脉宽 τ 的变窄，带宽ω_B将变宽，这意味着信号中的高频分量增加，当$\tau \to 0$时，$\omega_B \to \infty$。

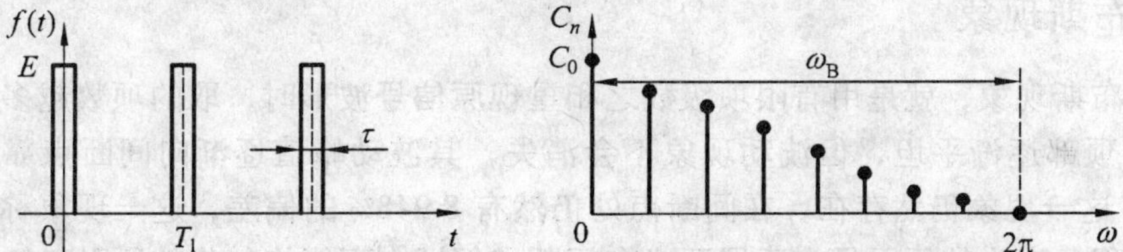

图 1.20　脉冲宽度对频谱的影响

1.3.4　傅里叶有限项级数

从式（1.39）中可知，傅里叶级数有无穷多项，在实际应用中，只能取其有限个项，称为有限傅里叶级数。

1. 有限项级数

将式（1.39）中的求和上限∞用有限值 N 代替，则得有限傅里叶级数

$$f_N(t)=a_0+\sum_{n=1}^{N}(a_n\cos n\omega_1 t+b_n\sin n\omega_1 t) \tag{1.44}$$

有限傅里叶级数与傅氏级数之间的均方误差为

$$e_N=\frac{1}{T_1}\int_0^{T_1}f^2(t)\mathrm{d}t-\left[a_0^2+\frac{1}{2}\sum_{n=1}^{N}\left(a_n^2+b_n^2\right)\right] \tag{1.45}$$

可以证明，在限定级数项 N 的前提下，傅里叶有限项级数是傅氏级数的最佳逼近。

现以周期方波为例，分析用傅里叶逼近的情况，如图 1.21 所示。

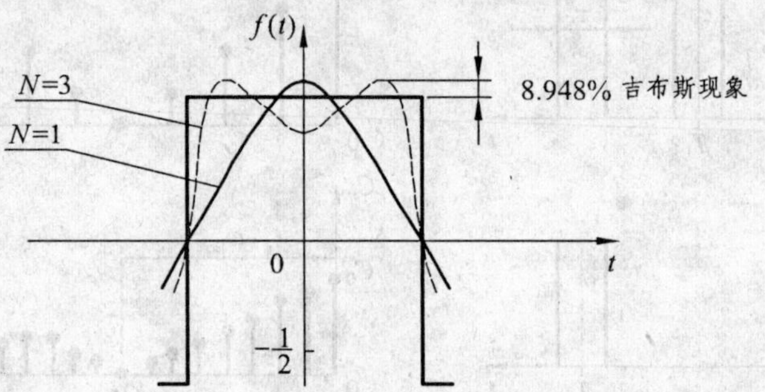

图 1.21 傅氏级数的最佳逼近

分析图 1.21，可以得到如下结论：

（1）N 对逼近程度的影响，N 越大，逼近越好，误差越小。

（2）基频部分组成了方波的主体。

（3）高频分量影响信号顶部的波动情况。

（4）存在吉布斯现象（Gibbs）。

2. 吉布斯现象

所谓吉布斯现象，就是用有限项级数之和重现原信号波形时，取的项数越多，越逼近原波形，波形顶部逐渐平坦，但波动现象不会消失，其波动峰值逐渐向间断点靠近，即使在 $N\to\infty$ 时，这一现象仍然存在，在间断点处仍然有 8.948% 的偏差，这一现象称为吉布斯现象。吉布斯现象产生的原因是由于展开式在间断点邻域内不能均匀收敛所引起的。

1.3.5 周期信号的功率

1. 周期信号是功率信号

周期信号的能量为无穷大，不满足绝对可积条件，只能用平均功率来表达能量，故称为功率信号。功率信号还有随机信号和不衰减的非周期信号。信号的平均功率定义为

$$P = \lim_{T \to \infty} \frac{1}{T} \int_{-\frac{T}{2}}^{\frac{T}{2}} f^2(t)\,\mathrm{d}t \tag{1.46}$$

2. 帕色瓦尔（Parseval）定理

帕色瓦尔定理描述了信号在时域的能量与信号在变换域能量的关系。将周期信号的平均功率作适当改写，有

$$P = \frac{1}{T} \int_{-\frac{T}{2}}^{\frac{T}{2}} f^2(t)\,\mathrm{d}t = a_0^2 + \frac{1}{2}\sum_{n=1}^{\infty}\left(a_n^2 + b_n^2\right) = \sum_{n=-\infty}^{\infty}\left|F_n\right|^2 \tag{1.47}$$

式（1.47）称为周期信号的帕色瓦尔定理。它表明周期信号的平均功率等于其直流分量及各次谐波分量有效值的平方和。在一个周期内的平均功率与从 $-\infty$ 到 ∞ 区间的平均功率是一样的。

3. 周期信号的功率谱

所谓功率谱（power spectrum），是指信号幅度平方值随频率变化的关系曲线，即 $\left|F_n\right|^2$ 与 ω 的关系。从例 1.3 中周期矩形信号复指数形式的幅度谱可知，幅度是频率的函数，矩形周期信号的功率谱为

$$\left|F_n\right|^2 = \left|\frac{E\tau}{T_1} S_a\left(\frac{n\omega_1\tau}{2}\right)\right|^2$$

图 1.22 为周期矩形信号的功率谱图，其形状与幅度谱类似。

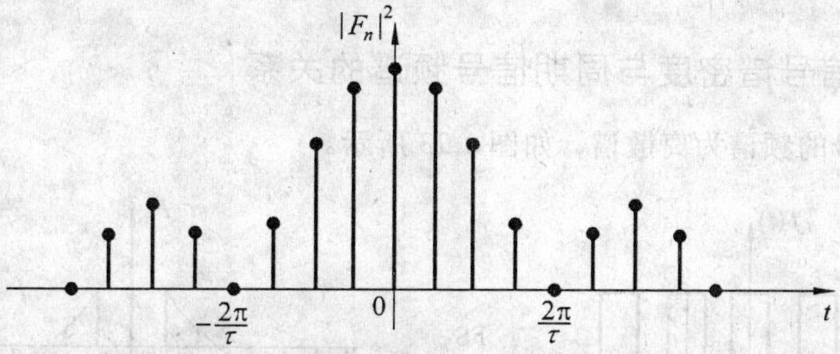

图 1.22　周期矩形脉冲信号的功率谱

1.4　非周期连续信号的频谱分析（FT）

傅里叶变换（Fouriver Transform，简写为 FT 或 F），它是非周期信号频谱分析的主要方法，是将周期信号的傅里叶级数分析进一步推广到非周期性信号的傅里叶变换。

1.4.1　傅里叶变换的定义

由于非周期信号不存在周期 T_1，或者说周期 T_1 趋向于无穷大，因此，建立在周期分析

基础上的傅里叶级数不能直接对非周期信号进行有效分析，需要进一步推广到傅里叶变换。

1. 傅里叶变换的导出

由前述周期信号的指数形式的傅里叶级数得知，周期信号复数频谱公式为

$$F_n=\frac{1}{T_1}\int_{\frac{-T_1}{2}}^{\frac{T_1}{2}}f(t)\mathrm{e}^{-\mathrm{j}n\omega_1 t}\mathrm{d}t \tag{1.48}$$

将上式两边同乘以周期 T_1，得

$$F_nT_1=F_n\frac{2\pi}{\omega_1}=\int_{-\frac{T_1}{2}}^{\frac{T_1}{2}}f(t)\mathrm{e}^{-\mathrm{j}n\omega_1 t}\mathrm{d}t \tag{1.49}$$

当周期 $T_1\to\infty$ 时，根据式（1.48），有 $F_n\to 0$；根据 $\omega_1=2\pi/T_1$，有 $\omega_1\to 0$，则两个极值的比值 $F_n/\omega_1\to$ 定值 $F(\omega)$。为此，对式（1.49）中的 T_1 取极限值，得

$$\lim_{T_1\to\infty}\frac{2\pi F_n}{\omega_1}=\lim_{T_1\to\infty}\int_{-\frac{T_1}{2}}^{\frac{T_1}{2}}f(t)\mathrm{e}^{-\mathrm{j}n\omega_1 t}\mathrm{d}t$$

即

$$F(\omega)=\int_{-\infty}^{\infty}f(t)\mathrm{e}^{-\mathrm{j}\omega t}\mathrm{d}t \tag{1.50}$$

式（1.50）即为非周期信号的傅里叶变换。

因为 $F(\omega)=\dfrac{2\pi F_n}{\omega_1}$ 是幅度谱除以频率，所以，$F(\omega)$ 表示单位频带内的谱线数称为谱密度（spectrum density），是连续谱。这是非周期信号与周期信号频谱的最大区别。

2. 非周期信号谱密度与周期信号频谱的关系

（1）周期信号的频谱为离散谱，如图 1.23 所示。

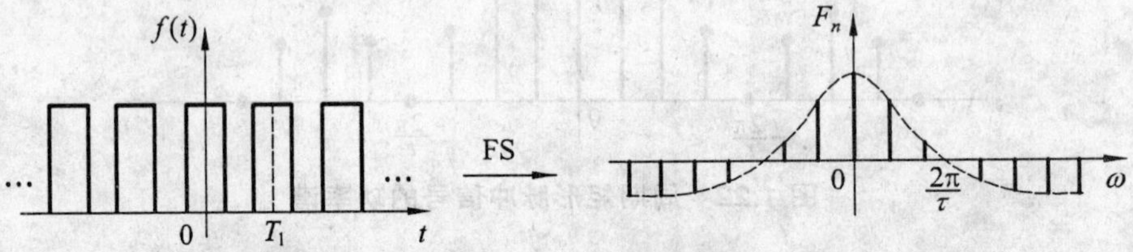

图 1.23 周期信号与频谱

（2）当周期 T_1 增大时，此时，基频 ω_1 将变小，谱线变密，幅值 F_n 也随之下降，如图 1.24 所示。

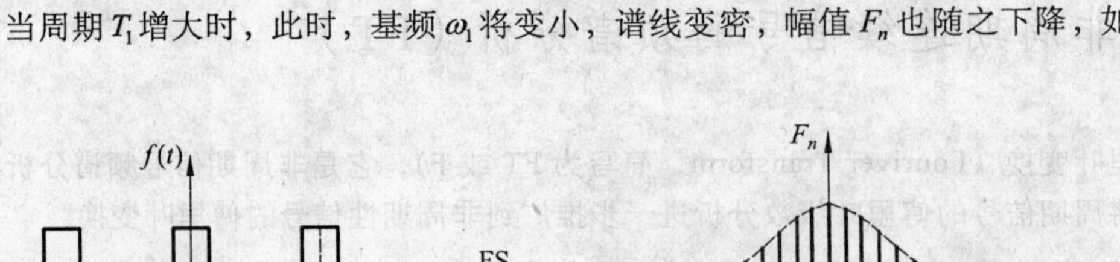

图 1.24 周期对频谱的影响

（3）当周期 $T_1 \to \infty$ 时，谱线连续，幅度 $F_n \to 0, \omega \to 0$，谱密度 $\dfrac{F_n}{\omega_1} \to$ 定值 $F(\omega)$，如图 1.25 所示。

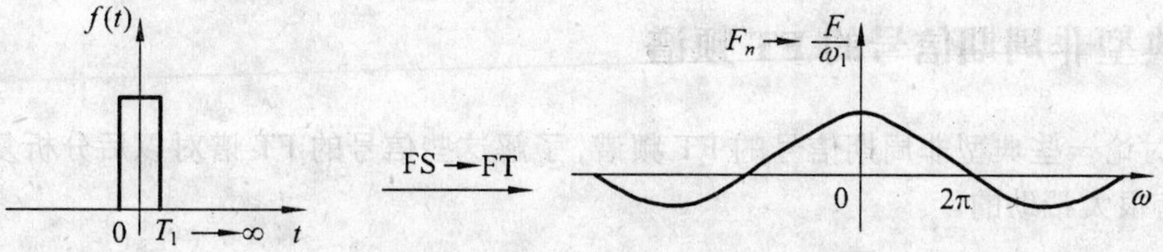

图 1.25　单个冲激信号的频谱

1.4.2　傅里叶反变换式（FT^{-1}）

傅里叶反变换的目的，是由信号的谱密度反求时域信号波形。同样傅里叶反变换也可以由傅里叶级数导出。

将周期信号的指数形式的傅里叶级数 $f(t)=\sum_{n=-\infty}^{\infty} F_n e^{jn\omega_1 t}$ 改写为频谱密度形式，即

$$f(t)=\sum_{n_1=-\infty}^{\infty} \frac{F_n}{\omega_1} e^{jn\omega_1 t}\omega_1 \tag{1.51}$$

当 $T_1=\dfrac{2\pi}{\omega_1} \to \infty$ 时，有 $\omega_1 \to d\omega,\ n\omega_1 \to \omega,\ \dfrac{F_n}{\omega_1}=\dfrac{F_n T_1}{2\pi} \to \dfrac{F(\omega)}{2\pi},\ \sum_{\omega_1=-\infty}^{\infty} \to \int_{-\infty}^{\infty}$，于是式（1.41）的积分形式为

$$f(t)=\frac{1}{2\pi}\int_{-\infty}^{\infty} F(\omega) e^{j\omega t} d\omega \tag{1.52}$$

式（1.52）称为傅里叶反变换。

傅里叶的正、反变换构成了傅里叶变换对，因而非周期信号的频谱与信号波形之间为一傅里叶变换对，即

$$\left.\begin{aligned} F(\omega)&=\mathscr{F}\left[f(t)\right]=\int_{-\infty}^{\infty} f(t) e^{-j\omega t} dt & \text{谱} \\ f(t)&=\mathscr{F}^{-1}\left[F(\omega)\right]=\frac{1}{2\pi}\int_{-\infty}^{\infty} F(\omega) e^{j\omega t} d\omega & \text{信号} \end{aligned}\right\} \tag{1.53}$$

1.4.3　傅里叶变换存在条件

傅里叶变换存在的条件，是信号在无限区间内绝对可积，即

$$\int_{-\infty}^{\infty} \left|f(t)\right| dt < \infty \tag{1.54}$$

这是傅里叶变换存在的充分条件，但不是必要条件，后面我们将发现，一些奇异函数虽然不满足这一充分条件，但它的 FT 也存在的。

1.4.4 典型非周期信号的 FT 频谱

下面讨论一些典型非周期信号的 FT 频谱，了解这些信号的 FT 谱对以后分析复杂信号的 FT 谱是有很大帮助的。

1. 冲激信号的频谱

由 δ 信号的抽样特性，很容易得到单位冲激信号的 FT 频谱，即

$$F(\omega)=\int_{-\infty}^{\infty}\delta(t)\mathrm{e}^{-\mathrm{j}\omega t}\mathrm{d}t=1 \tag{1.55}$$

冲激信号的 FT 谱，在任何频率处的谱密度都是均匀的，且密度等于冲激强度，这样的谱称之为“白色谱”或“均匀谱”，如图 1.26 所示。

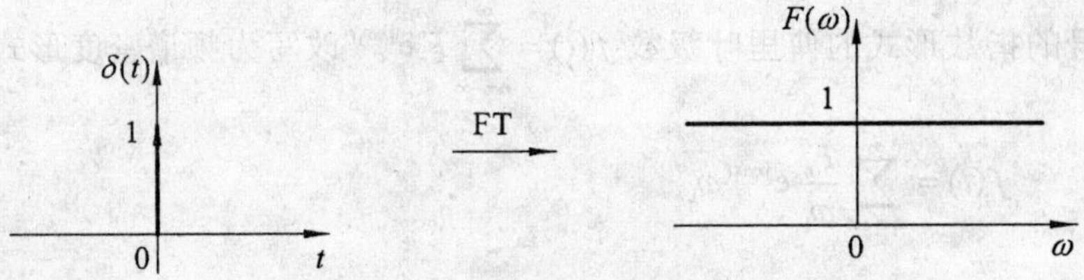

图 1.26 冲激信号的频谱

2. 矩形脉冲信号的频谱

设矩形信号为

$$f(t)=\begin{cases}E, & |t|\leqslant\tau/2\\ 0, & \text{其他}\end{cases} \tag{1.56}$$

则其傅里叶变换如下，矩形脉冲信号的频谱如图 1.27 所示。

$$F(\omega)=\int_{-\frac{\tau}{2}}^{\frac{\tau}{2}}E\mathrm{e}^{-\mathrm{j}\omega t}\mathrm{d}t=\int_{-\frac{\tau}{2}}^{\frac{\tau}{2}}E\cos\omega t\mathrm{d}t$$

$$=E\left.\frac{\sin\omega t}{\omega}\right|_{-\tau/2}^{\tau/2}=E\tau\cdot S_a\left(\frac{\omega\tau}{2}\right) \tag{1.57}$$

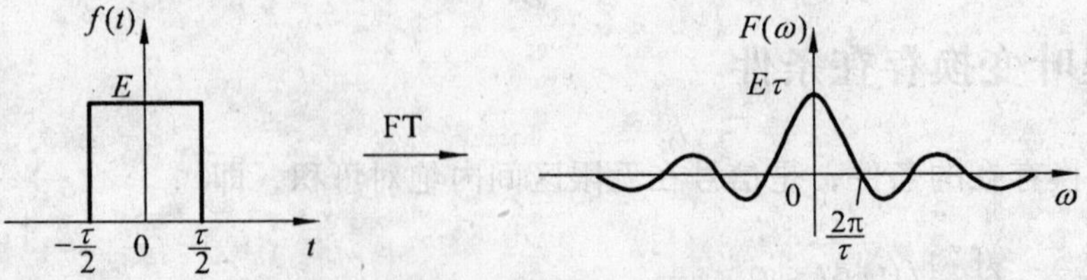

图 1.27 矩形脉冲信号的频谱

由式（1.57）可知，矩形脉冲的 FT 谱是一抽样函数。

3. 直流信号的频谱

直流信号不满足绝对可积条件，理论上不能作傅氏变换，但它的 FT 谱是存在的，可从矩形脉冲的谱间接推导。当矩形脉冲的脉宽 $\tau\to\infty$ 时，得直流信号的 FT 谱为

$$F[E]=\lim_{\tau\to\infty}E\tau S_a\left(\frac{\omega\tau}{2}\right)=2\pi E\lim_{\tau\to\infty}\frac{\tau/2}{\pi}S_a\left(\frac{\tau}{2}\omega\right)=2\pi E\delta(\omega) \tag{1.58}$$

直流信号的谱为 $\delta(t)$ 函数，幅度往往较大，若信号中含有直流分量，由于 $\delta(t)$ 的存在，常将其他谱分量掩盖住，所以在信号分析处理时常常将直流分量去掉。

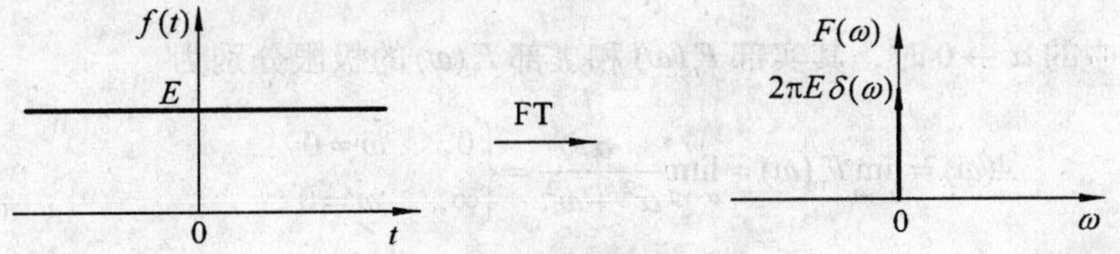

图 1.28　直流信号的频谱

4. 单边指数信号的频谱

设单边指数信号为

$$f(t)=\begin{cases}e^{-\alpha t}, & t\geqslant 0\\ 0, & t<0\end{cases} \tag{1.59}$$

其傅里叶变换为

$$F(\omega)=\int_0^\infty e^{-\alpha t}e^{-j\omega t}dt=\int_0^\infty e^{-(\alpha+j\omega)t}dt=\frac{1}{\alpha+j\omega} \tag{1.60}$$

幅度谱　$|F(\omega)|=\dfrac{1}{\sqrt{\alpha^2+\omega^2}}$

相位谱　$\phi(\omega)=-\arctan\left(\dfrac{\omega}{\alpha}\right)$

单边指数信号的频谱如图 1.29 所示。

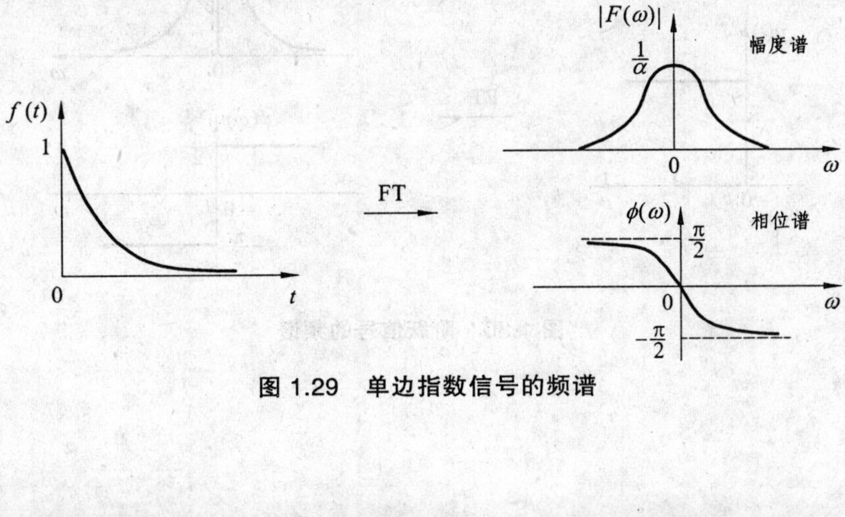

图 1.29　单边指数信号的频谱

5. 阶跃信号的频谱

与直流信号一样，阶跃信号不满足绝对可积条件，理论上不能作傅氏变换，但它的 FT 谱是存在的。阶跃信号可视为单边指数信号在$\alpha\to 0$时的特例，因此，由单边指数信号的 FT 谱可导出阶跃信号的 FT 谱。

将单边指数信号的谱作一定演算，即

$$\begin{aligned}F(\omega)&=\frac{1}{\alpha+\mathrm{j}\omega}=\frac{\alpha-\mathrm{j}\omega}{(\alpha+\mathrm{j}\omega)(\alpha-\mathrm{j}\omega)}=\frac{\alpha-\mathrm{j}\omega}{\alpha^2+\omega^2}\\&=\frac{\alpha}{\alpha^2+\omega^2}-\mathrm{j}\frac{\omega}{\alpha^2+\omega^2}=F_{\mathrm{r}}(\omega)-\mathrm{j}F_{\mathrm{i}}(\omega)\end{aligned}\tag{1.61}$$

当式（1.61）中的$\alpha\to 0$时，其实部$F_{\mathrm{r}}(\omega)$和虚部$F_{\mathrm{i}}(\omega)$的极限分别为

$$A(\omega)=\lim_{\alpha\to 0}F_{\mathrm{r}}(\omega)=\lim_{\alpha\to 0}\frac{\alpha}{\alpha^2+\omega^2}=\begin{cases}0, & \omega\neq 0\\ \infty, & \omega=0\end{cases}\tag{1.62}$$

$$B(\omega)=\lim_{\alpha\to 0}F_{\mathrm{i}}(\omega)=\lim_{\alpha\to 0}\frac{\omega}{\alpha^2+\omega^2}=\frac{1}{\omega}\tag{1.63}$$

实部的极限$A(\omega)$为一个冲激信号，其冲激强度为

$$\begin{aligned}\lim_{\alpha\to 0}\int_{-\infty}^{\infty}F_{\mathrm{r}}(\omega)\mathrm{d}\omega&=\lim_{\alpha\to 0}\int_{-\infty}^{\infty}\frac{\alpha}{\alpha^2+\omega^2}\mathrm{d}\omega=\int_{-\infty}^{\infty}\frac{1}{1+\left(\dfrac{\omega}{\alpha}\right)^2}\mathrm{d}\left(\frac{\omega}{\alpha}\right)\\&=\lim_{\alpha\to 0}\arctan\frac{\omega}{\alpha}\bigg|_{-\infty}^{\infty}=\pi\end{aligned}$$

由上面三式，可得阶跃信号的 FT 频谱如下，其频谱如图 1.30 所示。

$$F_u(\omega)=A(\omega)-\mathrm{j}B(\omega)=\pi\delta(\omega)-\mathrm{j}\frac{1}{\omega}=\pi\delta(\omega)+\frac{1}{\omega}\mathrm{e}^{-\mathrm{j}\frac{\pi}{2}}\tag{1.64}$$

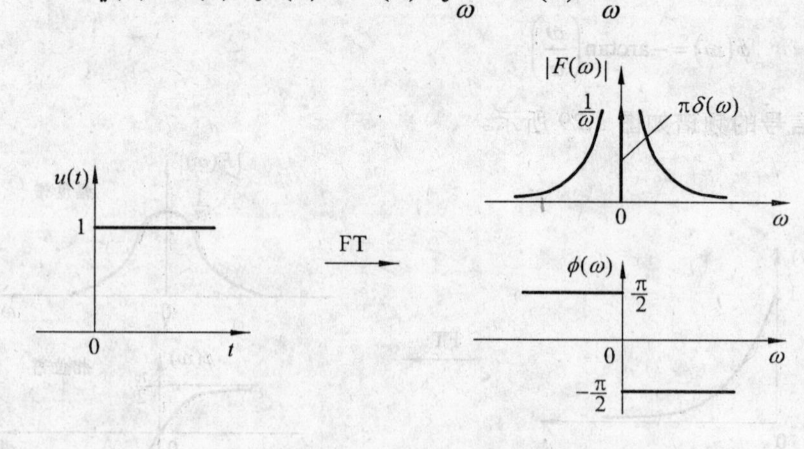

图 1.30 阶跃信号的频谱

1.4.5 傅里叶变换的性质

傅里叶变换对表明信号的时域特性与频域特性之间的转换关系。FT 的性质是信号分析处理的基础。为叙述方便，假设傅里叶变换对为

$$f(t) \Leftrightarrow F(\omega)$$

1. 奇偶性

若信号为实函数，则其 FT 谱存在下列奇偶情况：

幅度谱 $|F(\omega)|$——偶函数

相位谱 $\phi(\omega)$——奇函数

实频谱 $\mathrm{Re}(\omega)$——偶函数

虚频谱 $\mathrm{Im}(\omega)$——奇函数

2. 线性性

傅里叶变换是一种线性变换，满足叠加性和齐次性，即

叠加性　$$f_1(t)+f_2(t) \leftrightarrow F_1(\omega)+F_2(\omega) \tag{1.65}$$

齐次性　$$kf(t) \leftrightarrow kF(\omega) \tag{1.66}$$

3. 对称性

若信号 1 $f_1(t)$ 的 FT 谱 $F_1(\omega)$ 与信号 2 $f_2(t)$ 相同，信号 2 的 FT 谱将是 2π 与信号 1 的乘积，即

$$\mathscr{F}\left[f_2(t)\right]=2\pi f_1(-\omega)$$

若 $f_2(t)$ 为偶函数，则

$$\mathscr{F}\left[f_2(t)\right]=2\pi f_1(\omega)$$

【例 1.4】　冲激信号的 FT 谱为常数，与直流信号相同，则直流信号 E 的谱为一冲击函数，其强度为 $2\pi E\delta(t)$，如图 1.31 所示。

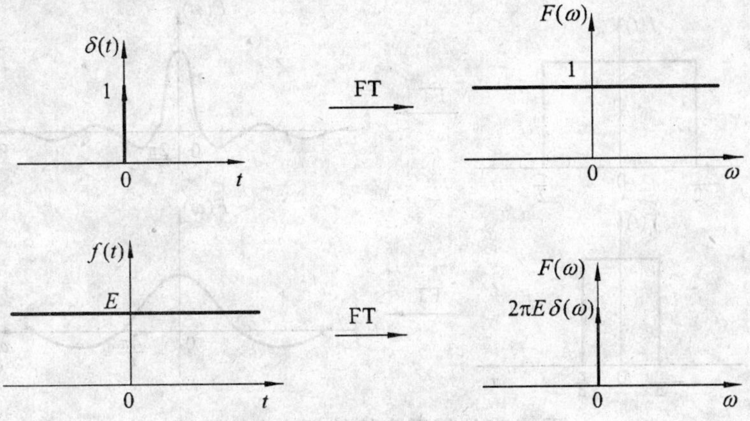

图 1.31　傅氏变换的对称性

4. 时移性

信号在时间轴上右移 t_0，在频域中的相位谱将产生线性相移 $-\omega t_0$（见图 1.32），即

$$\mathscr{F}\left[f(t\pm t_0)\right]=F(\omega)e^{\pm j\omega t_0} \tag{1.67}$$

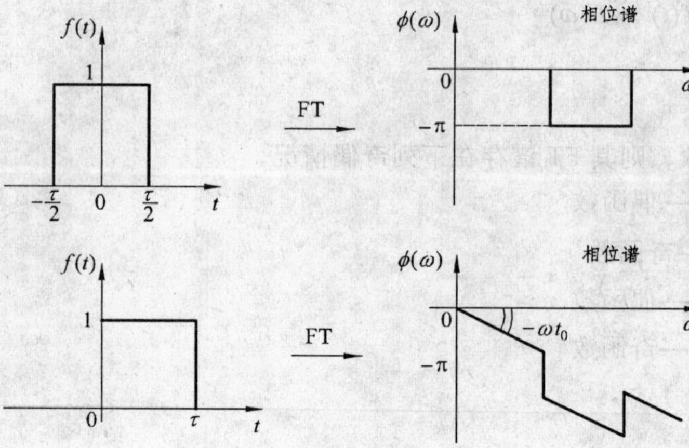

图 1.32 傅氏变换的时移性

5. 频移性（调制定理）

$$\mathscr{F}\left[f(t)e^{j\omega_0 t}\right]=F(\omega-\omega_0)$$

信号的 FT 频谱右移 ω_0 或左移 ω_0，在时域中，相应地信号 $f(t)$ 乘以 $e^{j\omega_0 t}$ 或 $e^{-j\omega_0 t}$，即是用信号 $f(t)$ 去调制 $e^{j\omega_0 t}$，$f(t)e^{j\omega_0 t}$ 为调幅信号，故又称为调制定理。信号的频移性被广泛地用于调幅。

6. 尺度变换特性

时域中将信号沿时间轴压缩，则在频域中的 FT 频谱将产生相应的扩展（见图 1.33），即

$$\mathscr{F}\left[f(\alpha t)\right]=\frac{1}{|\alpha|}F\left(\frac{\omega}{\alpha}\right) \tag{1.68}$$

式中，α 为压缩倍数。时基压缩对实现实时分析具有重要的作用。

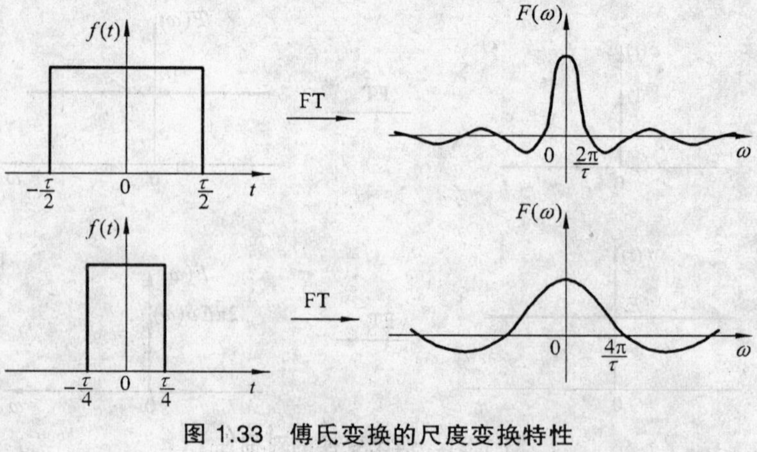

图 1.33 傅氏变换的尺度变换特性

7. 时域卷积定理

两个信号时域卷积的 FT 频谱等于两信号 FT 频谱的乘积，即

$$\mathscr{F}[h(t)*x(t)]=H(\omega)\cdot X(\omega) \tag{1.69}$$

设 $y(t)=h(t)*x(t)$，从而可以导出

$$y(t)=\mathscr{F}^{-1}\left[Y(\omega)\right]=\frac{1}{2\pi}\int_{-\infty}^{\infty}Y(\omega)\mathrm{e}^{\mathrm{j}\omega t}\mathrm{d}\omega=\frac{1}{2\pi}\int_{-\infty}^{\infty}H(\omega)X(\omega)\mathrm{e}^{\mathrm{j}\omega t}\mathrm{d}\omega$$

时域卷积定理开辟了从频域角度进行系统分析和求解系统响应的途径，可以通过计算量相对小的频谱乘积来求得计算量很大的时域卷积。

8. 频域卷积定理

与时域卷积定义相反，两信号 FT 频谱的卷积除以 2π 等于两信号在时域乘积的 FT 频谱，即

$$\mathscr{F}[f_1(t)\cdot f_2(t)]=\frac{1}{2\pi}F_1(\omega)*F_2(\omega) \tag{1.70}$$

频域卷积定理是计算截短后的有限长信号频谱的重要公式。

9. 微分特性

在时域中对信号 $f(t)$ 取 n 阶导数，相应地，在频域的 FT 频谱 $F(\omega)$ 应乘以 $(\mathrm{j}\omega)^n$，即

$$\mathscr{F}\left[\frac{\mathrm{d}^n f(t)}{\mathrm{d}t}\right]=(\mathrm{j}\omega)^n F(\omega) \tag{1.71}$$

10. 积分特性

如果信号 $f(t)$ 不含直流分量，则时域中对信号 $f(t)$ 在区间 $\left[-\infty, t\right]$ 内积分的频谱等于信号频谱 $F(\omega)$ 除以 $\mathrm{j}\omega$，即

$$\mathscr{F}\left[\int_{-\infty}^{t} f(\tau)\,\mathrm{d}\tau\right]=\frac{F(\omega)}{\mathrm{j}\omega} \tag{1.72}$$

若含直流分量，则还需加上 $\pi F(0)\delta(\omega)$，即

$$\mathscr{F}\left[\int_{-\infty}^{t} f(\tau)\mathrm{d}\tau\right]=\pi F(0)\delta(\omega)+\frac{F(\omega)}{\mathrm{j}\omega} \tag{1.73}$$

1.4.6　周期信号的傅里叶变换

上述傅里叶变换是通过傅里叶级数导出的，那么适用于傅里叶级数分析的周期信号是否可以进行傅里叶变换呢？从理论讲，由于周期信号不满足绝对可积条件，是不能进行傅氏变

换的，但若引入 $\delta(t)$ 信号，可以导出周期信号的傅氏变换，这样就可以将所有信号的频谱分析统一于傅里叶变换的框架之内。

1. 复指数、正、余弦信号的傅里叶氏变换

从傅里叶级数可知，周期信号等于一系列正弦、余弦信号的叠加，由于正弦、余弦信号可以表示为复指数形式，因此先讨论复指数信号的傅里叶变换。

1）复指数信号 $e^{j\omega_1 t}$ 的傅氏变换

由直流信号的频谱 $\mathscr{F}[1]=2\pi\delta(\omega)$，根据频移定理，一个信号 $f(t)$ 乘以 $e^{j\omega_1 t}$，相应的 $F(\omega)$ 右移 ω_1，有

$$\mathscr{F}\left[e^{j\omega_1 t}\right]=\mathscr{F}\left[1\cdot e^{j\omega_1 t}\right]=2\pi\delta(\omega-\omega_1) \tag{1.74}$$

2）推导 $\cos\omega_1 t$ 和 $\sin\omega_1 t$ 的傅氏变换

由 $e^{j\omega_1 t}$ 的傅氏变换，推导出 $\cos\omega_1 t$ 和 $\sin\omega_1 t$ 的傅氏变换如下，余弦、正弦信号的频谱如图 1.34 和图 1.35 所示。

$$\mathscr{F}\left[\cos\omega_1 t\right]=\mathscr{F}\left[\frac{1}{2}(e^{j\omega_1 t}+e^{-j\omega_1 t})\right]=\pi\left[\delta(\omega-\omega_1)+\delta(\omega+\omega_1)\right] \tag{1.75}$$

$$\mathscr{F}\left[\sin\omega_1 t\right]=\mathscr{F}\left[\frac{1}{2j}(e^{j\omega_1 t}-e^{-j\omega_1 t})\right]=-j\pi\left[\delta(\omega-\omega_1)-\delta(\omega+\omega_1)\right] \tag{1.76}$$

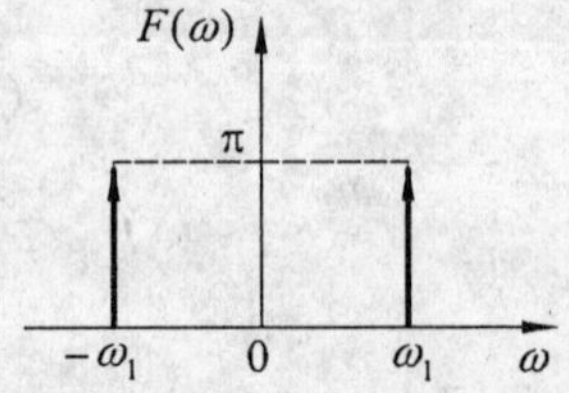

图 1.34 余弦信号的频谱

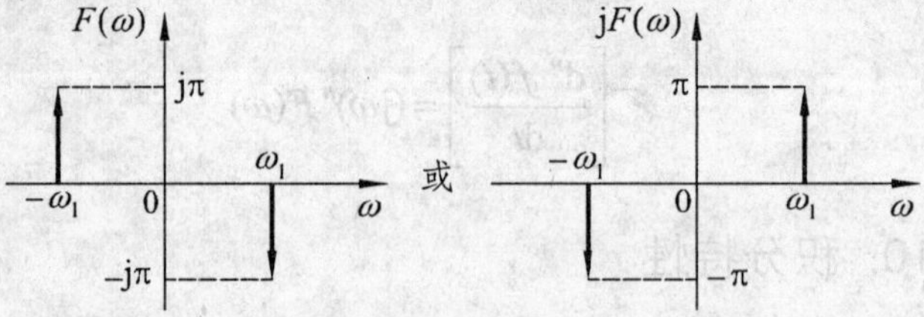

图 1.35 正弦信号的频谱

2. 一般周期信号的傅氏变换

将任意周期信号 $f(t)$ 先展开为指数形式的傅氏级数，即

$$f(t)=\sum_{n=-\infty}^{\infty}F_n e^{jn\omega_1 t}$$

式中，$F_n=\frac{1}{T_1}\int_{-\frac{T_1}{2}}^{\frac{T_1}{2}}f(t)e^{-jn\omega_1 t}dt$。再进行傅氏变换，得

$$\mathscr{F}\left[f(t)\right]=\mathscr{F}\left[\sum_{n=-\infty}^{\infty}F_n e^{jn\omega_1 t}\right]=\sum_{n=-\infty}^{\infty}2\pi F_n\delta(\omega-n\omega_1) \tag{1.77}$$

分析式（1.77），可以得到如下结论：

（1）周期信号的 FT 是由一系列冲激函数 $\delta(\omega-n\omega_1)$ 组成，故为离散谱。

（2）离散谱的冲激强度为 $2\pi F_n$。

（3）由于各频率点上为冲激函数，故其谱密度趋向无穷大，但幅度是有限的。

3. 周期信号与单周期（非周期）信号 FT 频谱的关系

从时域信号来看，周期信号可以视为单周期信号的周期延拓。设单周期信号为 $f_d(t)$，周期信号为 $f(t)$，它们的傅里叶变换分别为

单周期信号　$$\mathscr{F}_d(\omega)=\mathscr{F}\left[f_d(t)\right]=\int_{-\frac{T_1}{2}}^{\frac{T_1}{2}}f_d(t)\mathrm{e}^{-\mathrm{j}\omega t}\mathrm{d}t \tag{1.78}$$

周期信号　$$\mathscr{F}(\omega)=\mathscr{F}\left[f(t)\right]=\sum_{n=-\infty}^{\infty}2\pi F_n\delta(\omega-n\omega_1) \tag{1.79}$$

式中　$$F_n=\frac{1}{T_1}\int_{-\frac{T_1}{2}}^{\frac{T_1}{2}}f(t)\mathrm{e}^{-\mathrm{j}n\omega_1 t}\mathrm{d}t$$

比较两式，有

$$F_n=\frac{1}{T_1}F_d(\omega)\Big|_{\omega=n\omega_1} \tag{1.80}$$

可见，周期信号的 FS 频谱是单周期信号 FT 频谱在 $n\omega_1$ 处的抽样值乘以系数 $\frac{1}{T_1}$。

【例 1.4】　求 $\delta(t)$ 和周期冲激信号 $\delta_T(t)$ 的频谱。

解：（1）单次冲激 $\delta(t)$ 的 FT 谱如下，如图 1.36 所示。

$$F_d(\omega)=F\left[\delta(t)\right]=\int_{-\infty}^{\infty}\delta(T)\mathrm{e}^{-\mathrm{j}\omega t}\mathrm{d}t=1$$

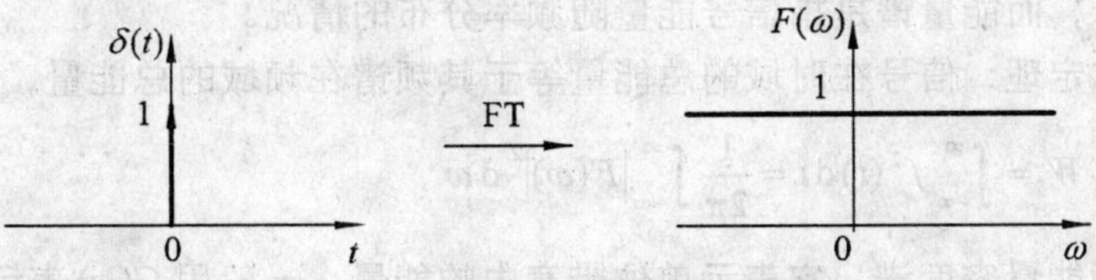

图 1.36　单次冲激信号及 FT 频谱

（2）周期冲激信号 $\delta_T(t)$ 的傅氏级数为

$$\delta_T(t)=\sum_{n=-\infty}^{\infty}\delta(t-nT_1)=\sum_{n=-\infty}^{\infty}F_n\mathrm{e}^{\mathrm{j}n\omega_1 t}$$

傅里叶级数系数（频谱）F_n 为

$$F_n=\frac{1}{T_1}\int_{-\frac{T_1}{2}}^{\frac{T_1}{2}}\delta_T(t)\mathrm{e}^{\mathrm{j}n\omega_1 t}\mathrm{d}t=\frac{1}{T_1}$$

这是各分量大小均等于 $1/T_1$ 的离散谱，如图 1.37 所示。

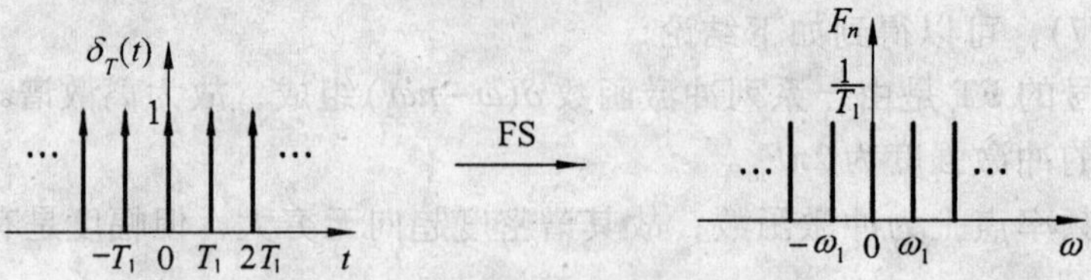

图 1.37 周期冲激信号及离散谱

(3) 周期冲激信号 $\delta_T(t)$ 的傅氏变换。根据一般周期信号傅里叶变换公式，得

$$F(\omega)=\mathscr{F}\left[\delta_t(t)\right]=\sum_{n=-\infty}^{\infty}2\pi F_n\delta(\omega-n\omega_1)$$

$$=\sum_{n=-\infty}^{\infty}2\pi\frac{1}{T_1}\delta(\omega-n\omega_1)=\omega_1\sum_{n=-\infty}^{\infty}\delta(\omega-n\omega_1)$$

可见其频谱为周期冲激信号，周期为 ω_1，冲激强度亦为 ω_1，如图 1.38 所示。

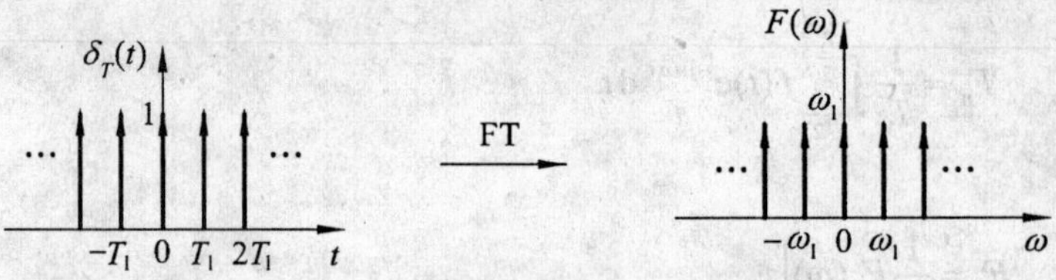

图 1.38 周期冲激信号及 FT 频谱

1.4.7 非周期信号的能量谱

1. 非周期信号的能量谱

在绪论中提到，能量信号是能量为有限值的信号，其平均功率为零。这类信号主要是指衰减的非周期信号，而能量谱是指信号能量随频率分布的情况。

根据帕色瓦尔定理：信号在时域的总能量等于其频谱在频域的总能量，即

$$W=\int_{-\infty}^{\infty}f^2(t)\,\mathrm{d}t=\frac{1}{2\pi}\int_{-\infty}^{\infty}\left|F(\omega)\right|^2\mathrm{d}\omega \tag{1.81}$$

式中，$\left|F(\omega)\right|^2$ 称为能量密度谱，它表示单位带宽内的能量，一般用 $G(\omega)$ 表示，即

$$G(\omega)=\left|F(\omega)\right|^2 \tag{1.82}$$

3. 有效脉宽 τ_0（时域）

在脉冲信号中，集中绝大部分能量的时间宽度称为有效脉宽，在确定脉宽时，一般取总能量的 90% 以上的时间宽度。

4. 带宽 ω_B（频域）

在脉冲信号的能量谱中，集中绝大部分能量的频段称为带宽，一般也取总能量的 90% 以上的频率区间作为带宽。

1.5　抽样信号的傅里叶变换

1.5.1　时间连续信号的抽样

以计算机为主体的信号分析处理系统，只能处理数字信号，而传感器的输出信号大多是模拟信号（数字传感器例外），因此，需要将模拟信号转换为数字信号。这一工作是由 A/D 转换器（模/数转换器）来进行的。

1. 抽　样

抽样又称采样（sampling），是进行模/数转换的主要环节，它将时间连续信号离散化，获得时间离散的抽样信号，然后对抽样信号进行量化，获得数字信号。从模拟信号转换为数字信号的整个过程，称为数据采集（data acquisition）。

抽样器的工作原理：抽样器是由脉冲信号发生器、模拟电子抽样开关和保持电容器等组成。当连续时间信号输入到抽样器时，通过由抽样脉冲信号控制的抽样开关的通、断来完成时间离散工作，获得抽样信号，该抽样信号暂时储存在保持电容器上，等待进一步量化。所以抽样信号实际上是时间连续信号与周期脉冲信号的乘积（调幅过程），即

$$f_p(t) = f(t) \cdot p(t) \tag{1.83}$$

式中，$f_p(t)$ 为抽样信号；$f(t)$ 为原始模拟信号；$p(t)$ 为周期脉冲信号。

2. 影响因素

1）抽样周期 T 的影响

抽样过程是以周期（或抽样间隔时间）T 离散时间连续信号的过程（见图 1.39），因此，抽样周期对抽样信号是有影响的，这种影响表现为丢失了间隔时间内的信息，这对变化剧烈的连续时间信号影响是很大的，所以对于高频分量多的信号应尽可能提高抽样速率，即缩短抽样周期 T。

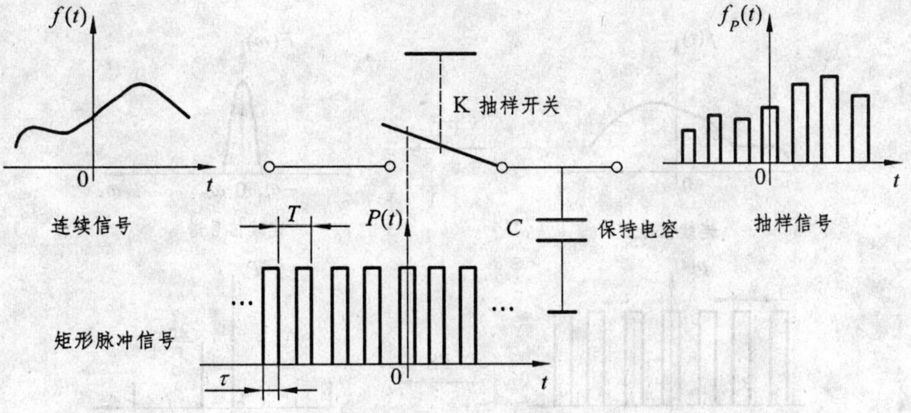

图 1.39　抽样过程

2）开关接触时间 τ 的影响

开关接触时间 τ 反映了信号通过开关时间的长短，我们希望越短越好，这样可以实现瞬时采样，能反映信号在某一瞬间的真实情况。

1.5.2 矩形脉冲抽样信号的频谱

从式（1.75）知，抽样过程是周期矩形脉冲 $p(t)$ 被时域连续信号 $f(t)$ 调幅的过程，所得抽样信号是二者在时域的乘积，即 $f_p(t)=f(t)\cdot p(t)$。很明显，抽样信号已不是原来的时间连续信号了，下面从频谱角度分析二者的区别。

1. 周期矩形脉冲信号的傅里叶级数

周期矩形脉冲信号的指数形式的傅氏级数为

$$p(t)=\sum_{n=-\infty}^{\infty}p_n\,\mathrm{e}^{\mathrm{j}n\omega_s t} \tag{1.84}$$

式中，ω_s 为采样角频率，$\omega_s=\dfrac{2\pi}{T}$；T 为抽样周期；p_n 为级数系数，$p_n=\dfrac{\tau}{T}S_a\left(\dfrac{n\omega_s\tau}{2}\right)$。

2. 抽样信号的频谱

将周期矩形脉冲的傅里叶级数形式代入抽样公式（1.83），得

$$f_p(t)=f(t)\cdot p(t)=\sum_{n=-\infty}^{\infty}p_n f(t)\mathrm{e}^{\mathrm{j}n\omega_s t} \tag{1.85}$$

设原时间连续信号的 FT 谱为 $F(\omega)$，求抽样信号的傅里叶变换，得 FT 谱为

$$F(\omega)=\mathscr{F}\left[f_p(t)\right]=\sum_{n=-\infty}^{\infty}p_n\mathscr{F}\left[f(t)\mathrm{e}^{\mathrm{j}n\omega_s t}\right]=\sum_{n=-\infty}^{\infty}p_nF(\omega-n\omega_s) \tag{1.86}$$

从式（1.86）中可以看出，抽样信号的 FT 谱是原信号的 FT 谱在频率轴上的周期延拓，延拓周期为抽样频率 ω_s，其谱幅度按抽样函数规律衰减。抽样过程对频谱的影响如图 1.40 所示。

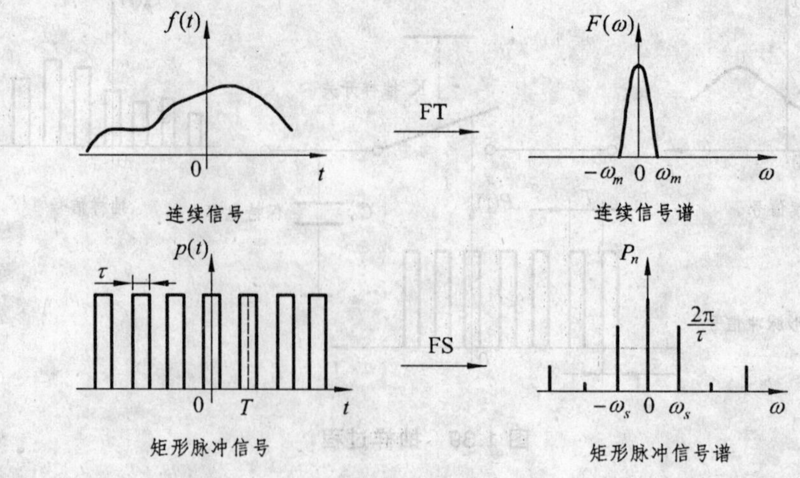

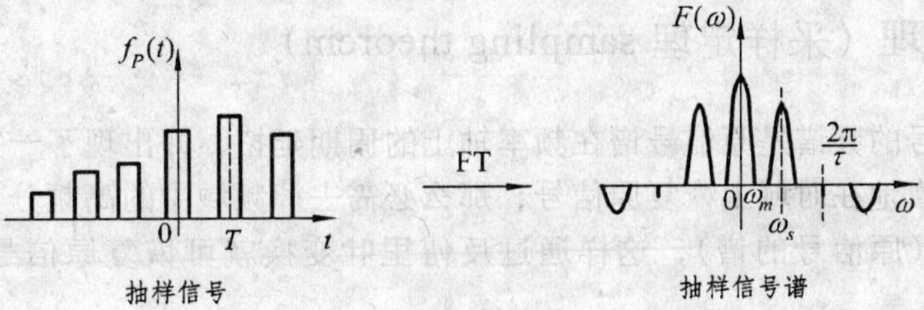

图 1.40　抽样过程对频谱的影响

1.5.3　冲击抽样信号的频谱

当矩形脉冲信号的脉宽 $\tau \to 0$ 时，就得到周期性冲激信号，此时，可得到理想的瞬间抽样，故称为理想抽样信号，有

$$f_\delta(t) = f(t)\delta_T(t) \tag{1.87}$$

将 $\delta_T(t)$ 的傅里叶级数形式 $\delta_T(t) = \frac{1}{T}\sum_{n=-\infty}^{\infty} \mathrm{e}^{\mathrm{j}n\omega_s t}$ 代入式（1.87），可得理想抽样信号的表达式

$$f_\delta(t) = \frac{1}{T}\sum_{n=-\infty}^{\infty} f(t)\mathrm{e}^{\mathrm{j}n\omega_s t} \tag{1.88}$$

求傅里叶变换，得 FT 谱为

$$F_\delta(\omega) = \mathscr{F}\left[f_\delta(t)\right] = \frac{1}{T}\sum_{n=-\infty}^{\infty} \mathscr{F}\left[f(t)\mathrm{e}^{\mathrm{j}n\omega_s t}\right] = \frac{1}{T}\sum_{n=-\infty}^{\infty} F(\omega - n\omega_S) \tag{1.89}$$

分析式（1.89），可见冲激抽样信号的 FT 谱也是原信号的 FT 谱在频率轴上的周期延拓，延拓周期仍然为抽样频率 ω_s。与矩形冲激抽样信号谱的不同之点是，冲激抽样信号谱的幅值不随频率增加而衰减，而是保持不变，这是理想抽样信号谱的特点，如图 1.41 所示。

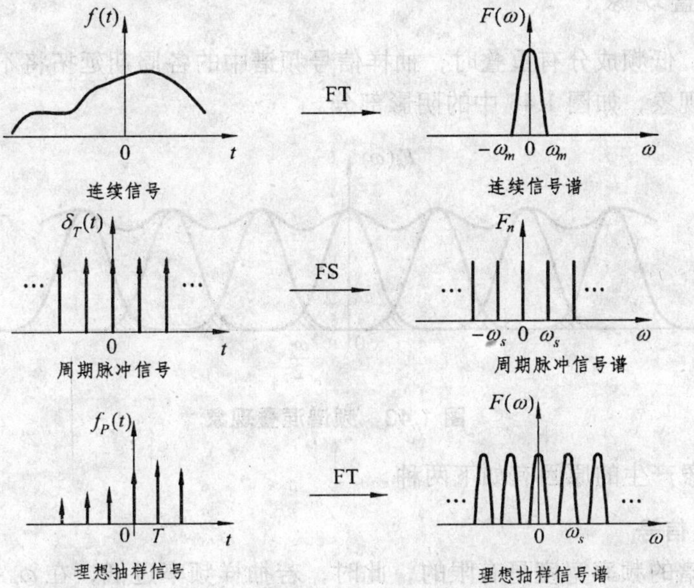

图 1.41　理想抽样过程对频谱的影响

1.5.4 抽样定理（采样定理 sampling theorem）

由于抽样信号的频谱是原信号谱在频率轴上的周期延拓，即出现了一系列高频分量，如使抽样信号不失真地在时域上恢复原信号，那么必需去掉频域中的高频分量，只保留 $-\omega_m \sim \omega_m$ 的低频分量（原信号的谱），这样通过反傅里叶变换就可恢复原信号，仅差一比例系数 $1/T$。

去掉高频分量的方法是让抽样信号的谱通过一个低通滤波器，其前提是高、低频带间没有重叠现象。由于抽样频率的选取不同，抽样信号的频谱存在如图 1.42 所示两种情况。

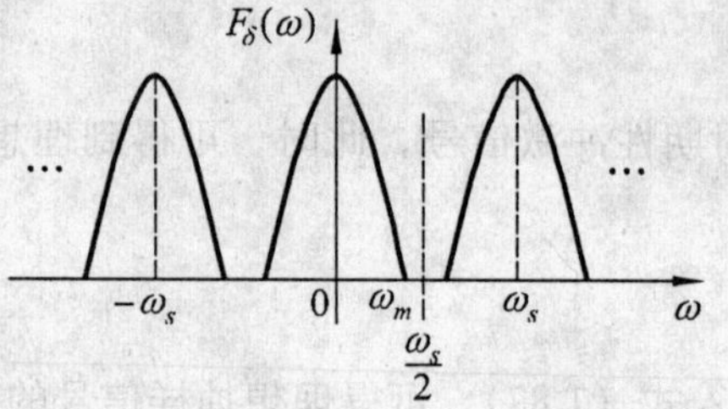

（a）高、低频成分无混叠

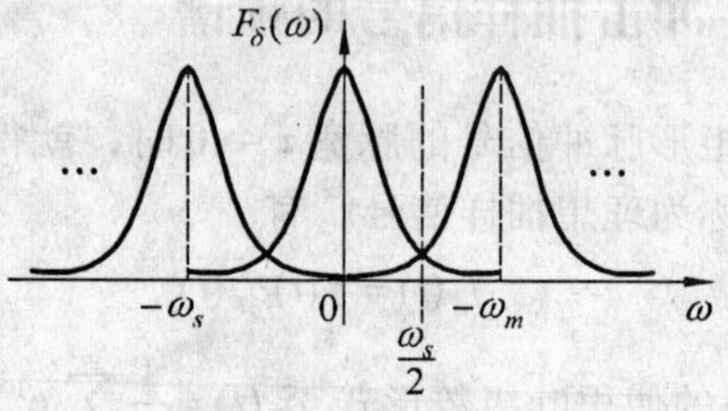

（b）高、低频成分有混叠

图 1.42 抽样信号的两种频谱

(1) $\frac{\omega_s}{2} \geqslant \omega_m$

频谱中的高、低频成分无重叠现象；此时，采用低通滤波器可以全部滤去高频成分。

(2) $\frac{\omega_s}{2} < \omega_m$

频谱中的高、低频成分有重叠现象。此时，采用低通滤波器无法全部滤去高频成分。

1. 频谱混叠现象

当频谱中高、低频成分有重叠时，抽样信号频谱中的各周期延拓将不是分离的，这种现象称为频谱混叠现象，如图 1.43 中的阴影部分。

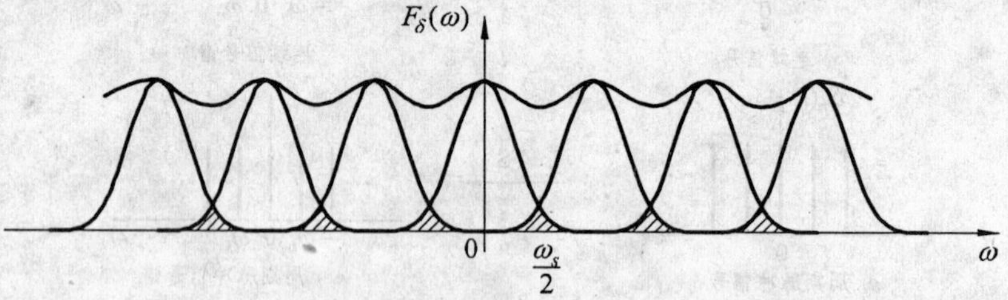

图 1.43 频谱混叠现象

频谱混叠现象产生的原因有如下两种：

1）对于带限信号

带限信号频谱的频率宽度是有限的，此时，若抽样频率过低，在 $\omega_s < 2\omega_m$ 时将产生频谱混叠现象。

2）对于非带限信号

非带限信号频谱的频率宽度是无限的，此时，无论抽样频率有多高，都将产生频谱混叠现象而无法避免，解决的办法是事先将非带限信号变为带限信号。

2. 抽样定理（采样定理）

对于一个带限信号，欲使抽样信号能不失真地恢复原连续信号的条件是

$$\omega_s \geqslant 2\omega_m \tag{1.90}$$

即抽样频率应等于或大于信号最高频率的两倍，这就是采样定理。

对于非带限信号，在 A/D 转换之前，需先通过一个抗混叠滤波器（低通滤波器），滤掉高频部分，使之成为带限信号，然后再抽样。

1.5.5 抽样信号的恢复

假定理想抽样信号满足采样定理，其频谱为

$$F_\delta(\omega)=\frac{1}{T}\sum_{n=-\infty}^{\infty}F(\omega-n\omega_s) \tag{1.91}$$

1. 通过一理想低通滤波器（频域）

为了滤去信号频谱中的高频成分，将信号通过一理想低通滤波器，有

$$H(\omega)=\begin{cases}T & |\omega|\leqslant\omega_c=\omega_s/2\\0 & |\omega|>\omega_c\end{cases} \tag{1.92}$$

得到经滤波后的信号频谱

$$Y(\omega)=H(\omega)F_\delta(\omega)=T\cdot\frac{1}{T}\sum_{n=-\infty}^{\infty}F(\omega-n\omega_s)=F(\omega) \tag{1.93}$$

整个滤波过程如图 1.44 所示。

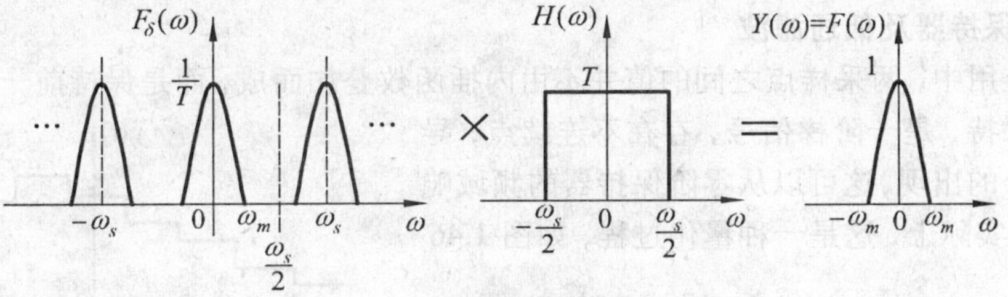

图 1.44　抽样信号频谱的低通滤波

2. 恢复原时域连续信号

1）根据时域卷积定理恢复原信号

根据卷积定义，两信号在时域中卷积的频谱等于两信号频谱的乘积，则滤波后的信号为

$$
\begin{aligned}
y(t) &= f_\delta(t) * h(t) = \left[\sum_{n=-\infty}^{\infty} f(nT)\delta(t-nT)\right] * h(t) \\
&= \int_{-\infty}^{\infty}\left[\sum_{n=-\infty}^{\infty} f(nT)\delta(\tau-nT)\right] h(t-\tau)\,\mathrm{d}\tau \\
&= \sum_{n=-\infty}^{\infty} f(nT)\int_{-\infty}^{\infty}\delta(\tau-nT)h(t-\tau)\,\mathrm{d}\tau \\
&= \sum_{n=-\infty}^{\infty} f(nT)h(t-nT)
\end{aligned} \tag{1.94}
$$

式中，$h(t-nT)=\dfrac{\sin\frac{\pi}{T}(t-nT)}{\frac{\pi}{T}(t-nT)}$称为内插函数，代入式（1.94），得

$$
f(t)=y(t)=\sum_{n=-\infty}^{\infty} f(nT)\frac{\sin\frac{\pi}{T}(t-nT)}{\frac{\pi}{T}(t-nT)} \tag{1.95}
$$

由于内插函数在采样点 nT 上的函数值为 1，在其他抽样点上的函数值为零。因此，各采样点 nT 上的函数值为 $f(nT)$，而各采样点之间的信号值则由各抽样值的内插函数叠加而成。只有采样点无穷多时，这种叠加才能逼近原信号，如图 1.45 所示。

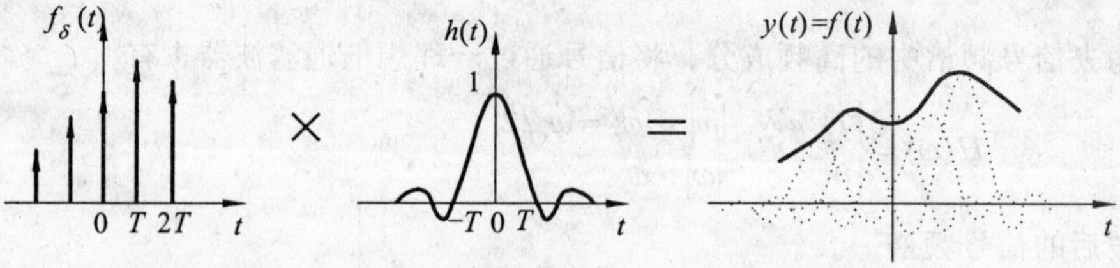

图 1.45 恢复原时域连续信号

从上图可以看出，要使被恢复信号上的每一点的值都得到保证，即为 $f(nT)$ 的话，势必要无穷多个采样点，这实际上是不可能的。

2）零阶保持器及低通滤波

在实际应用中，两采样点之间的值并不由内插函数叠加而成，而是保持前一点的采样值，称之为零阶保持，是一阶梯信号，存在不连续点，导致了高频成分的出现，这可以从零阶保持器的频域响应特性看出。实际上，这是一种量化过程，如图 1.46 所示。

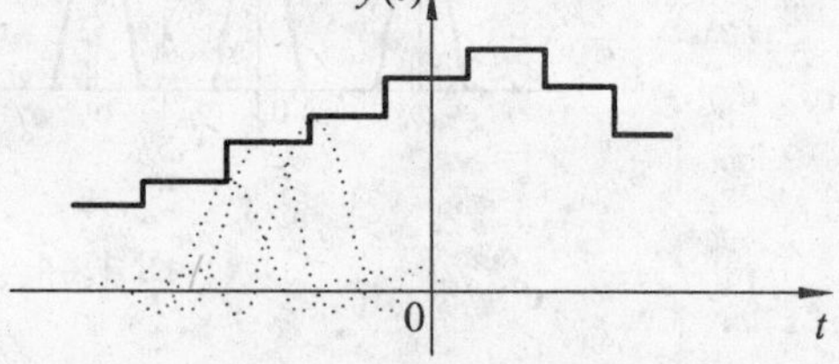

图 1.46 零阶保持

零阶保持器的冲激响应函数为

$$
h(t)=u(t)-u(t-T) \tag{1.96}
$$

这一信号又称为闸门信号，其频率响应函数为

$$H(\omega)=\mathscr{F}\left[h(t)\right]=T\frac{\sin\left(\dfrac{\omega T}{2}\right)}{\dfrac{\omega T}{2}}\mathrm{e}^{-\mathrm{j}\frac{\omega T}{2}} \tag{1.97}$$

是低通滤波器的幅频特性。虽然主要的频率分量得以通过，但还有一部分大于 $\dfrac{\omega_s}{2}$ 的高频分量通过。

因此，为了保证得到光滑的时域波形，必需使经 D/A（数模转换器）恢复后的信号通过一个平滑用的模拟低通滤波器，滤波器的截止频率应为 $\dfrac{\omega_s}{2}$，整个过程如图 1.47 所示。

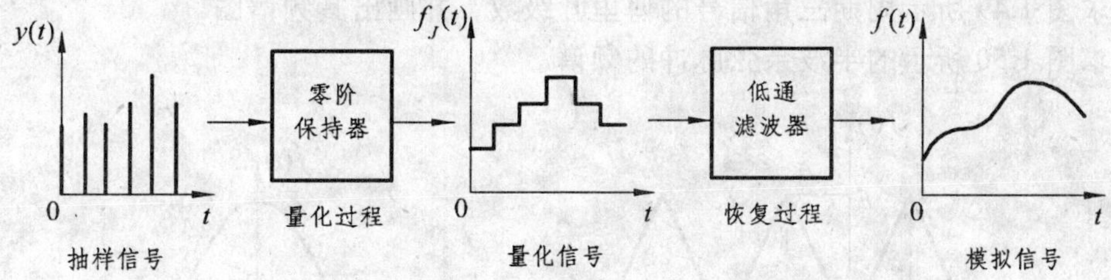

图 1.47　抽样信号的恢复过程

习　题

1.1　应用冲激函数的抽样特性，求下列表示式的函数值。

（1）$\int_{-\infty}^{\infty} f(t-t_0)\delta(t)\mathrm{d}t$

（2）$\int_{-\infty}^{\infty} f(t_0-t)\delta(t)\mathrm{d}t$

（3）$\int_{-\infty}^{\infty} \delta(t-t_0)u\left(t-\dfrac{t_0}{2}\right)\mathrm{d}t$

（4）$\int_{-\infty}^{\infty} \delta(t-t_0)u(t-2t_0)\mathrm{d}t$

（5）$\int_{-\infty}^{\infty} (\mathrm{e}^{-t}+t)\delta(t+2)\mathrm{d}t$

（6）$\int_{-\infty}^{\infty} (t+\sin t)\delta\left(t-\dfrac{\pi}{6}\right)\mathrm{d}t$

（7）$\int_{-\infty}^{\infty} \mathrm{e}^{\mathrm{j}\omega t}[\delta(t)-\delta(t-t_0)]\mathrm{d}t$

（8）$\int_{-\infty}^{\infty} \delta(-t-3)(t+4)\mathrm{d}t$

1.2　求下列各函数 $f_1(t)$ 和 $f_2(t)$ 的卷积 $f_1(t)*f_2(t)$。

（1）$f_1(t)=u(t)$，　$f_2(t)=\mathrm{e}^{-\alpha t}u(t)$。

（2）$f_1(t)=\delta(t)$，　$f_2(t)=\cos(\omega t+45°)$。

（3）$f_1(t)=(1+t)[u(t)-u(t-1)]$，$f_2(t)=u(t-1)-u(t-2)$。

（4）$f_1(t)=\cos\omega t$，　$f_2(t)=\delta(t+1)-\delta(t-1)$。

（5）$f_1(t)=\mathrm{e}^{-\alpha t}u(t)$，　$f_2(t)=\sin t u(t)$。

（6）$f_1(t)=2\mathrm{e}^{-t}\left[u(t)-u(t-3)\right]$，　$f_2(t)=4\left[u(t)-u(t-2)\right]$。

1.3　用图解法求图 1.48 所示的 $f(t)$ 与 $h(t)$ 的卷积 $f(t)*h(t)$。

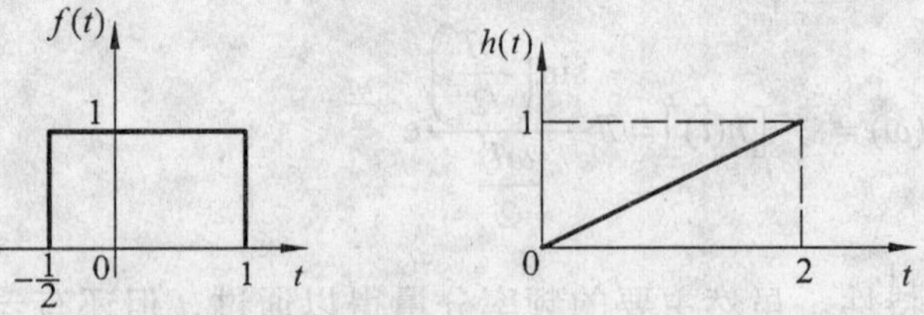

图 1.48

1.4　判断下列信号是否是周期信号。如果是，试确定其周期。

（1）$x(t)=2\cos\left(3t+\frac{\pi}{4}\right)$　　　　（2）$x(t)=[\cos 2\pi t]u(t)$

1.5　求图 1.49 所示周期三角信号的傅里叶级数，并画出其频谱图。

1.6　求图 1.50 所示的半波余弦脉冲的频谱。

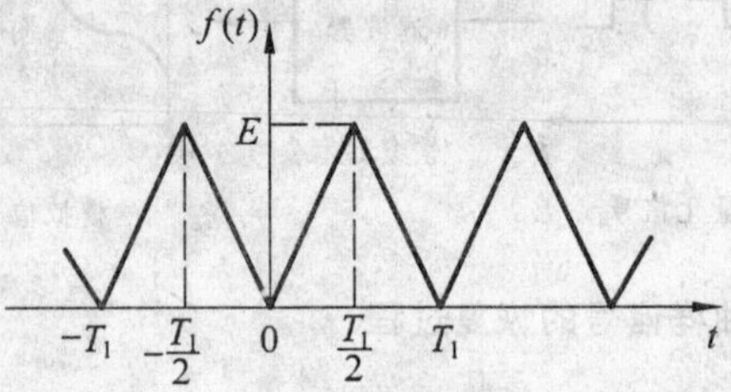

图 1.49

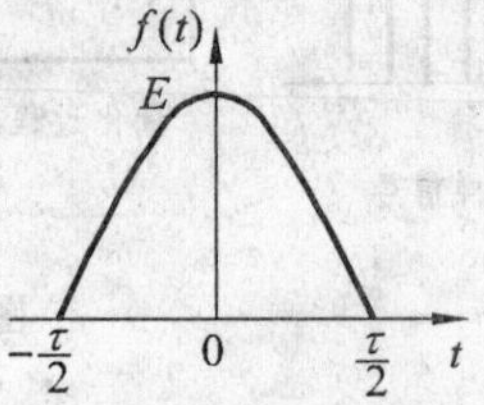

图 1.50

1.7　若已知 $\mathscr{F}[f(t)]=F(\omega)$，利用傅里叶变换的性质求下列信号的傅里叶变换。

（1）$f(6-2t)$。

（2）$f(1-t)$。

（3）$f(2t-5)$。

1.8　利用积分特性求取图 1.51 所示截平斜变信号的频谱。

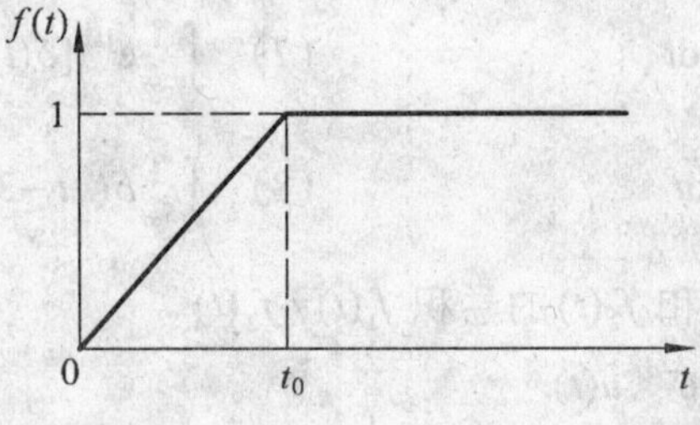

图 1.51

1.9　对 3 个余弦信号 $x_1(t)=\cos 2\pi t$，$x_2(t)=\cos 6\pi t$，$x_3(t)=\cos 10\pi t$ 作理想冲激抽样，抽样频率为 $\omega_s=8\pi$，求三个抽样信号的表达式，画出三个连续信号的时域波形、抽样点位置和频谱图，并作比较和解释频谱混叠现象。

1.10　确定下列信号的最低抽样频率。

（1）$S_a(100t)$。

（2）$S_a^2(100t)$。

（3） $S_a(100t)+S_a^2(60t)$。

1.11　已知 $\mathscr{F}[f(t)]=F(\omega)$，证明：$\dfrac{\mathrm{d}f}{\mathrm{d}t}*\dfrac{1}{\pi t}$ 的傅里叶变换为 $|\omega|F(\omega)$。

1.12　求下列频谱函数的傅里叶逆变换。

（1） $F_1(\omega)=\mathrm{j}\pi\,\mathrm{sgn}(\omega)$。

（2） $F_2(\omega)=\dfrac{\sin 6\omega}{\omega}$。

1.13　证明下列结论：

（1）实信号的奇偶分量满足

$$\mathscr{F}[f_{\mathrm{e}}(t)]=\mathrm{Re}[F(\omega)],\ \mathscr{F}[f_{\mathrm{o}}(t)]=\mathrm{j\,Im}[F(\omega)]$$

（2）复信号的虚实分量满足

$$\mathscr{F}[f_{\mathrm{r}}(t)]=\frac{1}{2}[F(\omega)+F^*(-\omega)]$$

$$\mathscr{F}[f_{\mathrm{i}}(t)]=\frac{1}{2\mathrm{j}}[F(\omega)-F^*(-\omega)]$$

1.14　利用卷积性质和傅里叶变换性质证明下列式子：

（1） $f_1(t)*f_2(t-t_0)=f_1(t-t_0)*f_2(t)$。

（2） $f_1(t-t_1)*f_2(t-t_2)=f_1(t-t_3)*f_2(t-t_4)$。

1.15　利用偶函数的对称性，求下列函数的傅里叶变换，并粗略画出其频谱图。

（1） $f(t)=\dfrac{\sin 2\pi(t-2)}{\pi(t-2)}$。

（2） $f(t)=\dfrac{2a}{a^2+t^2}$。

（3） $f(t)=\left(\dfrac{\sin 2\pi t}{2\pi t}\right)^2$。

第 2 章 连续系统分析基础

内容提要

1. 拉普拉斯变换及其基本性质
2. 线性系统响应的 s 域分析法
3. 系统函数 $H(s)$ 的意义及其性质

2.1 拉普拉斯变换（laplace transform）

前述卷积解决了线性系统的零状态响应问题，是以卷积积分的形式表示的。对于系统的全响应（初始状态不为零），可用拉普拉斯变换（LT）求得。基本思路如下：

（1）将以 t 为变量的时域微分方程变换为以复频率 $s=\sigma+\mathrm{j}\omega$ 为变量的代数方程。

（2）求解 s 域的代数方程。

（3）反拉普拉斯变换求响应的时域解。

2.1.1 拉普拉斯变换的定义

1. 从傅立叶变换到拉普拉斯变换

由第 1 章得知，当信号满足狄利赫利条件时，可以构成一傅立叶变换对，即

$$\left.\begin{aligned} F(\omega)&=\mathscr{F}\left[f(t)\right]=\int_{-\infty}^{\infty}f(t)\mathrm{e}^{-\mathrm{j}\omega t}\mathrm{d}t \\ f(t)&=\mathscr{F}^{-1}\left[F(\omega)\right]=\frac{1}{2\pi}\int_{-\infty}^{\infty}F(\omega)\mathrm{e}^{\mathrm{j}\omega t}\mathrm{d}\omega \end{aligned}\right\} \tag{2.1}$$

对于一些不满足绝对可积条件的信号，则不能进行傅氏变换，此时，如果用一指数衰减信号去乘，使其快速收敛，以满足绝对可积条件，由此得到新的信号

$$\left.\begin{aligned} &f(t)\mathrm{e}^{-\sigma_1 t}, \quad t>0 \\ &f(t)\mathrm{e}^{-\sigma_2 t}, \quad t<0 \end{aligned}\right\} \tag{2.2}$$

则可对新的信号进行傅氏变换

$$F(\omega)=\int_{-\infty}^{\infty}f(t)\mathrm{e}^{-\sigma t}\mathrm{e}^{-\mathrm{j}\omega t}\,\mathrm{d}t=\int_{-\infty}^{\infty}f(t)\mathrm{e}^{-(\sigma+\mathrm{j}\omega)t}\mathrm{d}t \tag{2.3}$$

令 $s=\sigma+\mathrm{j}\omega$，称为复频率，并用 $F(s)$ 代替 $F(\omega)$，则

$$F(s)=\int_{-\infty}^{\infty}f(t)\mathrm{e}^{-st}\mathrm{d}t \tag{2.4}$$

式（2.4）称为双边拉普拉斯变换，其反变换为

$$f(t)=\frac{1}{2\pi j}\int_{\sigma-\mathrm{j}\omega}^{\sigma+\mathrm{j}\omega}F(s)\mathrm{e}^{st}\mathrm{d}s \tag{2.5}$$

由于实际信号大都为有始信号，拉普拉斯变换常写成单边形式：

$$\left.\begin{aligned}F(s)&=\int_{0^-}^{\infty}f(t)\mathrm{e}^{-st}\mathrm{d}t\\ f(t)&=\left[\frac{1}{2\pi\,\mathrm{j}}\int_{\sigma-\mathrm{j}\omega}^{\sigma+\mathrm{j}\omega}F(s)\mathrm{e}^{st}\mathrm{d}s\right]u(t)\end{aligned}\right\} \tag{2.6}$$

式（2.6）称为单边拉普拉斯变换，积分下限为 0^-，是考虑到 $f(t)$ 中可能包含有冲击信号；逆变换中的 $u(t)$ 是表示为有始信号。可见，拉普拉斯变换可视为一种广义的傅氏变换，简写为

$$\left.\begin{aligned}F(s)&=\mathscr{L}\left[f(t)\right]\\ f(t)&=\mathscr{L}^{-1}\left[F(s)\right]\end{aligned}\right\} \tag{2.7}$$

2. 拉普拉斯变换的收敛域

函数 $f(t)$ 乘以衰减因子 $\mathrm{e}^{-\sigma t}$ 后，并不是对所有的 σ 值都是收敛的，只是在 σ 值的一定范围内才收敛。通常把使 $f(t)\mathrm{e}^{-\sigma t}$ 满足绝对可积条件的 σ 值的范围称为拉普拉斯变换的收敛域。在收敛域内，函数的拉普拉斯变换存在，在收敛域外则不存在，如图 2.1 所示。

若 $f(t)$ 为有始函数，乘以 $\mathrm{e}^{-\sigma t}$ 后存在下列关系，即

$$\lim_{t\to\infty}f(t)\mathrm{e}^{-\sigma t}=0,\quad \sigma>\sigma_0 \tag{2.8}$$

式中，$\sigma>\sigma_0$ 为收敛条件，σ_0 称为收敛坐标，过 σ_0 的垂直线称为 σ 收敛边界，σ_0 的取值与函数 $f(t)$ 的性质有关。满足收敛条件的因子称为指数阶函数。

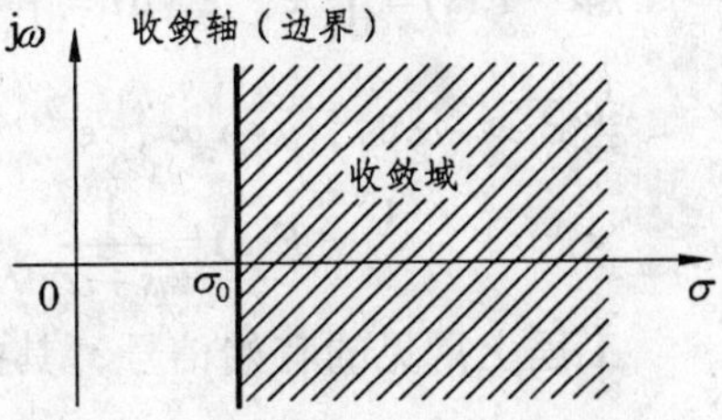

图 2.1　拉普拉斯变换的收敛域

【例 2.1】 求指数增长函数 $f(t)=\mathrm{e}^{\alpha t}u(t)$ 的拉普拉斯变换（见图 2.2），式中 $\alpha>0$。

解

$$F(s)=\int_{0^-}^{\infty}f(t)\mathrm{e}^{-st}\mathrm{d}t=\int_{0^-}^{\infty}\mathrm{e}^{\alpha t}u(t)\mathrm{e}^{-st}\mathrm{d}t$$

$$=\int_{0}^{\infty}\mathrm{e}^{-(s-\alpha)t}\mathrm{d}t=\frac{1}{-(s-\alpha)}\mathrm{e}^{-(s-\alpha)t}\Big|_0^{\infty}$$

$$=\frac{1}{s-\alpha}\left[1-\lim_{t\to\infty}\mathrm{e}^{-(\sigma-\alpha)t}\mathrm{e}^{-\mathrm{j}\omega t}\right]$$

上式存在两种情况（见图 2.3）：

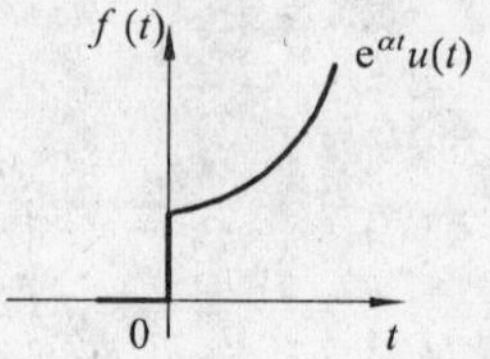

图 2.2 增长指数函数波形

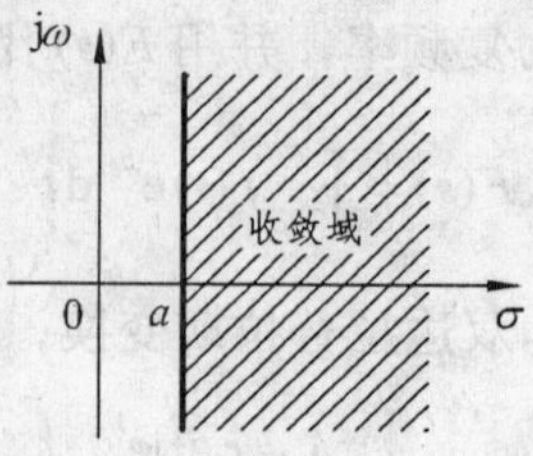

图 2.3 收敛域

（1）$\sigma>\alpha$ 时，$\lim\limits_{t\to\infty}\mathrm{e}^{-(\sigma-\alpha)t}\mathrm{e}^{-\mathrm{j}\omega t}=0$

$$F(s)=\frac{1}{s-\alpha}$$

（2）$\sigma<\alpha$ 时，$\lim\limits_{t\to\infty}\mathrm{e}^{-(\sigma-\alpha)t}\mathrm{e}^{-\mathrm{j}\omega t}\to\infty$

$F(s)$ 不存在

【例 2.2】 求指数衰减信号 $f(t)=\mathrm{e}^{-\alpha t}u(t)$ 的拉普拉斯变换（见图 2.4），式中 $\alpha>0$。

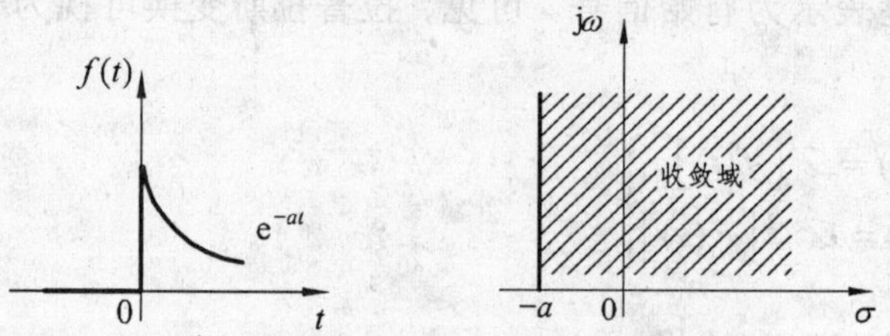

图 2.4 衰减指数函数波形及收敛域

解 $F(s)=\int_0^{\infty}\mathrm{e}^{-\alpha t}\mathrm{e}^{-st}\mathrm{d}t=\int_0^{\infty}\mathrm{e}^{-(s+\alpha)t}\mathrm{d}t=\left.\frac{\mathrm{e}^{-(s+\alpha)t}}{-(s+\alpha)}\right|_0^{\infty}$

当 $\sigma\geqslant-\alpha$ 时，$t\to\infty$，$\mathrm{e}^{-(s+\alpha)t}\to 0$，有

$$F(s)=\frac{1}{s+\alpha}$$

工程上常见的有始信号，其拉普拉斯变换总是存在的。

2.1.2 常用信号的拉普拉斯变换

设下列信号均为有始信号，其单边拉普拉斯变换分别如下：

1. 单位阶跃信号 $u(t)$ 的拉氏变换

$$F(s)=\mathscr{L}[u(t)]=\int_{0^-}^{\infty}u(t)\mathrm{e}^{-st}\mathrm{d}t=\int_0^{\infty}\mathrm{e}^{-st}\mathrm{d}t=\left.-\frac{1}{s}\mathrm{e}^{-st}\right|_0^{\infty}=\frac{1}{s} \tag{2.9}$$

2. 单位冲击信号 $\delta(t)$ 的拉氏变换

$$F(s)=\int_{0^-}^{\infty}\delta(t)\mathrm{e}^{-st}\mathrm{d}t=1 \tag{2.10}$$

3. 指数信号 $e^{\alpha t}$ 的拉氏变换

$$F(s)=\int_{0^-}^{\infty}e^{\alpha t}e^{-st}dt=\frac{1}{s-\alpha} \tag{2.11}$$

4. 正、余弦信号的拉氏变换

先将正弦信号写成复指点数形式，然后求拉普拉斯变换，有

$$\sin\omega t=\frac{1}{2j}(e^{j\omega t}-e^{-j\omega t})$$

$$F(s)=L\left[\frac{1}{2j}(e^{j\omega t}-e^{-j\omega t})\right]=\frac{1}{2j}\left(\frac{1}{s-j\omega}-\frac{1}{s+j\omega}\right)=\frac{\omega}{s^2+\omega^2} \tag{2.12}$$

同样，可得余弦信号的拉普拉斯变换

$$F(s)=\mathscr{L}[\cos\omega t]=\frac{s}{s^2+\omega^2} \tag{2.13}$$

2.2 拉普拉斯反变换

拉普拉斯反变换是由 $F(s)$ 求 $f(t)$，记为 ILT，对于一些基本的简单变换式，在应用中可查拉普拉斯变换表，对于复杂的函数，需要将 $F(s)$ 展开成一些表中能查到的简单形式。主要有两种方法：部分分式展开法和围线积分法，这时只讨论部分分式展开法。

对线性系统而言，$F(s)$ 常可化为有理分式

$$F(s)=\frac{N(s)}{D(s)}=\frac{b_m s^m+b_{m-1}s^{m-1}+\cdots+b_1 s+b_0}{a_n s^n+a_{n-1}s^{n-1}+\cdots+a_1 s+a_0} \tag{2.14}$$

式中，m 和 n 为正整数，$m<n$。

将式（2.14）分解为部分分式时有三种情况：

1. $D(s)=0$ 的所有根均为单实根

若 $D(s)=0$ 的 n 个单实根为 s_1，s_2，…，s_n，则可展开为 n 个简单的部分分式之和，即

$$F(s)=\frac{k_1}{s-s_1}+\frac{k_2}{s-s_2}+\ \cdots\ +\frac{k_n}{s-s_n}=\sum_{i=1}^{n}\frac{k_i}{s-s_i} \tag{2.15}$$

式中，k_i 称为待定系数，按下述方法确定，即

$$k_i=\left[(s-s_i)F(s)\right]_{s=s_i},\quad i=1,\ 2,\ \cdots,\ n \tag{2.16}$$

【例 2.3】　求 $F(s)=\dfrac{2s+5}{s(s^2+5s+6)}$ 的原函数 $f(t)$。

解 (1) 先求 $D(s)=0$ 的根，由于

$$s(s^2+5s+6)=s(s+3)(s+2)=0$$

得
$$s_1=0,\quad s_2=-3,\quad s_3=-2$$

则
$$F(s)=\frac{k_1}{s}+\frac{k_2}{s+3}+\frac{k_3}{s+2}$$

(2) 求待定系数 k_i。

$$k_1=\left[(s-s_1)F(s)\right]=\left[s\cdot\frac{2s+5}{s(s+3)(s+2)}\right]_{s=0}=\frac{5}{6}$$

$$k_2=\left[(s-s_2)F(s)\right]=\left[(s+3)\frac{2s+5}{s(s+3)(s+2)}\right]_{s=-3}=-\frac{1}{3}$$

$$k_3=\left[(s-s_3)F(s)\right]=\left[(s+2)\frac{2s+5}{s(s+3)(s+2)}\right]_{s=-2}=-\frac{1}{2}$$

将 k_i 代入 $F(s)$ 公式，得

$$F(s)=\frac{5}{6}\cdot\frac{1}{s}-\frac{1}{3}\cdot\frac{1}{s+3}-\frac{1}{2}\cdot\frac{1}{s+2}$$

查变换表可得反变换为

$$f(t)=\mathscr{L}^{-1}\left[F(s)\right]=\frac{5}{6}-\frac{1}{3}\mathrm{e}^{-3t}-\frac{1}{2}\mathrm{e}^{-2t},\quad t\geqslant 0$$

2. $D(s)=0$ 具有共轭复根

若 $D(s)=0$ 中含有一共轭复根

$$s_1=\alpha+\mathrm{j}\omega,\quad s_2=\alpha-\mathrm{j}\omega$$

则
$$F(s)=\frac{k_1}{s-\alpha-\mathrm{j}\omega}+\frac{k_2}{s-\alpha+\mathrm{j}\omega}$$

其中
$$k_1=(s-s_1)F(s)\big|_{s=s_1}$$
$$k_2=(s-s_2)F(s)\big|_{s=s_2}$$

3. $D(s)=0$ 仅含有重根

若 $D(s)=0$，在 $s=s_1$ 有三重根，即

$$F(s)=\frac{N(s)}{(s-s_1)^3}$$

则
$$F(s)=\frac{k_{11}}{(s-s_1)^3}+\frac{k_{12}}{(s-s_1)^2}+\frac{k_{13}}{s-s_1}$$

其中
$$k_{11}=(s-s_1)^3F(s)\big|_{s=s_1}$$

$$k_{12}=\frac{\mathrm{d}}{\mathrm{d}s}\left[(s-s_1)^3F(s)\right]\Big|_{s=s_1}$$

$$k_{13}=\frac{1}{2}\cdot\frac{\mathrm{d}^2}{\mathrm{d}s^2}\left[(s-s_1)^3F(s)\right]\Big|_{s=s_1}$$

推至一般情况，其部分分式为

$$F(s)=\frac{k_{11}}{(s-s_1)^m}+\frac{k_{12}}{(s-s_1)^{m-1}}+\cdots+\frac{k_{1m}}{s-s_1} \tag{2.17}$$

其待定系数 k_i 为

$$\left.\begin{aligned}
k_{11}&=(s-s_1)^mF(s)\Big|_{s=s_1}\\
k_{12}&=\frac{\mathrm{d}}{\mathrm{d}s}\left[(s-s_1)^mF(s)\right]\Big|_{s=s_1}\\
k_{13}&=\frac{1}{2}\cdot\frac{\mathrm{d}^2}{\mathrm{d}s^2}\left[(s-s_1)^mF(s)\right]\Big|_{s=s_1}\\
&\vdots\\
k_{1m}&=\frac{1}{(m-1)!}\frac{\mathrm{d}^{m-1}}{\mathrm{d}s^{m-1}}\cdot\left[(s-s_1)^mF(s)\right]\Big|_{s=s_1}
\end{aligned}\right\} \tag{2.18}$$

而 $\dfrac{k}{(s-s_1)^m}$ 的拉普拉斯变换对为

$$\frac{k}{(s-s_1)^m}\leftrightarrow\frac{kt^{m-1}}{(m-1)!}\mathrm{e}^{s_1t} \tag{2.19}$$

【例 2.4】　求 $F(s)=\dfrac{s-2}{s(s+1)^3}$ 的原函数 $f(t)$。

解　$s=0$ 为单根，$s=-1$ 为三重根，则展开式

$$F(s)=\frac{k_1}{s}+\frac{k_{11}}{(s+1)^3}+\frac{k_{12}}{(s+1)^2}+\frac{k_{13}}{s+1}$$

求待定系数

$$k_1=sF(s)\big|_{s=0}=-2$$

$$k_{11}=(s+1)^3F(s)\big|_{s=-1}=3$$

$$k_{12}=\frac{\mathrm{d}}{\mathrm{d}s}\left(\frac{s-2}{s}\right)\Big|_{s=-1}=2$$

$$k_{13}=\frac{1}{2}\cdot\frac{\mathrm{d}^2}{\mathrm{d}s^2}\left(\frac{s-2}{s}\right)\Big|_{s=-1}=2$$

于是有

$$F(s)=\frac{-2}{s}+\frac{3}{(s+1)^3}+\frac{2}{(s+1)^2}+\frac{2}{s+1}$$

反变换为

$$f(t) = -2 + \frac{3}{2}t^2 e^{-t} + 2te^{-t} + 2e^{-t}, \quad t \geqslant 0$$

2.3 拉普拉斯变换的一些重要性质

在实际应用中，常常不通过定义来计算拉普拉斯变换，而是利用拉氏变换的一些性质。LT 的性质跟 FT 的性质十分类似，下面主要讨论单边 LT 的性质。

1. 线性性质

若信号 $f_1(t)$ 和 $f_2(t)$ 的象函数（拉氏变换）分别为 $F_1(s)$ 和 $F_2(s)$，则有

$$\mathscr{L}\left[\alpha_1 f_1(t) + \alpha_2 f_2(t)\right] = \alpha_1 F_1(s) + \alpha_2 F_2(s) \tag{2.20}$$

式中，a_1 和 a_2 为常数。

2. 时间平移性（延时）

信号的波形在时域平移 t_0，则它的拉氏变换应乘以 e^{-st_0}：

若 $\mathscr{L}\left[f(t)\right] = F(s)$

则
$$\mathscr{L}\left[f(t-t_0)u(t-t_0)\right] = F(s)e^{-st_0} \tag{2.21}$$

3. 频移性

信号的拉氏变换在 s 域平移 s_0，则它的波形应乘以 $e^{-s_0 t}$：

若 $\mathscr{L}\left[f(t)\right] = F(s)$

则
$$\mathscr{L}\left[f(t)e^{\pm s_0 t}\right] = F(s \mp s_0) \tag{2.22}$$

4. 尺度变换特性

信号在时间轴上的压缩，等于 s 域的扩展：

若 $\mathscr{L}\left[f(t)\right] = F(s)$

则
$$\mathscr{L}\left[f(at)\right] = \frac{1}{a}F\left(\frac{s}{a}\right), \qquad a > 0 \tag{2.23}$$

5. 时域卷积定理

若信号 $f_1(t)$ 和 $f_2(t)$ 的象函数分别为 $F_1(s)$ 和 $F_2(s)$，则两信号的卷积的 LT 等于它们象函数的乘积，即

$$\mathscr{L}[f_1(t) * f_2(t)] = F_1(s) \cdot F_2(s) \tag{2.24}$$

6. 复频率卷积定理

若信号 $f_1(t)$ 和 $f_2(t)$ 的象函数分别为 $F_1(s)$ 和 $F_2(s)$，则两象函数的卷积除以 $2\pi\,\mathrm{j}$ 等于两信号在时域乘积的 LT，即

$$\mathscr{L}\left[f_1(t)\cdot f_2(t)\right]=\frac{1}{2\pi\,\mathrm{j}}\left[F_1(s)*F_2(s)\right] \tag{2.25}$$

7. 时域微分定理

这一性质常用于解微分方程，时域微分定理如下：

若 $$\mathscr{L}\left[f(t)\right]=F(s)$$

则 $$\mathscr{L}\left[\frac{\mathrm{d}f(t)}{\mathrm{d}t}\right]=sF(s)-f(0_-) \tag{2.26}$$

同理有

$$\mathscr{L}\left[\frac{\mathrm{d}^n f(t)}{\mathrm{d}t^n}\right]=s^nF(s)-s^{n-1}f(0_-)-s^{n-2}f^{(1)}(0_-)-\cdots-f^{(n-1)}(0_-) \tag{2.27}$$

当 $f(t)$ 为有始信号时，式（2.26）和式（2.27）简化为

$$\mathscr{L}\left[\frac{\mathrm{d}f(t)}{\mathrm{d}t}\right]=sF(s) \tag{2.28}$$

$$\mathscr{L}\left[\frac{\mathrm{d}^n f(t)}{\mathrm{d}t^n}\right]=s^nF(s) \tag{2.29}$$

8. 时域积分定理

若 $$\mathscr{L}\left[f(t)\right]=F(s)$$

则 $$\mathscr{L}\left[\int_{0^-}^{t}f(\tau)\,\mathrm{d}\tau\right]=\frac{1}{s}F(s) \tag{2.30}$$

9. s 域微分特性

若 $$\mathscr{L}\left[f(t)\right]=F(s)$$

则 $$\frac{\mathrm{d}F(s)}{\mathrm{d}s}=\mathscr{L}\left[-tf(t)\right] \tag{2.31}$$

$$\frac{\mathrm{d}^nF(s)}{\mathrm{d}s^n}=\mathscr{L}\left[(-t)^nf(t)\right] \tag{2.32}$$

10. s 域积分特性

若 $$\mathscr{L}\left[f(t)\right]=F(s)$$

则 $$\int_s^{\infty}F(s_1)\mathrm{d}s_1=\mathscr{L}\left[\frac{f(t)}{t}\right] \tag{2.33}$$

2.4 LTI 连续系统的 s 域分析

用拉普拉斯变换分析法求解用常系数线性微分方程描述的连续系统时，有如下优点:

(1) 能将时域微分方程变换为复频域代数方程，使求解简化。

(2) 可求得连续系统的完全解。

(3) 分析电网络系统时，可直接利用电路的 s 域模型写出电路方程。

2.4.1 求 LTI 系统的全响应

系统的全响应是指系统初始状态不为零时对激励的响应，可通过拉普拉斯变换(LT)求得。

【例 2.5】 求 $y''(t)+3y'(t)+2y(t)=\mathrm{e}^{-3t}$ 的解，已知 $y(0_-)=1$， $y'(0_-)=2$ 。

解 (1) 将微分方程变为 s 域中的代数方程，根据拉普拉斯变换的微分定理，得

$$s^2Y(s)-sy(0_-)-y'(0_-)+3sY(s)-3y(0_-)+2Y(s)=\frac{1}{s+3}$$

$$s^2Y(s)+3sY(s)+2Y(s)-s-5=\frac{1}{s+3}$$

$$(s^2+3s+2)Y(s)=\frac{1}{s+3}+s+5$$

(2) 求拉普拉斯反变换。

展开成部分分式，得

$$Y(s)=\frac{s^2+8s+16}{(s+1)(s+2)(s+3)}=\frac{k_1}{s+1}+\frac{k_2}{s+2}+\frac{k_3}{s+3}$$

按前述方法求出待定系数

$$k_1=4.5,\ k_2=-4,\ k_3=0.5$$

则

$$Y(s)=\frac{4.5}{s+1}+\frac{-4}{s+2}+\frac{0.5}{s+3}$$

查变换表得反变换

$$y(t)=(4.5\mathrm{e}^{-t}-4\mathrm{e}^{-2t}+0.5\mathrm{e}^{-3t})u(t)$$

2.4.2 系统函数 $H(s)$

1. 系统函数的定义

系统函数定义为系统零状态响应的象函数与输入信号的象函数之比，有理系统函数一般具有下面的形式:

$$H(s)=\frac{Y(s)}{F(s)}=\frac{b_m s^m+b_{m-1}s^{m-1}+\cdots+b_1 s+b_0}{a_n s^n+a_{n-1}s^{n-1}+\cdots+a_1 s+a_0} \tag{2.34}$$

系统函数也可以理解为系统的单位冲激响应函数的拉氏变换。系统函数 $H(s)$ 仅与系统本身有关，与激励和响应无关，系统函数又称转移函数或传递函数，它表征系统的固有性质。响应和激励不同，系统函数有不同的意义。例如在电路中，有转移电压比，转移电流比等，如图 2.5 所示。

图 2.5　系统函数

转移电压比（电压增益）　$H(s)=\dfrac{U_2(s)}{U_1(s)}$　　(2.35)

转移电流比（电流增益）　$H(s)=\dfrac{I_2(s)}{I_1(s)}$　　(2.36)

转移阻抗　$H(s)=\dfrac{U_2(s)}{I_1(s)}$　　(2.37)

转移导纳　$H(s)=\dfrac{I_2(s)}{U_1(s)}$　　(2.38)

2. $H(s)$ 与 $h(t)$ 的关系

若系统函数 $H(s)$ 和输入信号象函数 $F(s)$ 为已知，则有

$$Y(s)=H(s)F(s) \tag{2.39}$$

由卷积知，$y(t)=h(t)*f(t)$，根据卷积定理 $\mathscr{L}[y(t)]=\mathscr{L}[h(t)]\mathscr{L}[f(t)]$，即

$$H(s)=\frac{Y(s)}{F(s)}=\int_0^{\infty}h(t)\mathrm{e}^{-st}\mathrm{d}t \tag{2.40}$$

可见，$H(s)$ 与 $h(t)$ 为一拉普拉斯变换对。

3. $H(s)$ 的零、极点

传递函数可简写为

$$H(s)=\frac{N(s)}{D(s)} \tag{2.41}$$

使分母多项式 $D(s)=0$ 的根称为极点，使分子多项式 $N(s)=0$ 的根称为零点，利用零极点可将 $H(s)$ 写成

$$H(s)=H_0\frac{(s-z_1)(s-z_2)\cdots(s-z_m)}{(s-s_1)(s-s_2)\cdots(s-s_n)}$$

$$=H_0\frac{\prod_{i=1}^{m}(s-z_i)}{\prod_{p=1}^{n}(s-s_p)} \tag{2.42}$$

式中，$H_0=b_0/a_0$ 为一常数。

4. 极点分布对系统稳定性的影响

在 s 平面上，不包括虚轴在内的左半平面称为“左半开平面”；不包括虚轴在内的右半平面称为“右半开平面”；加上虚轴，可以将 s 平面分成三部分，极点落在不同的部分对系统的影响是不同的，如图 2.6 所示。

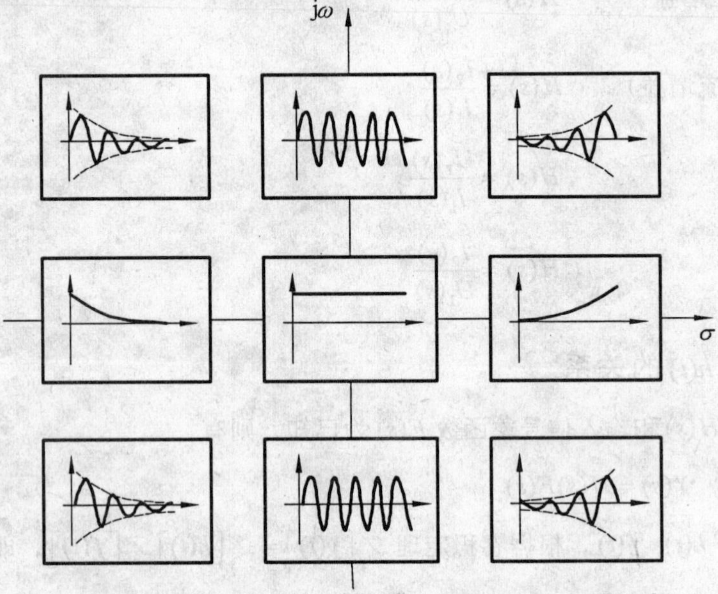

图 2.6 极点位置与对应的单位冲激响应函数

1）极点落在左半开平面

当系统函数的极点落在左半开平面时，不管极点阶次如何，相应的时域响应分量是衰减的，满足绝对可积条件，系统是稳定的。

2）极点落在虚轴上

当系统函数的极点落在虚轴上时，不管极点阶次如何，相应的时域响应分量是不衰减的，不满足绝对可积条件，系统是不稳定的。

3）极点落在右半开平面

当系统函数的极点落在右半开平面时，不管极点阶次如何，相应的时域响应分量是不衰减的，不满足绝对可积条件，系统是不稳定的。

根据上面的分析情况，我们可得出结论：连续系统的稳定性可由其系统函数的极点分布情况确定，系统稳定的充要条件是其极点都在 s 平面的左半开平面上。

5. 零点对相位特性的影响

如果系统函数的零点都在左半平面，则系统的相位最小，称为最小相位系统；而零点都在右半平面或在虚轴上时，称非最小相位系统。图 2.7 反映了关于虚轴对称的零点，很明显，极点在右半平面时的相位 ϕ_1 远大于零点在左半平面的相位 ϕ_2。

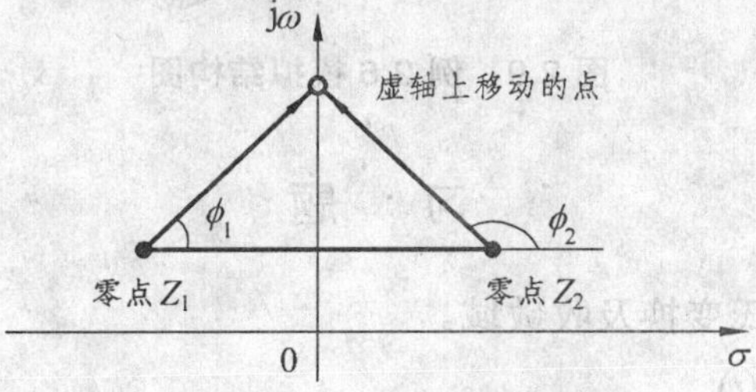

图 2.7　关于虚轴对称的零点

2.4.3　连续 LTI 系统的模拟

连续 LTI 系统的模拟通常由三种功能单元组成，即加法器、标量乘法器和积分器，它们的符号与功能如图 2.8 所示。

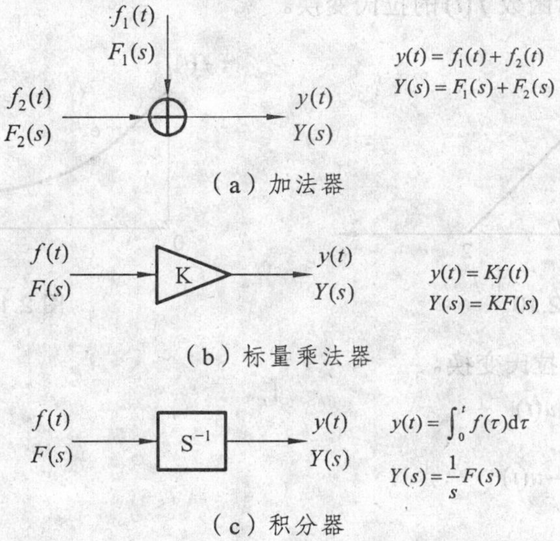

图 2.8　连续 LTI 系统的模拟单元

【例 2.6】　设二阶连续系统的系统函数为 $y''(t)+5y'(t)+6y(t)=f(t)$，画出其模拟结构框图。

解　由方程得系统函数为

$$H(s)=\frac{1}{s^2+5s+6}=\frac{s^{-2}}{1+5s^{-1}+6s^{-2}}$$

由系统函数可得 s 域模拟结构，如图 2.9 所示。

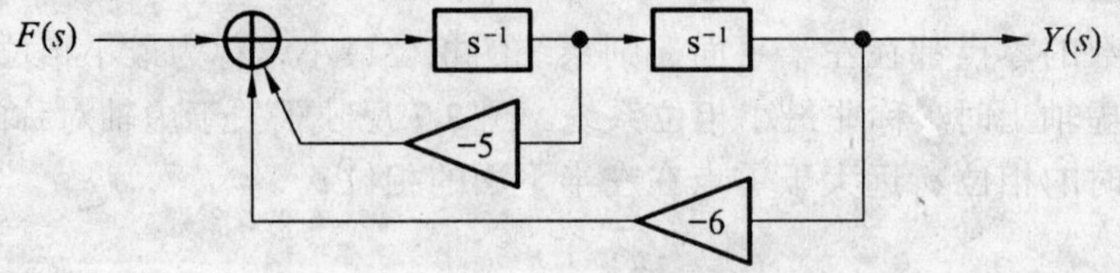

图 2.9 例 2.6 模拟结构图

习 题

2.1 求下列函数的拉氏变换及收敛域。

（1） $f_1(t)=\sin(\alpha t+\theta)u(t)$

（2） $f_2(t)=(t+1)u(t+1)$

（3） $f_3(t)=t\mathrm{e}^{-(t-2)}u(t-1)$

（4） $f_4(t)=\frac{1}{t}(1-\mathrm{e}^{-\alpha t})u(t)$

（5） $f_5(t)=a^t u(t)$

2.2 求图 2.10 所示函数 $f(t)$ 的拉氏变换。

2.3 求图 2.11 所示函数 $f(t)$ 的拉氏变换。

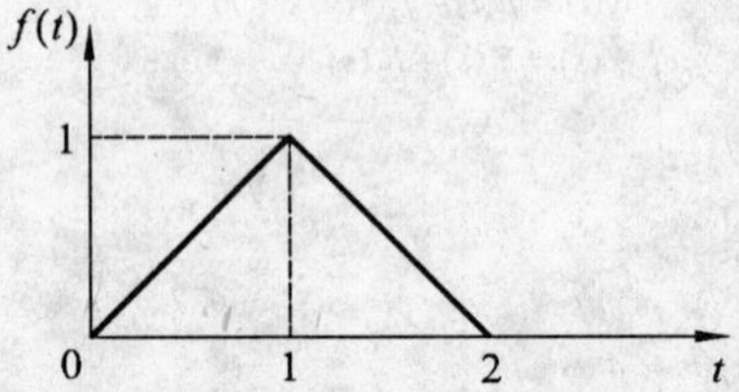

图 2.10

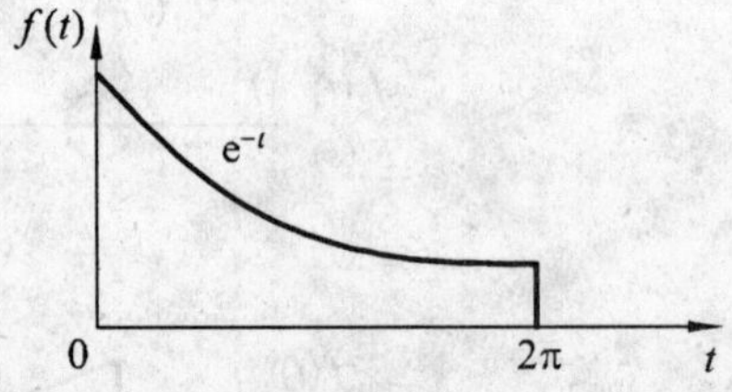

图 2.11

2.4 求下列函数的拉氏变换。

（1） $f_1(t)=t^3\cos(3t)u(t)$

（2） $f_2(t)=\frac{\mathrm{e}^{-3t}-\mathrm{e}^{-5t}}{t}u(t)$

（3） $f_3(t)=\frac{\sin\alpha t}{t}u(t)$

（4） $f_4(t)=\frac{\sin^2 t}{t}u(t)$

2.5 用拉氏变换的性质，求下列象函数的原函数。

（1）$F_1(s)=\dfrac{e^{-(s-1)}+2}{(s-1)^2+4}$　　（3）$F_3(s)=\dfrac{s-\alpha}{(s+\alpha)^2}$

（2）$F_2(s)=\dfrac{e^{-s}+e^{-2s}+1}{(s+1)(s+2)}$　　（4）$F_4(s)=\dfrac{2se^{-s}}{(s+1)^2+100}$

2.6　用部分分式展开法，求下列象函数的原函数。

（1）$F_1(s)=\dfrac{42}{(s+7)(s+4)(s+2)}$　　（3）$F_3(s)=\dfrac{s^2+b^2}{(s+a)^2+b^2}$

（2）$F_2(s)=\dfrac{16(s-1)}{s(s+2)(s^2+2s+4)}$　　（4）$F_4(s)=\dfrac{1}{s^2(s+1)^2}$

2.7　证明：$\mathscr{L}\left[\dfrac{\mathrm{d}f(t)}{\mathrm{d}t}\right]=s\cdot F(s)-f(0^-)$

2.8　设系统函数为 $H(s)=\dfrac{5(s+1)}{s(s+2)(s+5)}$，试画出系统模拟结构图。

第 3 章 z 变换

内容提要

1. 序列的定义及其运算规则
2. z 变换及其主要定理

3.1 离散时间信号

在前两章中，介绍了傅里叶变换和拉普拉斯变换，这些方法都是针对连续时间信号和连续时间系统的，它们是信号分析和处理的重要数学工具。但连续信号和连续系统不能用计算机进行分析和处理，必须对连续信号和系统进行离散化，获得离散信号和离散系数。本章将讨论针对离散信号和离散系统分析处理的数学工具——z 变换，它可以看成是拉氏变换的离散形式，与拉氏变换具有同等重要的地位。

3.1.1 序列的定义

离散时间信号又称为序列（series 或 time series），是按一定次序排列的在时间上不连续的一组数的集合（见图 3.1），用 $\{x(n)\}$ 表示，有

$$x=\{x(n)\},\quad -\infty<n<\infty\text{，}n\text{ 为整数}$$

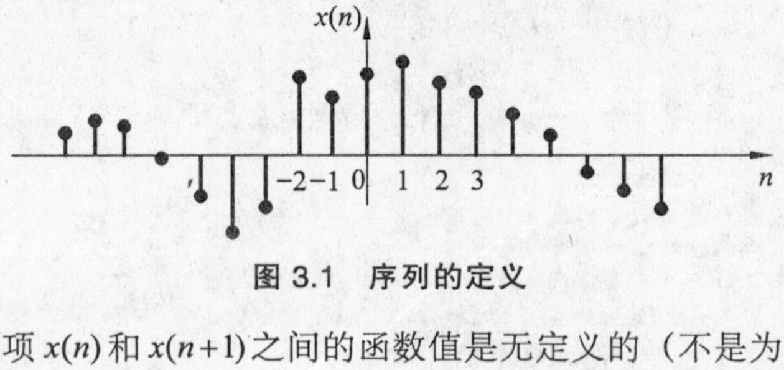

图 3.1 序列的定义

序列在其相邻两项 $x(n)$ 和 $x(n+1)$ 之间的函数值是无定义的（不是为零）。

3.1.2 常用序列

1. 单位抽样序列

单位抽样序列就是离散的单位冲激信号（见图 3.2），定义为

$$\delta(n)=\begin{cases}1, & n=0\\ 0, & n\neq 0\end{cases} \tag{3.1}$$

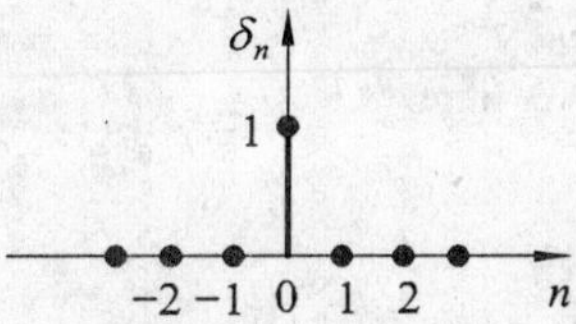

图 3.2　单位抽样序列

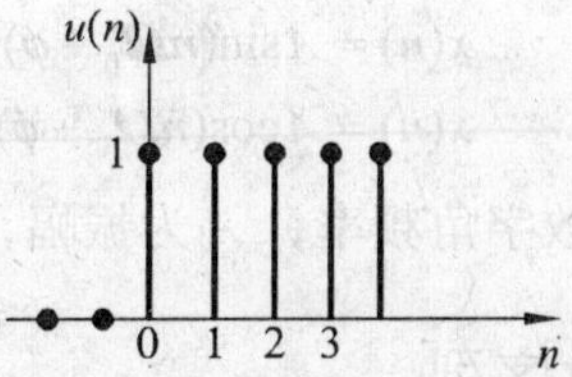

图 3.3　单位阶跃序列

2. 单位阶跃序列

单位阶跃序列是离散的单位阶跃信号（见图 3.3），定义为

$$u(n)=\begin{cases}1, & n\geqslant 0\\ 0, & n<0\end{cases} \tag{3.2}$$

与 $\delta(n)$ 之间的关系

$$\delta(n)=u(n)-u(n-1) \tag{3.3}$$

$$u(n)=\sum_{k=0}^{\infty}\delta(n-k) \tag{3.4}$$

3. 单位矩形序列

单位矩形序列是离散的单位矩形信号（见图 3.4），定义为

$$R_n(n)=\begin{cases}1, & 0\leqslant n<N\\ 0, & \text{其他}\end{cases} \tag{3.5}$$

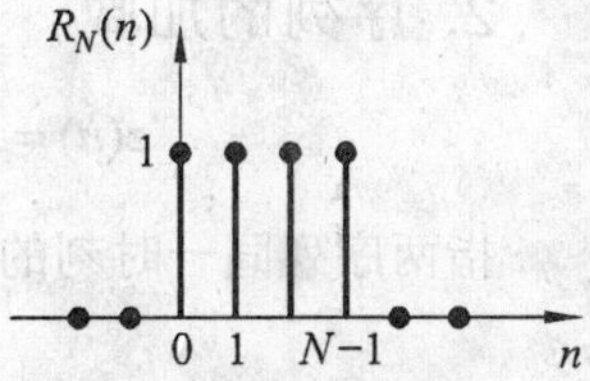

图 3.4　单位矩形序列

4. 实指数序列

实指数序列定义为

$$x(n)=a^n u(n)\ \text{或}\ x(n)=\begin{cases}a^n, & n\geqslant 0\\ 0, & n<0\end{cases} \tag{3.6}$$

实指数序列根据 a 的取值不同，有三种波形，如图 3.5 所示。

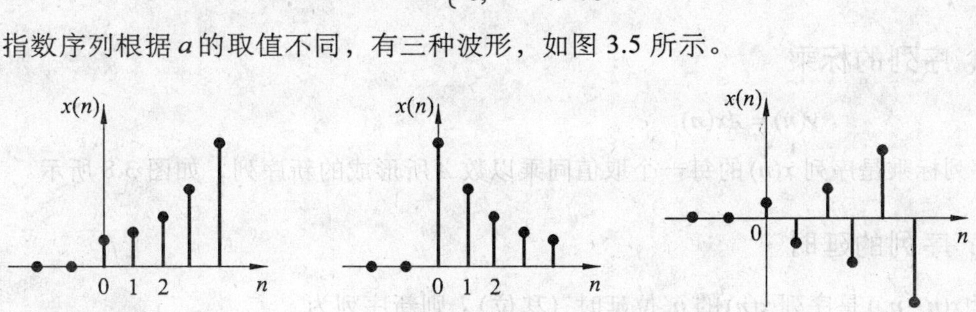

（a）$1<a$　　（b）$0<a<1$　　（c）$a<-1$

图 3.5　实指数序列

5. 正、余弦序列

正、余弦序列分别是离散的正弦信号和余弦信号，定义为

正弦序列 $$x(n) = A\sin(n\Omega_0 + \phi) \tag{3.7}$$

余弦序列 $$x(n) = A\cos(n\Omega_0 + \phi) \tag{3.8}$$

式中，Ω_0称为数字角频率；A为振幅；ϕ为相位。

6. 复指数序列

复指数序列是离散的复指点数信号，定义为

$$x(n) = A\mathrm{e}^{\mathrm{j}n\Omega_0} = A\cos n\Omega_0 + \mathrm{j}A\sin n\Omega_0 \tag{3.9}$$

式中，Ω_0称为数字角频率；A为振幅；ϕ为相位。

3.1.3 序列的运算

1. 两序列的积

$$z(n) = x(n)y(n) \tag{3.10}$$

两序列的积是指两序列同一时刻的取值逐个对应相乘所形成的新序列，如图 3.6 所示。

2. 序列的加减

$$z(n) = x(n) \pm y(n) \tag{3.11}$$

指两序列同一时刻的取值逐一相加减所形成的新序列，如图 3.7 所示。

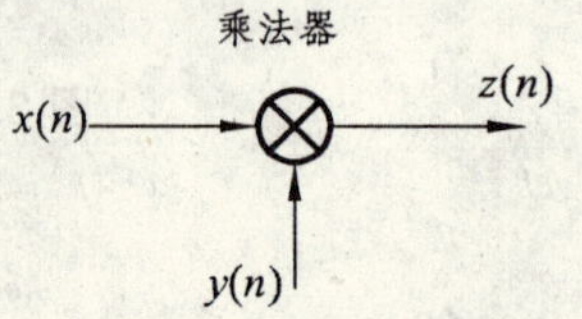

图 3.6 两序列的积

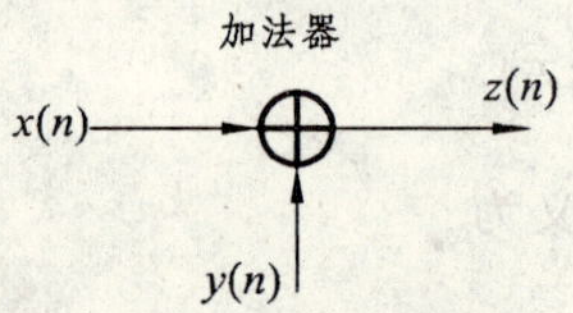

图 3.7 两序列相加

3. 序列的标乘

$$y(n) = Ax(n) \tag{3.12}$$

序列标乘是序列 $x(n)$ 的每一个取值同乘以数 A 所形成的新序列，如图 3.8 所示。

4. 序列的延时

设 $x(n-n_0)$ 是序列 $x(n)$ 的 n_0 位延时（移位），则新序列为

$$y(n) = x(n - n_0) \tag{3.13}$$

$y(n)$ 序列是 $x(n)$ 序列经延时 n_0 个取样间隔的复现，如图 3.9 所示。

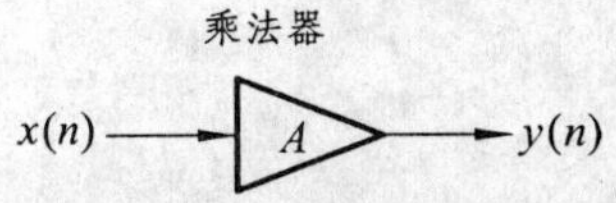

图 3.8　序列的标乘

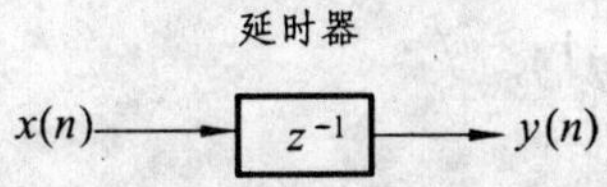

图 3.9　序列的延时

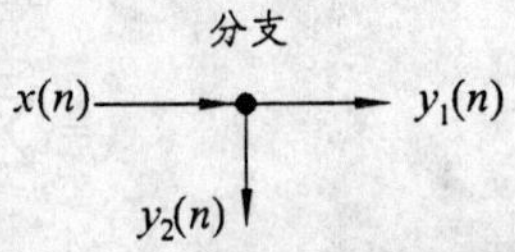

图 3.10　序列的分支运算

5. 分支运算

$$y_1(n)=x(n)$$

$$y_2(n)=x(n)$$

一个信号同时加到系统中两点的过程称为分支运算，如图 3.10 所示。

3.2　序列的 z 变换

所谓 z 变换就是将序列 $x(n)$ 展成以 $x(n)$ 为权系数的负幂级数之和，将时域差分方程变换为 z 域的代数方程，使离散系统的分析得以简化。

3.2.1　z 变换（ZT）的定义

由于 z 变换是拉氏变换的离散形式，因此，可以由理想抽样信号的拉氏变换来定义 z 变换。

对一模拟信号 $x_a(t)$ 进行冲激抽样（理想抽样），抽样过程如图 3.11 所示，得理想冲激抽样信号为

$$x_s(t)=x_a(t)\delta_T(t)=x_a(t)\sum_{n=-\infty}^{\infty}\delta(t-nT) \tag{3.14}$$

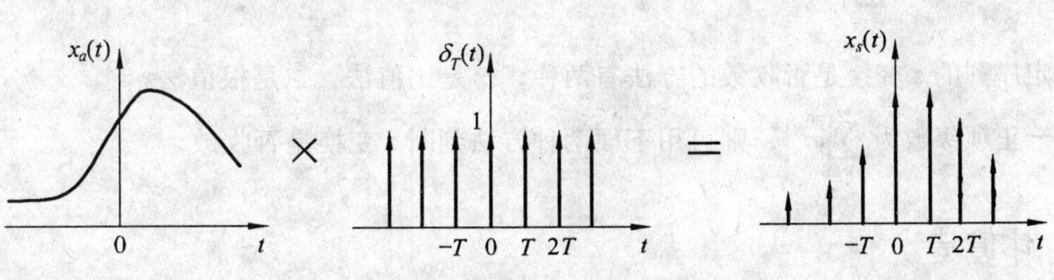

（a）连续信号　（b）周期冲激信号　（c）抽样信号

图 3.11　理想抽样过程

对式（3.14）两边作双边拉氏变换，得

$$X_s(s)=\int_{-\infty}^{\infty}\sum_{n=-\infty}^{\infty}x_a(t)\delta(t-nT)\mathrm{e}^{-sT}\,\mathrm{d}t=\sum_{n=-\infty}^{\infty}\int_{-\infty}^{\infty}\left[x_a(t)\mathrm{e}^{-sT}\right]\delta(t-nT)\,\mathrm{d}t$$

$$=\sum_{n=-\infty}^{\infty}x_a(nT)\mathrm{e}^{-snT} \tag{3.15}$$

令 $z=\mathrm{e}^{sT}$，并用 $X_s(z)$ 代替 $X_s(s)$，式（3.15）可写成

$$X_s(z)=\sum_{n=-\infty}^{\infty}x_a(nT)z^{-n} \tag{3.16}$$

式（3.16）称为 $x_a(nT)$ 的 z 变换。

z 变换也可以直接定义为：将序列展成以 $x(n)$ 为权系数的复变量 z 的负幂级数之和（见图 3.12），即

$$X(z)=\sum_{n=-\infty}^{\infty}x(n)z^{-n} \tag{3.17}$$

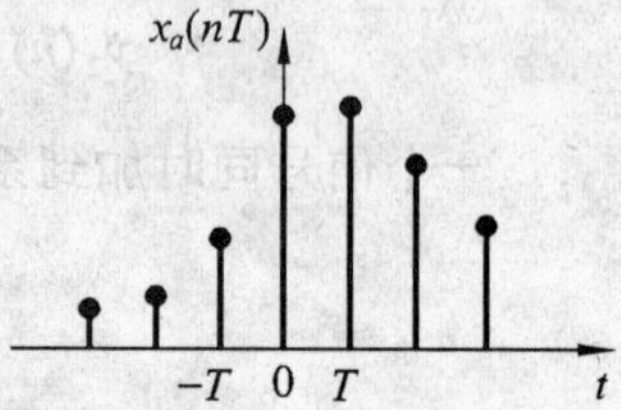

图 3.12　z 变换的定义

式中，z 是一个实部为横坐标,虚部为纵坐标的复平面上的复变量。式（3.17）称为双边 z 变换，用于理论推导。在工程应用中，因实际信号多为因果序列，常用单边 z 变换，即

$$X(z)=\sum_{n=0}^{\infty}x(n)z^{-n}=x_0+x_1z^{-1}+x_2z^{-2}+\cdots \tag{3.18}$$

式（3.18）为一幂级数（罗朗级数）。单边 z 变换可以考虑系统的初始条件和零状态响应。

3.2.2　z 变换的收敛域

z 变换的收敛域定义为：使某一序列 $x(n)$ 的 z 变换 $\sum_{n=-\infty}^{\infty}x(n)z^{-n}$ 级数收敛的 z 平面上的所有 z 值的集合。只有在收敛域内，z 变换才有意义，才能单值确定 z 变换。

收敛的条件是，序列的 z 变换必须满足绝对可和，即

$$\sum_{n=-\infty}^{\infty}\left|x(n)z^{-n}\right|<\infty \tag{3.19}$$

判定序列的 z 变换是否收敛的方法有两种：一是比值法，二是根值法。

设一正项级数为 $\sum_{n=-\infty}^{\infty}\left|a_n\right|$，则可用下面两种方法判断 z 变换是否收敛：

1. 比值法

$$\lim_{n\to\infty}\left|\frac{a_{n+1}}{a_n}\right|=R\ \begin{cases}<1, & \text{收敛}\\ >1, & \text{发散}\\ =1, & \text{可能收敛也可能发散}\end{cases} \tag{3.20}$$

2. 根值法

$$\lim_{n\to\infty}\sqrt[n]{|a_n|}=R\begin{cases}<1, & 收敛\\ >1, & 发散\\ =1, & 可能收敛也可能发散\end{cases} \tag{3.21}$$

收敛域确定后，才能单值确定其对应的序列。

【例 3.1】　对下列两序列进行 z 变换。

$$x_1(n)=\begin{cases}a^n, & n\geqslant 0\\ 0, & n<0\end{cases};\qquad x_2(n)=\begin{cases}0, & n\geqslant 0\\ -a^n, & n<0\end{cases}$$

解　(1)　$x_1(n)$ 的 z 变换。

将序列 $x_1(n)$ 展成级数形式，即

$$X_1(z)=\sum_{n=-\infty}^{\infty}x_1(n)z^{-n}=\sum_{n=0}^{\infty}(az^{-1})^n=1+az^{-1}+a^2z^{-2}+\cdots$$

根据比值法收敛条件 $R=\left|\frac{az^{-1}}{1}\right|=|az^{-1}|<1$，即 $|z|>|a|$ 得 $X_1(z)$ 在收敛域上的和（封闭形表达式）为

$$X_1(z)=\frac{1}{1-az^{-1}}=\frac{z}{z-a}$$

(2)　$x_2(n)$ 的 z 变换。

将序列 $x_2(n)$ 展成级数形式

$$X_2(z)=\sum_{n=-\infty}^{\infty}x_2(n)z^{-n}=-\sum_{n=-\infty}^{-1}\left(+az^{-1}\right)^n=-\sum_{n=1}^{\infty}\left(+a^{-1}z\right)^n=1-\sum_{n=0}^{\infty}\left(a^{-1}z\right)^n$$

根据比值法得收敛条件 $|a^{-1}z|<1$，即 $|z|<|a|$ 得收敛域上的和式

$$x_2(z)=1-\frac{1}{1-a^{-1}z}=\frac{z}{z-a},\qquad |z|<|a|$$

从上面变换可看出，$x_1(n)$ 和 $x_2(n)$ 虽然有相同的变换，但收敛域不同，故能单值确定。

3.3　常用序列的 z 变换

现在讨论一些常用序列的 z 变换及收敛域。

3.3.1　典型序列 z 变换的收敛域

1. 有限长序列

有限长序列的起点 n_1 和终点 n_2 均为有限值，故为有始有终序列，表达式为

$$X(z)=\sum_{n=n_1}^{n_2}x(n)z^{-n} \tag{3.22}$$

当 $n_1<0$，$n_2>0$ 时，在 $z=0$ 、$z=\infty$ 两处不收敛，故有限长序列及收敛域（见图 3.13）为

$$0<|z|<\infty$$

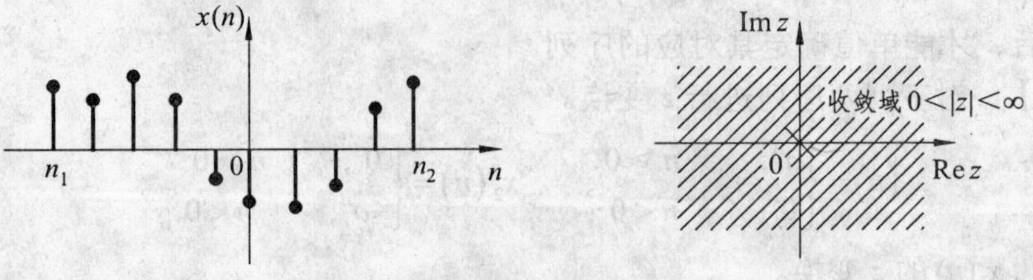

图 3.13 有限长序列及收敛域

2. 右边序列

右边序列的起点 n_1 为有限值，终点 n_2 为无限，故为有始无终序列（见图 3.14），表达式为

$$X(z)=\sum_{n=n_1}^{\infty}x(n)z^{-n} \tag{3.23}$$

收敛域有两种情况：若 $n_1\neq 0$，则 $R_n<|z|<\infty$ ，$R_n=\lim\limits_{n\to\infty}\sqrt[n]{x(n)}$ ；若 $n_1=0$ ，则为因果序列，此时收敛域为 $n_1=0$，$R_n<|z|\leqslant\infty$ 。

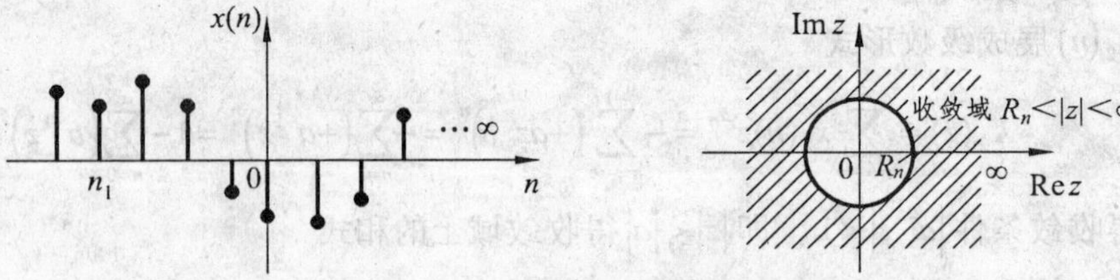

图 3.14 右边序列及收敛域

3. 左边序列

左边序列的起点 n_1 为无限，终点 n_2 为有限值，故为无始有终序列（见图 3.15），表达式为

$$X(z)=\sum_{n=-\infty}^{n_2}x(n)z^{-n} \tag{3.24}$$

收敛域为 $0<|z|<R_m$ ，$R_m=\dfrac{1}{\lim\limits_{n\to\infty}\sqrt[n]{|x(-n)|}}$ ，若 $n_2=0$ ，还包括 0 点。

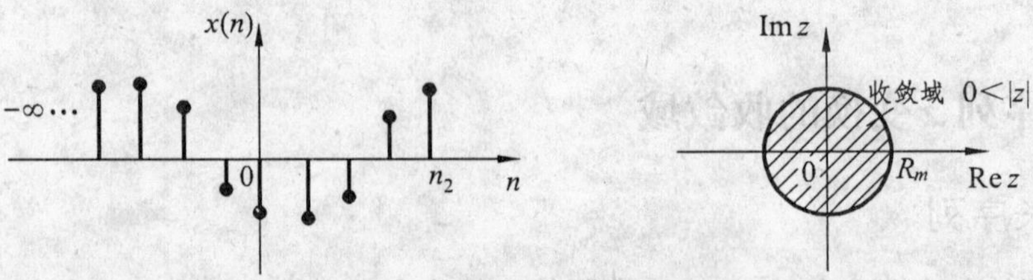

图 3.15 有限长序列及收敛域

4. 双边序列

双边序列等于左边序列加右边序列，起点 n_1 和终点 n_2 均为无限，故为无始无终序列（见图 3.16），表达式为

$$X(z)=\sum_{n=-\infty}^{-1}x(n)z^{-n}+\sum_{n=0}^{\infty}x(n)z^{-n} \tag{3.25}$$

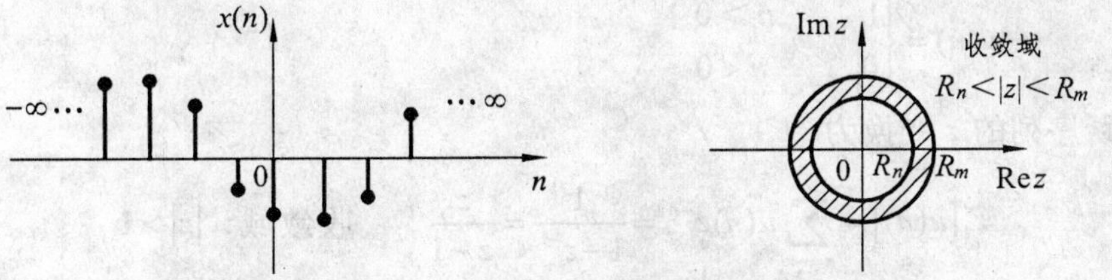

图 3.16　双边序列及收敛域

收敛域为 $R_n<|z|<R_m$，若 $R_n>R_m$，则不收敛。

在判别收敛域时，注意收敛域内不应含有极点，收敛域是以极点为边界的。

【例 3.2】　求双边序列 $x(n)=a^nu(n)-b^nu(-n-1)$ 的双边 z 变换及其收敛域，设：$a>0,\ b>0,\ b>a$。

解　(1) 双边 z 变换。

$$X(z)=\sum_{n=-\infty}^{\infty}x(n)z^{-n}=\sum_{n=-\infty}^{\infty}\left[a^nu(n)-b^nu(-n-1)\right]z^{-n}$$

$$=\sum_{n=0}^{\infty}a^nz^{-n}-\sum_{n=-\infty}^{-1}b^nz^{-n}=\sum_{n=0}^{\infty}a^nz^{-n}+1-\sum_{n=0}^{\infty}b^{-n}z^n$$

$$=\frac{z}{z-a}+1-\frac{b}{b-z}=\frac{z}{z-a}+\frac{z}{z-b}$$

$$=\frac{2z^2-(a+b)z}{z^2-(a+b)z+ab}=\frac{z\left[2z-(a+b)\right]}{(z-a)(z-b)}$$

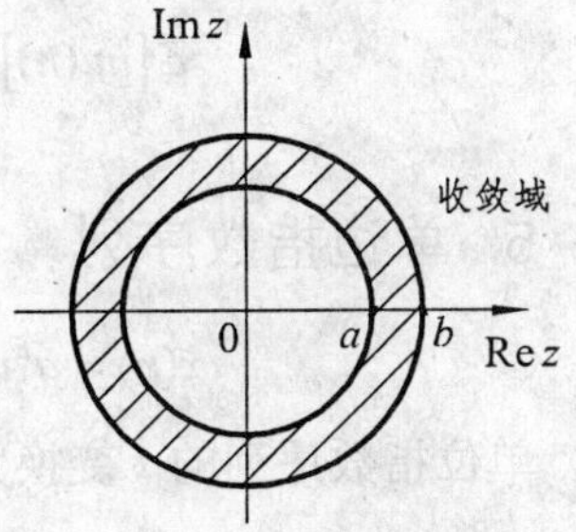

(2) 两个零点：$z=0,\ z=\dfrac{a+b}{2}$。

两个极点：$z=a,\ z=b$。

因收敛域内不含极点，故收敛域为：$a<|z|<b$。

图 3.17　例 3.2 的收敛域

3.3.2　常用序列的 z 变换

1. 单位抽样序列

$$\delta(n)=\begin{cases}1, & n=0\\ 0, & n\neq 0\end{cases}$$

单位抽样序列的 z 变换为

$$\mathscr{Z}[\delta(n)] = \sum_{n=-\infty}^{\infty} \delta(n) z^{-n} = 1, \quad 收敛域：0 \leqslant z \leqslant \infty \tag{3.26}$$

单位抽样序列的 z 变换与拉氏变换相同，其收敛域为整个 z 平面。

2. 单位阶跃序列

$$u(n) = \begin{cases} 1, & n \geqslant 0 \\ 0, & n < 0 \end{cases}$$

单位阶跃序列的 z 变换为

$$\mathscr{Z}[u(n)] = \sum_{n=-\infty}^{\infty} u(n) z^{-n} = \frac{1}{1-z^{-1}} = \frac{z}{z-1}, \quad 收敛域：|z| > 1 \tag{3.27}$$

3. 单位矩形序列

$$R_N(n) = \begin{cases} 1, & 0 \leqslant n \leqslant N-1 \\ 0, & 其他 \end{cases}$$

单位矩形序列的 z 变换为

$$\mathscr{Z}[R_N(n)] = \frac{1-z^{-N}}{1-z^{-1}}, \quad 收敛域：0 < |z| \leqslant \infty \tag{3.28}$$

4. 斜坡序列

$$x(n) = nu(n)$$

斜坡序列的 z 变换为

$$\mathscr{Z}[nu(n)] = \sum_{n=0}^{\infty} n z^{-n} = \frac{z}{(z-1)^2}, \quad 收敛域：|z| > 1 \tag{3.29}$$

5. 单边指数序列

$$x(n) = a^n u(n)$$

单位指数序列的 z 变换为

$$\mathscr{Z}[x(n)] = \mathscr{Z}[a^n u(n)] = \frac{z}{z-a}, \quad 收敛域：|z| > |a| \tag{3.30}$$

6. 正、余弦序列

$$x(n) = \cos(\Omega n)u(n) \quad 和 \quad x(n) = \sin(\Omega n)u(n)$$

余弦序列的 z 变换为

$$\mathscr{Z}[\cos(\Omega n)u(n)] = \frac{z(z-\cos\Omega)}{z^2 - 2z\cos\Omega + 1}, \quad 收敛域：|z| > 1 \tag{3.31}$$

正弦序列的 z 变换为

$$\mathscr{Z}\left[\sin(\Omega n)u(n)\right]=\frac{z\sin\Omega}{z^2-2z\cos\Omega+1},\quad \text{收敛域：}|z|>1 \tag{3.32}$$

常用序列的 z 变换及其收敛域可以通过查 z 变换表 3.1 得到。一般序列则可以化为常用简单序列，再求 z 变换。

表 3.1　常用序列的 z 变换表

序列 $x(n)$	z 变换	收敛域
$\delta(n)$	1	$\|z\|\geqslant 0$
$R_N(n)$	$\dfrac{1-z^{-N}}{1-z^{-1}}$	$\|z\|>0$
$u(n)$	$\dfrac{z}{z-1}$	$\|z\|>1$
$nu(n)$	$\dfrac{z}{(z-1)^2}$	$\|z\|>1$
$a^n u(n)$	$\dfrac{z}{z-a}$	$\|z\|>\|a\|$
$na^n u(n)$	$\dfrac{a}{(z-a)^2}$	$\|z\|>\|a\|$
$(n+1)a^n u(n)$	$\dfrac{z^2}{(z-a)^2}$	$\|z\|>\|a\|$
$\dfrac{(n+1)\cdots(n+m)}{m!}a^n u(n),\quad m\geqslant 1$	$\dfrac{z^{m+1}}{(z-a)^{m+1}}$	$\|z\|>\|a\|$
$na^{n-1}u(n)$	$\dfrac{z}{(z-a)^2}$	$\|z\|>\|a\|$
$\dfrac{n(n-1)\cdots(n-m+1)}{m!}a^{n-m}u(n),\quad m\geqslant 1$	$\dfrac{z}{(z-a)^{m+1}}$	$\|z\|>\|a\|$
$e^{j\Omega n}u(n)$	$\dfrac{z}{z-e^{j\Omega}}$	$\|z\|>1$
$\sin(\Omega n)u(n)$	$\dfrac{z\sin\Omega}{z^2-2z\cos\Omega+1}$	$\|z\|>1$
$\cos(\Omega n)u(n)$	$\dfrac{z(z-\cos\Omega)}{z^2-2z\cos\Omega+1}$	$\|z\|>1$
$\beta^n\sin(\Omega n)u(n)$	$\dfrac{\beta z\sin\Omega}{z^2-2\beta z\cos\Omega+\beta^2}$	$\|z\|>\|\beta\|$
$\beta^n\cos(\Omega n)u(n)$	$\dfrac{z(z-\beta\cos n\Omega)}{z^2-2\beta z\cos\Omega+\beta^2}$	$\|z\|>\|\beta\|$
$-\alpha^n u(-n-1)$	$\dfrac{z}{z-a}$	$\|z\|<\|a\|$
$-(n+1)a^n u(-n-1)$	$\dfrac{z^2}{(z-a)^2}$	$\|z\|<\|a\|$
$-\dfrac{(n+1)(n+2)\cdots(n+m)}{m!}a^n u(-n-1)$	$\dfrac{z^{m+1}}{(z-a)^{m+1}},\quad m\geqslant 1$	$z<a$
$-na^{n-1}u(-n-1)$	$\dfrac{z}{(z-a)^2}$	$z<a$
$-\dfrac{n(n-1)\cdots(n-m+1)}{m!}a^{n-m}u(-n-1)$	$\dfrac{z^{m+1}}{(z-a)^{m+1}},\quad m\geqslant 1$	$z<a$

【例 3.3】 求$\left[\left(\frac{1}{2}\right)^n+\left(\frac{1}{4}\right)^n\right]u(n)$的 z 变换。

解 从$u(n)$可看出，此序列为右边序列，其收敛域应为$|z|>R_m$（圆外域），如图 3.18 所示，有

$$X(z)=\sum_{n=0}^{\infty}\left(\frac{1}{2}\right)^n z^{-n}+\sum_{n=0}^{\infty}\left(\frac{1}{4}\right)^n z^{-n}$$

$$=\frac{1}{1-\frac{1}{2}z^{-1}}+\frac{1}{1-\frac{1}{4}z^{-1}}=\frac{z}{z-\frac{1}{2}}+\frac{z}{z-\frac{1}{4}}$$

$$=\frac{2z\left(z-\frac{3}{8}\right)}{\left(z-\frac{1}{2}\right)\left(z-\frac{1}{4}\right)},\quad |z|>\frac{1}{2}$$

两个极点：$z_1=\frac{1}{4}$，$z_2=\frac{1}{2}$。

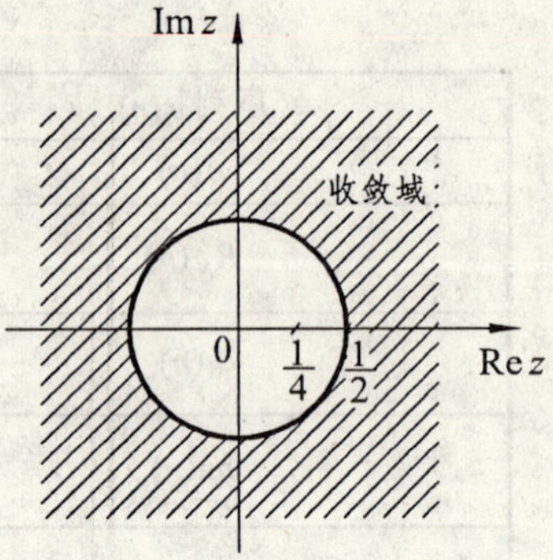

图 3.18 例 3.3 的收敛域

3.4 z 反变换

z 反变换（IZT）的目的是从已知序列的 ZT 求出原序列，即由$X(z)$求序列$x(n)$，类似 ILT 的求法，先将$X(z)$分解成某种简单的形式，再进一步求 z 反变换。

常用的 z 反变换方法有三种：围线积分法（留数法）、长除法和部分分式展开法。

3.4.1 围线积分法（留数法）

已知序列$x(n)$的 z 变换为

$$X(z)=\sum_{n=0}^{\infty}x(n)z^{-n} \tag{3.33}$$

收敛域 $|z|>|R|$

其逆变换可以根据复变函数中的柯西积分定理求得。将上式两边同乘以z^{k-1}，并沿围线 C 积分（见图 3.19），得

$$\frac{1}{2\pi j}\oint_C X(z)z^{k-1}\,dz=\frac{1}{2\pi j}\oint_C\sum_{n=0}^{\infty}x(n)z^{-n+k-1}\,dz \tag{3.34}$$

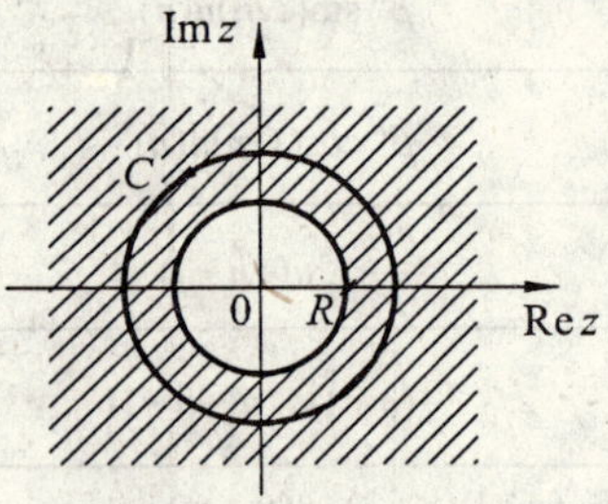

图 3.19 沿围线 C 积分

C 为收敛域内包围坐标原点的反时针方向的围线，则上式可写为

$$\frac{1}{2\pi j}\oint_C X(z)z^{k-1}\,dz=\sum_{n=0}^{\infty}x(n)\frac{1}{2\pi j}\oint_C z^{-n+k-1}\,dz \tag{3.35}$$

由柯西积分定理知

$$\frac{1}{2\pi j}\oint_C z^{-n+k-1}\,dz=\begin{cases}1, & k=n\\ 0, & k\neq n\end{cases} \tag{3.36}$$

分析式（3.36），仅当 $k=n$ 时，$x(n)$ 的系数才不为零，于是

$$x(n)=\frac{1}{2\pi j}\oint_C X(z)z^{n-1}\,dz \tag{3.37}$$

(3.37) 式就是 $X(z)$ 的 z 反变换的围线积分表示式。根据留数定理，上述围线积分等于围线所包含的 $X(z)z^{n-1}$ 的所有留数之和，即

$$x(n)=\sum_m \mathrm{Res}\left[X(z)z^{n-1}\right]_{z=z_m} \tag{3.38}$$

式中，z_m 是围线所包含的 $X(z)z^{n-1}$ 的极点，而 $\mathrm{Res}\left[X(z)z^{n-1}\right]_{z=z_m}$ 为极点 z_m 的留数。一般来说，$X(z)z^{n-1}$ 可以表示成 z 的有理分式，计算方法如下：

（1）如果 $X(z)z^{n-1}$ 在 $z=z_m$ 有 p 阶极点

此时，与拉氏变换中 $D(s)=0$ 含有重根时求待定系数类同，即

$$\mathrm{Res}\left[X(z)z^{n-1}\right]\Big|_{z=z_m}=\frac{1}{(p-1)!}\left\{\frac{d^{p-1}}{dz^{p-1}}\left[(z-z_m)^p X(z)z^{n-1}\right]\right\}\Big|_{z=z_m} \tag{3.39}$$

（2）仅有 1 阶极点（$p=1$）

当 z 的有理式中仅有 1 阶极点时，其留数按下式计算

$$\mathrm{Res}\left[X(z)z^{n-1}\right]_{z=z_m}=\left[(z-z_m)X(z)z^{n-1}\right]\Big|_{z=z_m} \tag{3.40}$$

利用围线积分作逆变换时，必须考虑到 n 为不同值（$n>0$ 或 $n<0$）时，$z=0$ 处的极点可能具有不同阶数。

【例 3.4】 求 $X(z)=\dfrac{z}{z-a}$，$|z|>|a|$ 的 z 反变换。

解　采用围线积分法

$$x(n)=z^{-1}\left[X(z)\right]=\frac{1}{2\pi j}\oint_C\frac{z}{z-a}z^{n-1}\,dz=\frac{1}{2\pi j}\oint_C\frac{z^n}{z-a}\,dz$$

两种情况（n 有两种取值）：

（1）当 $n\geqslant 0$（n 为正），在 $z=a$ 处有一单极点，采用一阶极点公式计算留数，即

收敛域

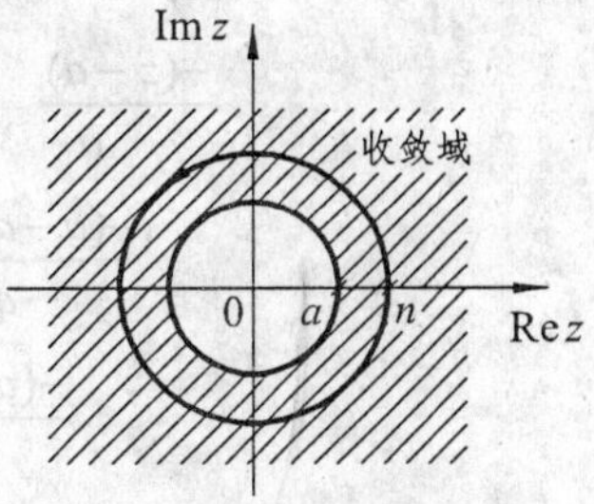

图 3.20　例 3.4 的收敛域

$$x(n)=\mathrm{Res}\left[X(z)z^{n-1}\right]_{z=a}=\left[(z-z_k)X(z)z^{n-1}\right]_{z=z_k}$$

$$=\left[(z-a)\frac{z}{z-a}z^{n-1}\right]_{z=a}=\left[z^n\right]_{z=a}=a^n$$

（2）当 $n<0$（n 为负），在 $z=a$ 处有一单极点，在 $z=0$ 处有 $|n|$ 阶极点。

对于极点（1）前面已经计算出：$\mathrm{Res}\left[\dfrac{z^n}{z-a}, a\right]=a^n$

对于 $|n|$ 阶极点采用高阶极点公式计算

$$\begin{aligned}\mathrm{Res}\left[\frac{z^n}{z-a},\ 0\right]&=\frac{1}{(p-1)!}\frac{\mathrm{d}^{p-1}}{\mathrm{d}z^{p-1}}\left[\left(z-z_k\right)^p X(z)z^{n-1}\right]_{z=z_k}\\&=\frac{1}{(-n-1)!}\frac{\mathrm{d}^{-n-1}}{\mathrm{d}z^{-n-1}}\left[\left(z-0\right)^{-n}\frac{z^n}{z-a}\right]_{z=z_k}\\&=\frac{1}{(-n-1)!}\frac{(-1)^{-n-1}(-n-1)!}{(z-a)^{-n}}\bigg|_{z=0}\\&=(-1)^{-n-1}(z-a)^n\big|_{z=0}=-a^n\end{aligned}$$

因此
$$x(n)=\begin{cases}a^n, & n>0\\0\ , & n<0\end{cases}$$

即
$$x(n)=a^n u(n)$$

实际上，从本题的收敛域 $|z|>|a|$ 可知，这是一个圆外域（见图 3.20），包括 ∞ 点，可以判定该序列为因果序列，即 $n<0,\ x(n)=0$，当然留数和 $\sum\limits_{k=1}^{n}\mathrm{Res}\left[X(z),Z_k\right]=0$，因此可以不计算 $n<0$ 时的留数和。

3.4.2 长除法（幂级数展开法）

用 $X(z)$ 的分母多项式直接除分子多项式，可得到 $x(n)$ 的幂级数形式，根据序列的类型不同，有降幂长除和升幂长除两种。这种方法比较简单，但不容易得到封闭式表达式。

1. 对于右边序列，采用降幂长除

【例 3.5】 求 $X(z)=\dfrac{z}{z-a}$，$|z|>|a|$ 的 z 反变换。

解

$$\begin{array}{r} 1+az^{-1}+a^2z^{-2}+\cdots \\ z-a\overline{\big)\,z\qquad\qquad\qquad} \\ \underline{-(z-a)} \\ a \\ \underline{-(a-a^2z^{-1})} \\ a^2z^{-1} \\ \underline{-(a^2z^{-1}-a^3z^{-2})} \\ a^3z^{-2} \\ \vdots \end{array}$$

则得
$$X(z)=\frac{z}{z-a}=1+az^{-1}+a^2z^{-2}+\cdots=\sum_{n=0}^{\infty}a^nz^{-n}$$

由 z 变换定义得 z 反变换为

$$x(n)=a^nu(n)$$

2. 对于左边序列，采用升幂长除

【例 3.6】　求 $X(z)=\dfrac{z}{z-a}$，$|z|<|a|$的 z 反变换。

解

$$\begin{array}{r l}
 & -a^{-1}z-a^{-2}z^2-a^{-3}z^3+\cdots \\
-a+z & \overline{)\,z} \\
 & \underline{-(z-a^{-1}z^2)} \\
 & a^{-1}z^2 \\
 & \underline{-(a^{-1}z^2-a^{-2}z^3)} \\
 & a^{-2}z^3 \\
 & \underline{-(a^{-2}z^3-a^{-3}z^4)} \\
 & a^{-3}z^4 \\
 & \vdots
\end{array}$$

得
$$X(z)=\frac{z}{z-a}=-a^{-1}z-a^{-2}z^2-a^{-3}z^3-\cdots=\sum_{n=-\infty}^{-1}-a^nz^{-n}\qquad (n\text{ 为负})$$

则 z 反变换为

$$x(n)=-a^nu(-n-1)$$

3.4.3　部分分式展开法

当序列的 z 变换为有理函数时，即

$$F(z)=\frac{N(z)}{D(z)}=\frac{b_mz^m+b_{m-1}z^{m-1}+\cdots+b_1z+b_0}{a_nz^n+a_{n-1}z^{n-1}+\cdots+a_1z+a_0}\tag{3.41}$$

式中，$m\leqslant n$，与拉氏变换一样，先将上式分解为部分分式之和，然后进行反变换求得序列 $f(n)$。通常的做法是，先将 $\dfrac{F(z)}{z}$ 展开为部分分式，然后对每个分式乘以 z，分下面两种情况。

1. $F(z)$ 仅含有一阶极点

若 $z_1,z_2,\cdots,z_n$ 为 $F(z)$ 的 p 个一阶极点，则

$$\frac{F(z)}{z}=\frac{k_0}{z}+\frac{k_1}{z-z_1}+\frac{k_2}{z-z_2}+\cdots+\frac{k_P}{z-z_P}=\sum_{i=0}^{P}\frac{k_i}{z-z_i}\tag{3.42}$$

两边同乘以 z，得 $F(z)=\sum_{i=0}^{P}\frac{k_i z}{z-z_i}$，待定系数求法与拉氏变换一样，有

$$k_i=\frac{F(z)}{z}(z-z_i)\Big|_{z=z_i} \tag{3.43}$$

由于 $k_0=F(z)\big|_{z=0}$，所以 $F(z)$ 又可写成如下形式，即

$$F(z)=k_0+\sum_{i=1}^{P}\frac{k_i z}{z-z_i} \tag{3.44}$$

反变换

$$f(n)=k_0\delta(n)+\sum_{i=1}^{P}k_i z_i^n u(n) \tag{3.45}$$

2. $F(z)$含有 P个一阶和 Q阶重极点（高阶极点）

设 $F(z)$ 在 $z=z_i$ 处有 P 个一阶极点和 Q 阶重极点，则

$$\frac{F(z)}{z}=\sum_{i=1}^{P}\frac{A_i}{z-z_i}+\sum_{j=1}^{Q}\frac{B_j}{(z-z_{P+1})^j} \tag{3.46}$$

其留数为

$$B_j=\frac{1}{(Q-j)!}\frac{\mathrm{d}^{Q-j}}{\mathrm{d}z^{Q-j}}\left[\left(z-z_{P+1}\right)^Q\frac{F(z)}{z}\right]_{Z=Z_{P+1}} \tag{3.47}$$

在确定了 A_m 和 B_j 后，可得到一系列简单的 X（z）表达式，此时可查 z 变换表，求得全部 z 反变换，变换对为

$$\frac{z}{(z-a)^m}\xrightarrow{z}\frac{1}{(m-1)!}n(n-1)\cdots(n-m+2)a^{n-m+1}u(n) \tag{3.48}$$

【例 3.7】 求 $X(z)=\frac{5z^3-8z^2+4}{(z-1)(z-2)^2}$，$|z|>2$ 的 z 反变换。

解 $\frac{X(z)}{z}=\frac{5z^3-8z^2+4}{z(z-1)(z-2)^2}$，右边因果序列，收敛域为圆外域。

（1）极点：一阶极点两个 $z_1=0$，$z_2=1$；二阶极点一个 $z_3=2$。

（2）根据极点情况写出部分分式，即

$$\frac{X(z)}{z}=\sum_{i=1}^{P}\frac{A_i}{z-z_i}+\sum_{j=1}^{Q}\frac{B_j}{(z-z_{P+1})^j}=\sum_{i=1}^{2}\frac{A_i}{z-z_i}+\sum_{j=1}^{2}\frac{B_j}{(z-z_3)^j}$$

$$=\frac{A_1}{z}+\frac{A_2}{z-1}+\frac{B_1}{z-2}+\frac{B_2}{(z-2)^2}$$

（3）求各极点的留数。对于 P 个单阶极点 z_m，有

$$A_1=\mathrm{Res}\left[\frac{X(z)}{z}\right]_{z=0}=\left[z\cdot\frac{5z^3-8z^2+4}{z(z-1)(z-2)^2}\right]_{z=0}=\frac{4}{-1(-2)^2}=-1$$

$$A_2=\mathrm{Res}\left[\frac{5z^3-8z^2+4}{z(z-1)(z-2)^2}\right]_{z=1}=\left[\frac{5z^3-8z^2+4}{z(z-2)^2}\right]_{z=1}=\frac{5-8+4}{(-1)^2}=1$$

对于 Q 阶极点 z_i，有

$$B_1=\frac{1}{(s-1)!}\frac{\mathrm{d}^{s-1}}{\mathrm{d}z^{s-1}}\left[(z-z_1)^s\cdot\frac{X(z)}{z}\right]_{z=z_i}=\frac{1}{(2-1)!}\frac{\mathrm{d}}{\mathrm{d}z}\left[(z-2)^2\frac{5z^3-8z^2+4}{z(z-1)(z-2)^2}\right]_{z=2}$$

$$=\frac{(z^2-2)(15z^2-16z)-(5z^3-8z^2+4)(2z-1)}{(z^2-z)(z^2-2z)}\bigg|_{z=2}=\frac{56-36}{4}=5$$

$$B_2=\left[(z-2)^2\frac{5z^3-8z^2+4}{z(z-1)(z-2)^2}\right]_{z=2}=\frac{5z^3-8z^2+4}{z(z-1)}\bigg|_{z=2}=\frac{12}{2}=6$$

（4）求部分分式，有

$$\frac{X(z)}{z}=-\frac{1}{z}+\frac{1}{z-1}+\frac{5}{z-2}+\frac{6}{(z-2)^2}$$

即

$$X(z)=-1+\frac{z}{z-1}+\frac{5z}{z-2}+\frac{6z}{(z-2)^2}$$

（5）查 z 变换表，求 $x(n)$。因为 $|z|>2$，为圆外域，属因果序列，包括 ∞ 点，即

$$-1\xrightarrow{z^{-1}}-\delta(n)$$

$$\frac{z}{z-1}\xrightarrow{z^{-1}}u(n)$$

$$\frac{z}{(z-2)}\xrightarrow{z^{-1}}2^n u(n)$$

$$\frac{z}{(z-2)^2}\xrightarrow{z^{-1}}n2^{n-1}u(n)$$

得

$$X(n)=-\delta(n)+u(n)+5\times2^n u(n)+6n2^{n-1}u(n)$$

$$=u(n-1)+5\times2^n u(n)+3n2^n u(n)$$

3.5　z 变换的重要性质

1. 线　性

ZT 满足齐次性和叠加性，即

$$\mathscr{Z}[ax(n)+by(n)]=aX(z)+bY(z)$$

收敛域 $\max(R_{xn},R_{yn})<|z|<\min(R_{xm},R_{ym})$ (3.49)

2. 时域位移性

对于单边和双边 z 变换，其位移性有所不同。

1）双边 z 变换

序列右移 $\mathscr{Z}[x(n-m)]=z^{-m}X(z)$ (3.50)

序列左移 $\mathscr{Z}[x(n+m)]=z^{m}X(z)$ (3.51)

2）单边 z 变换

若 $x(n)$ 为双边 z 变换，则 $x(n)u(n)$ 为单边 z 变换。

序列右移（延迟）时，有

非因果序列 $\mathscr{Z}[x(n-m)u(n)]=z^{-m}X(z)+\sum\limits_{k=-m}^{-1}x(k)z^{-m-k}$ (3.52)

因果序列 $\mathscr{Z}[x(n-m)u(n)]=z^{-m}X(z)$ (3.53)

序列左移时，非因果序列和因果序列一样，有

$$\mathscr{Z}[x(n+m)u(n)]=z^{m}X(z)-\sum_{k=0}^{m-1}x(k)z^{m-k} \tag{3.54}$$

几种常用的公式：

$$\mathscr{Z}[x(n-1)u(n)]=z^{-1}X(z)+x(-1)$$
$$\mathscr{Z}[x(n-2)u(n)]=z^{-2}X(z)+z^{-1}x(-1)+x(-2)$$
$$\mathscr{Z}[x(n+1)u(n)]=zX(z)-zx(0)$$
$$\mathscr{Z}[x(n+2)u(n)]=z^{2}X(z)-z^{2}x(0)-zx(1)$$

3. 时域卷积定理

时域卷积定理是求解离散系统响应的重要方法之一，它表明两序列在时域中卷积的 z 变换等于 z 域中两序列 z 变换的乘积。

若 $y(n)=x(n)*h(n)=\sum\limits_{m=-\infty}^{\infty}x(m)h(n-m)$

有 $Y(z)=X(z)H(z)$

收敛域 $\max(R_{xn},R_{hn})<|z|<\min(R_{xm},R_{hm})$

即 $x(n)*h(n)=\mathscr{Z}^{-1}[X(z)H(z)]$ (3.55)

【例 3.8】 求两序列 $x(n)=u(n)$，$h(n)=a^{n}u(n)$ 的卷积。

解 （1）作 z 变换，即

$$X(z)=\mathscr{Z}[x(n)]=\mathscr{Z}[u(n)]=\frac{z}{z-1},\qquad |z|>1$$

$$H(z)=\mathscr{Z}[h(n)]=\mathscr{Z}[a^n u(n)]=\frac{z}{z-a},\quad |z|>|a|$$

$$Y(z)=X(z)H(z)=\frac{z^2}{(z-1)(z-a)},\quad |z|>1$$

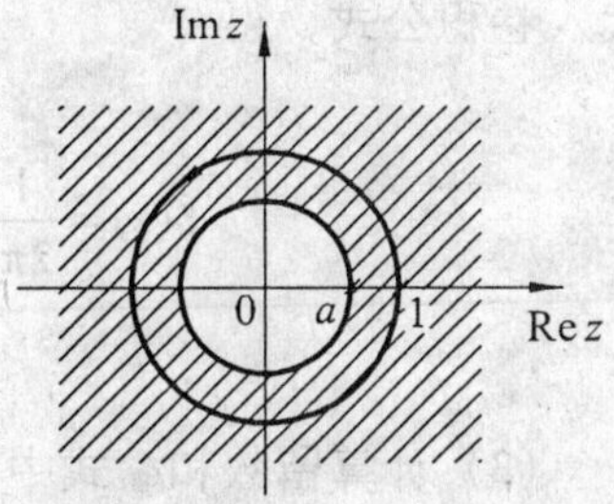

图 3.21　例 3.8 的收敛域

(2) 作 z 反变换。由围线积分法得

$$y(n)=\frac{1}{2\pi j}\oint_C \frac{z^2}{(z-a)(z-1)}z^{n-1}\,dz=\frac{1}{2\pi j}\oint_C \frac{z^{n+1}}{(z-a)(z-1)}\,dz$$

根据留数定理（有两个一阶极点），有

$$\begin{aligned}y(n)&=\mathrm{Res}\left[Y(z)z^{n-1}\right]_{z=a}+\mathrm{Res}\left[Y(z)z^{n-1}\right]_{z=1}\\&=\left[(z-a)\frac{z^{n+1}}{(z-a)(z-1)}\right]_{z=a}+\left[(z-1)\frac{z^{n+1}}{(z-a)(z-1)}\right]_{z=1}\\&=\frac{a^{n+1}}{a-1}+\frac{1^{n+1}}{1-a}=\frac{1-a^{n+1}}{1-a}\end{aligned}$$

4. z 域卷积定理

z 域卷积反映了两序列乘积的 z 变换与两序列的 z 变换之间的关系。

若　$y(n)=x(n)w(n)$

则　$$Y(z)=\frac{1}{2\pi j}\oint_{C_1} X(v)W\left(\frac{z}{v}\right)v^{-1}\,dv=\frac{1}{2\pi j}\oint_{C_2} W(v)X\left(\frac{z}{v}\right)v^{-1}\,dv$$

z 的收敛域　$R_{xn}R_{wn}<|z|<R_{xm}R_{wm}$

v 的收敛域　$\max\left[R_{xn},\frac{|z|}{R_{wm}}\right]<|v|<\min\left[R_{xm},\frac{|z|}{R_{wn}}\right]$

或　$$\max\left[R_{wn},\frac{|z|}{R_{xm}}\right]<|v|<\min\left[R_{wm},\frac{|z|}{R_{xn}}\right]\tag{3.56}$$

【例 3.9】 求 $x(n)=a^n u(n)$ 和 $w(n)=b^n u(n)$ 乘积的 z 变换。

解　(1) 作 z 变换，有

$$X(z)=\mathscr{Z}[x(n)]=\mathscr{Z}[a^n u(n)]=\frac{z}{z-a},\quad |z|>|a|$$

$$W(z)=\mathscr{Z}[w(n)]=\mathscr{Z}[b^n u(n)]=\frac{z}{z-b},\quad |z|>|b|$$

(2) 根据 z 域卷积公式，将 z 平面换成 v 平面，即

$$X(v)=\frac{v}{v-a},\quad W\left(\frac{z}{v}\right)=\frac{\frac{z}{v}}{\frac{z}{v}-b}=\frac{-\frac{z}{b}}{v-\frac{z}{b}}$$

代入卷积公式，得

$$Y(z)=\frac{1}{2\pi \mathrm{j}}\oint_c \frac{v}{v-a}\cdot\frac{-\dfrac{z}{b}}{v-\dfrac{z}{b}}v^{-1}\,\mathrm{d}v=\frac{1}{2\pi \mathrm{j}}\oint_c\frac{-\dfrac{z}{b}}{(v-a)\left(v-\dfrac{z}{b}\right)}\mathrm{d}v$$

（3）计算留数和。式中有两个极点：$v_1=a$，$v_2=\dfrac{z}{b}$，根据收敛域公式，有

z 的收敛域 $ab<|z|<\infty$

v 的收敛域 $\max\left[|a|,\ \dfrac{|z|}{\infty}\right]<|v|<\min\left[\infty,\ \dfrac{|z|}{|b|}\right]$

即 $|a|<|v|<|z|/|b|$，得 $|z|>ab$。

从 v 的收敛域得知，有 $|z|/|b|>|v|$。

因此极点 z/b 位于积分围线之外，围线内方程实际上只有一个极点，即

$$v_1=a$$

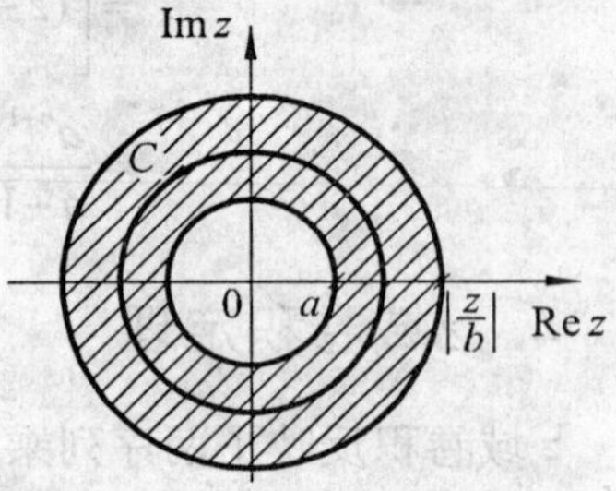

图 3.22 例 3.9 的收敛域

根据留数定理，有

$$Y(z)=\mathrm{Res}\left[(v-a)\frac{-z/b}{(v-a)(v-z/b)}\right]_{v=a}$$

$$=\frac{-z/b}{a-z/b}=\frac{1}{1-abz^{-1}},\qquad |z|>ab$$

5. z域尺度特性

z 域尺度特性可以表示为

$$\mathscr{Z}\left[a^n x(n)\right]=X\left(\frac{z}{a}\right),\qquad R_n<\left|\frac{z}{a}\right|<R_m \tag{3.57}$$

同样有

$$\mathscr{Z}[a^{-n}x(n)]=X(az),\qquad R_{x1}<|az|>R_{x2} \tag{3.58}$$

$$\mathscr{Z}[(-1)^n x(n)]=X(-z),\qquad R_{x1}<|z|<R_{x2} \tag{3.59}$$

6. z域微分特性

z 域微分特性又称序列的线性加权特性，即

$$\mathscr{Z}\left[nx(n)\right]=-z\frac{\mathrm{d}\,x(z)}{\mathrm{d}\,z},\qquad R_n<|z|<R_m \tag{3.60}$$

7. 时域共轭性

序列取共轭后的 z 变换为

$$\mathscr{Z}\left[x^*(n)\right]=X^*(z^*),\qquad R_1<|z|<R_2$$

由此可知，对于实序列，有

$$X(z)=X^*(z^*)\ \text{或}\ X^*(z)=X(z^*) \tag{3.61}$$

8. 帕色瓦尔定理（Parseval's theorem）

这是傅氏变换的帕色瓦尔定理在 z 域中的推广，将时域求和与 z 域积分联系起来。帕色瓦尔定理表示为

$$\sum_{n=-\infty}^{\infty}x(n)y(n)=\frac{1}{2\pi \mathrm{j}}\oint_C X(v)Y\left(\frac{1}{v}\right)v^{-1}\,\mathrm{d}v$$

或

$$\sum_{n=-\infty}^{\infty}x(n)y^*(n)=\frac{1}{2\pi \mathrm{j}}\oint_C X(v)Y^*\left(\frac{1}{v^*}\right)v^{-1}\,\mathrm{d}v$$

$$\text{收敛域}\quad \max\left[R_{xn},\ \frac{1}{R_{yn}}\right]<|v|<\min\left[R_{xm},\ \frac{1}{R_{yn}}\right] \tag{3.62}$$

【例 3.10】 求 $x(n)=\mathrm{e}^{-nT}u(n)$ 的平方和。

解 （1）求 $x(n)$ 的 z 变换，有

$$X(z)=\sum_{n=-\infty}^{\infty}x(n)z^{-n}=\sum_{n=0}^{\infty}\left(\mathrm{e}^{-T}z^{-1}\right)^n=\frac{1}{1-\mathrm{e}^{-T}z^{-1}},\qquad |z|>\mathrm{e}^{-T}$$

（2）用帕色瓦尔定理求平方和，得

$$\sum_{n=-\infty}^{\infty}|x(n)|^2=\frac{1}{2\pi \mathrm{j}}\oint_C\frac{1}{1-\mathrm{e}^{-T}v^{-1}}\cdot\frac{1}{1-\mathrm{e}^{-T}v}v^{-1}\,\mathrm{d}v=\frac{1}{2\pi \mathrm{j}}\oint_C\frac{1}{(v-\mathrm{e}^{-T})(1-\mathrm{e}^{-T}v)}\mathrm{d}v$$

v 有两个极点

$$v_1=\mathrm{e}^{-T},\ v_2=\mathrm{e}^{T}$$

因为 v 的收敛域为 $\max\left[\mathrm{e}^{-T},\ \frac{1}{\infty}\right]<|v|<\min\left[\infty,\ \frac{1}{\mathrm{e}^{-T}}\right]$，即

$$\mathrm{e}^{-T}<|v|<\mathrm{e}^{T}$$

故 $v_2=\mathrm{e}^{T}$ 在围线积分外，方程只有一个极点 $v_1=\mathrm{e}^{-T}$，由留数定理得

$$\sum_{n=-\infty}^{\infty}|x(n)|^2=\mathrm{Res}\left[(v-\mathrm{e}^{-T})\frac{1}{(v-\mathrm{e}^{-T})(1-\mathrm{e}^{-T}v)}\right]_{v=\mathrm{e}^{-T}}=\left[\frac{1}{1-\mathrm{e}^{-T}v}\right]_{v=\mathrm{e}^{-T}}=\frac{1}{1-\mathrm{e}^{-2T}}$$

9. 初值定理和终值定理

1）初值定理

设 $x(n)$ 为因果序列，则有

$$x(0)=\lim_{z\to\infty}X(z) \tag{3.63}$$

2）终值定理

设 $x(n)$ 为因果序列，则有

$$x(\infty)=\lim_{z\to 1}(z-1)X(z) \tag{3.64}$$

习　题

3.1　确定下列序列的 z 变换及收敛域。

（1）$f_1(n)=\left(\frac{1}{2}\right)^n u(n)$

（2）$f_2(n)=-\left(\frac{1}{2}\right)^n u(-n-1)$

（3）$f_3(n)=\left(\frac{1}{2}\right)^n u(-n)$

3.2　已知 $X(z)=\dfrac{-3z^{-1}}{2-5z^{-1}+2z^{-2}}$，按下面条件求解。

（1）绘出 $X(z)$ 的零、极点图。　　（2）$x(n)$ 是左边序列，收敛域为何？

（3）$x(n)$ 是右边序列，收敛域为何？（4）$x(n)$ 是双边序列，收敛域为何？

3.3　求下列序列的 z 变换及收敛域，画出零极点图。

（1）$f_1(n)=a^{n+3}u(n)$

（2）$f_2(n)=\cosh(bn)u(n)$

（3）$f_3(n)=\cos\left(2n+\frac{\pi}{4}\right)u(n)$

3.4　已知序列 $x(n)=|n-3|u(n)$，试求其 z 变换。

3.5　求双边序列 $x(n)=\left(\frac{1}{2}\right)^{|n|}$ 的 z 变换及收敛域，并画出零极点图。

3.6　利用 3 种 z 反变换法求下式的 z 反变换：

$$X(z)=\frac{10z}{(z-1)(z-2)},\qquad |z|>2$$

3.7　画出 $X(z)=\dfrac{-3z^{-1}}{2-5z^{-1}+2z^{-2}}$ 的零极点图，并分别求出下列 3 种情况下对应的序列。

（1）$|z|>2$；（2）$|z|<0.5$；（3）$0.5<|z|<2$。

3.8　用部分分式法求下列函数的反变换。

（1）$F_1(z)=\dfrac{z^2+z+1}{z^2+3z+2}$

（2）$F_2(z)=\dfrac{1+2z^{-1}+z^{-2}}{1-0.4z^{-1}-0.6z^{-2}}$

（3）$F_3(z)=\dfrac{z}{(z-1)(z^2-1)}$

3.9　按指定方法求下列各题的 z 反变换。

（1）长除法：$X(z)=\dfrac{z^2}{(4-z)\left(z-\dfrac{1}{4}\right)}$，　$0.25<|z|<4$。

（2）部分分式展开法：$X(z)=\dfrac{3}{z-\dfrac{1}{4}-\dfrac{1}{8}z^{-1}}$，　$x(n)$ 为右边序列。

（3）围线积分法：$X(z)=\dfrac{z}{(z-2)(z-1)^2}$，$|z|>2$。

3.10　求 $X(z)=z^{-1}+6z^{-4}-2z^{-7}$，$|z|>0$ 的 z 反变换。

3.11　利用 z 域卷积定理求序列 $e^{-bn}\sin(n\omega_0)u(n)$ 的 z 变换。

3.12　利用卷积定理求 $y(n)=x(n)*h(n)$：

（1）$x(n)=a^n u(n),\ h(n)=b^n u(-n)$

（2）$x(n)=a_n u(n),\ h(n)=\delta(n-2)$

（3）$x(n)=a^n u(n),\ h(n)=u(n-1)$

第 4 章　离散时间系统分析

内容提要

1. 差分方程——离散系统的数学模型
2. 离散系统的时域与 z 域分析
3. 离散系统的系统函数 $H(z)$

4.1　线性非移变离散系统

4.1.1　离散时间系统及其分类

离散时间系统（discrete-time systems）就是输入和输出均为序列的系统，简称为离散系统，它的功能是实现将输入序列（激励）变换成输出序列（响应）的各种运算，如图 4.1 所示，有

$$y(n)=\mathrm{T}[x(n)] \tag{4.1}$$

式（4.1）中，T[·]表示运算关系。

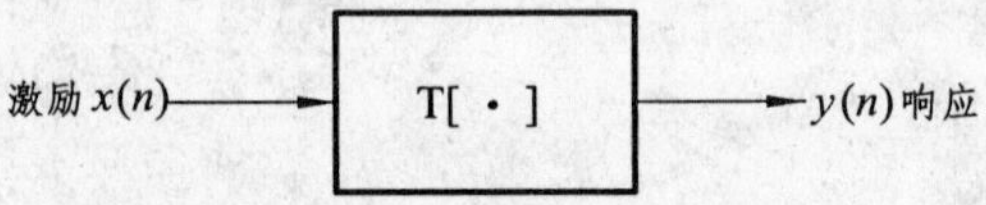

图 4.1　离散系统的输入与输出

与连续时间系统一样，离散系统也分线性系统和非线性系统，线性离散系统满足叠加性和齐次性，即

$$\begin{aligned}\mathrm{T}\left[ax_1(n)+bx_2(n)\right]&=a\mathrm{T}[x_1(n)]+b\mathrm{T}[x_2(n)]\\&=ay_1(n)+by_1(n)\end{aligned} \tag{4.2}$$

本章主要讨论非移变线性离散系统，即时不变离散系统，其特性参数不随时间而变化，若

$$\mathrm{T}\left[x(n)\right]=y(n)$$

则

$$\mathrm{T}\left[x(n-N)\right]=y(n-N)$$

上式表明，系统输入移 N 位，则其输出亦移 N 位。

4.1.2　离散系统的数学模型

前述连续系统是用微分方程（函数及其导数组成）来表示的，其数学模型为 $x(t)$, $y(t)$ 及其各阶导数的线性组合；与连续系统不同，离散系统是用差分方程（序列及其移位组成），其数学模型为 $x(n)$, $y(n)$ 及其各阶移位的线性组和，一般形式为

$$\sum_{k=0}^{N} b_k y(n-k) = \sum_{r=0}^{M} a_r x(n-r) \tag{4.3}$$

式中，a_r, b_k 分别为常系数。

例如我们用一离散系统模仿图 4.2 所示的 RC 电路。

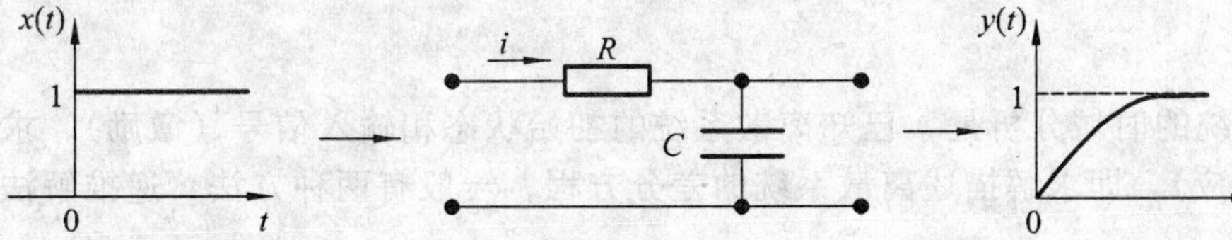

图 4.2　RC 电路

该 RC 电路的微分方程为

$$RC\frac{\mathrm{d}\,y(t)}{\mathrm{d}\,t} + y(t) = x(t) \tag{4.4}$$

因为
$$\frac{\mathrm{d}\,y(t)}{\mathrm{d}\,t} = \lim_{\Delta t\to 0}\frac{\Delta y}{\Delta t} = \lim_{\Delta t\to 0}\left[\frac{y(t)-y(t-\Delta t)}{\Delta t}\right]$$

近似有
$$RC\frac{y(t)-y\left[t-\Delta t\right]}{\Delta t} + y(t) = x(t)$$

以抽样周期 $T=\Delta t$ 对上式抽样，则 $t=nT$，得

$$RC\frac{y(nT)-y\left[(n-1)T\right]}{T} + y(nT) = x(nT)$$

即
$$\left(\frac{RC}{T}+1\right)y(nT) - \frac{RC}{T}y\left[(n-1)T\right] = x(nT)$$

简写为
$$b_0 y(n) + b_1 y(n-1) = a_0 x(n) \tag{4.5}$$

式（4.5）称为差分方程，因为式中存在 $y(n-1)$ 项，故为后向差分方程；如果式中存在 $y(n+1)$ 项，则为前向差分方程。

由于 Δt 为有限小，故离散系统是连续系统的逼近。式（4.5）可用图 4.3 的离散系统来描述。

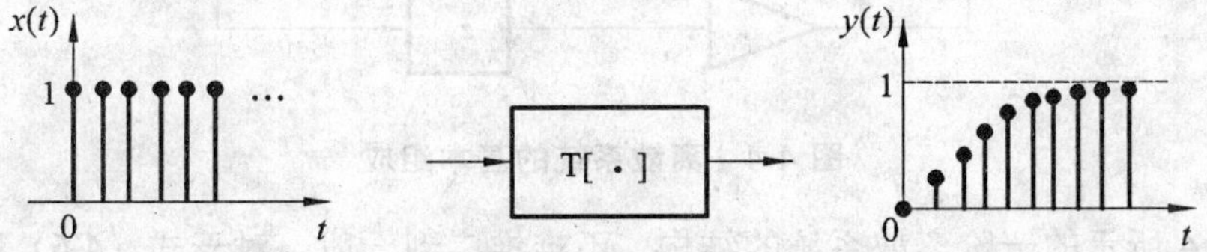

图 4.3　离散系统

将式（4.5）推广到一般，得差分方程的一般形式为

$$b_0y(n)+b_1y(n-1)+\cdots+b_Ny(n-N)=a_0x(n)+a_1x(n-1)+\cdots+a_Mx(n-M) \tag{4.6}$$

或写成式（4.3）的形式

$$\sum_{k=0}^{N} b_k y(n-k)=\sum_{r=0}^{M} a_r x(n-r)$$

上式称为 n 阶差分方程，描述了一般线性非移变系统。

4.2 离散系统的时域分析

离散系统的时域分析是，已知离散系统的初始状态和输入信号（激励），求离散系统的输出（响应），即求解描述离散系统的差分方程，一般有两种方法：递推解法和离散卷积法。

4.2.1 差分方程的递推解法

差分方程所描述的系统有一个特点：系统的现时输出与现时输入、前 M 个时刻的输入和前 N 个时刻的输出有关，是一有记忆的系统，因此可用递推法求解。

【例 4.1】 已知初始条件 $y(n)=0,\ n<0$，输入 $x(n)=\delta(n)$，求解方程

$$y(n)-ay(n-1)=x(n)$$

解

$$y(n)=x(n)+ay(n-1)$$

$$n=0,\ \ y(0)=x(0)+ay(-1)=1+a\cdot 0=1$$

$$n=1,\ \ y(1)=x(1)+ay(0)=0+a\cdot 1=a$$

$$n=2,\ \ y(2)=x(2)+ay(1)=0+a\cdot a=a^2$$

$$\vdots$$

最后得 $y(n)=a^n u(n)$

从上面递推的求解过程，可以得出离散系统的基本组成部分，如图 4.4 所示。

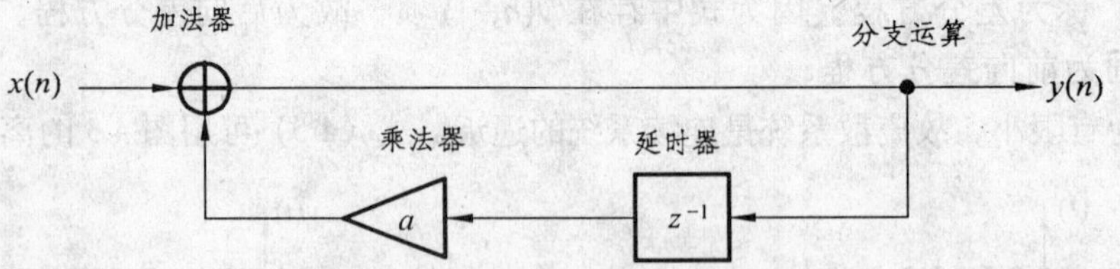

图 4.4 离散系统的基本组成

分析图 4.4 所示的一阶离散系统的结构，不难推广到一般。对于式（4.6）所描述的 N 阶离散系统（后向差分），可用图 4.5 所示的结构框图来表示。这一结构图不是很理想，因为所用的存储器比较多，后面将作进一步改进。

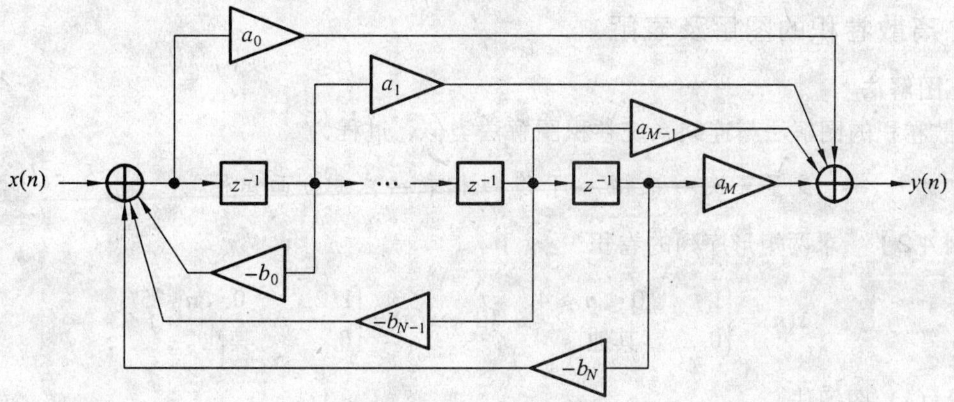

图 4.5　N 阶离散系统

4.2.2　离散卷积法

除用差分方程描述输入输出之间的关系外，还可用离散卷积来描述，其求解过程与连续系统的卷积法类似，分三步求解：

（1）将输入分解成一系列具有不同延时和加权的单位抽样序列之和。

（2）求每个抽样序列的响应。

（3）将全部的响应叠加。

1. 任意一序列 $x(n)$ 可分解成具有不同延时和加权的单位抽样序列之和

任意一序列可表示为

$$x(n)=\sum_{m=-\infty}^{\infty}x(m)\delta(n-m) \tag{4.7}$$

若已知系统对 $\delta(n)$ 的响应 $h(n)$，即

$$\delta(n)\to \mathrm{T}[\cdot]\to h(n)$$

则系统在 $x(n)$ 作用下的输出 $y(n)$ 为

$$y(n)=\sum_{m=-\infty}^{\infty}x(m)h(n-m)=x(n)*h(n) \tag{4.8}$$

式（4.8）称为离散卷积。

与连续系统一样，离散卷积满足分配律和结合律，如图 4.6 所示。

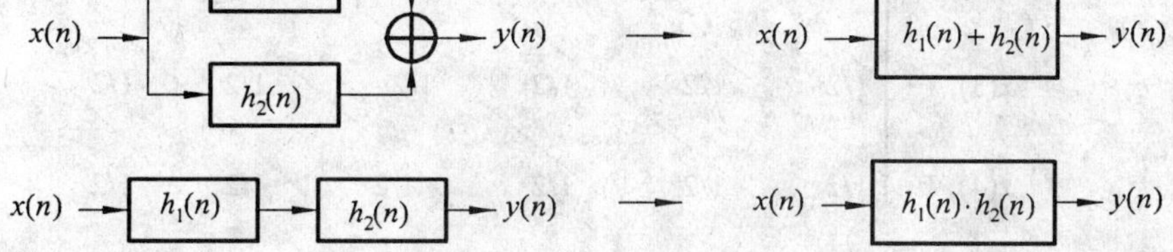

图 4.6　分配律和结合律

2. 离散卷积的图解及表解

1）图解法

离散卷积的图解法与连续系统卷积图解法类似，过程为

变量置换 → 反褶 → 平移 → 相乘 → 求积分面积和

【例 4.2】 求两矩形序列的卷积

$$x(n)=\begin{cases}1, & 0\leqslant n\leqslant 4\\ 0, & \text{其他}\end{cases} \quad 和 \quad x(n)=\begin{cases}1/2, & 0\leqslant n\leqslant 5\\ 0, & \text{其他}\end{cases}$$

解 （1）图解法。

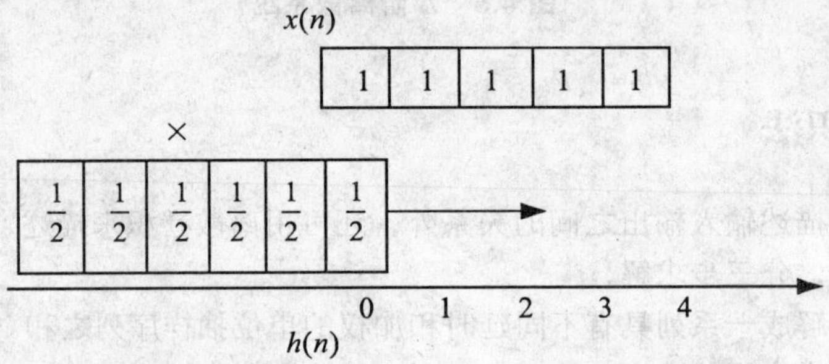

将所对准格中的值相乘后再相加，得

$$y(0)=\frac{1}{2}$$

$$y(1)=\frac{1}{2}+\frac{1}{2}=1$$

$$y(2)=\frac{1}{2}+\frac{1}{2}+\frac{1}{2}=1\frac{1}{2}$$

$$\vdots$$

（2）表格法。

	$h(0)$	$h(1)$	$h(2)$	$h(3)$	$h(4)$	$h(5)$
	1/2	1/2	1/2	1/2	1/2	1/2
$x(0)$, 1	1/2	1/2	1/2	1/2	1/2	1/2
$x(1)$, 1	1/2	1/2	1/2	1/2	1/2	1/2
$x(2)$, 1	1/2	1/2	1/2	1/2	1/2	1/2
$x(3)$, 1	1/2	1/2	1/2	1/2	1/2	1/2
$x(4)$, 1	1/2	1/2	1/2	1/2	1/2	1/2

将表中斜线上的值相加，得

$$y(0)=\frac{1}{2}$$

$$y(1)=\frac{1}{2}+\frac{1}{2}=1$$

$$y(2)=\frac{1}{2}+\frac{1}{2}+\frac{1}{2}=1\frac{1}{2}$$

$$\vdots$$

3. 直接解法和时域卷积定理求解

离散卷积的直接解法可以得到封闭解；而用时域卷积定理求解时，则可避免复杂的卷积计算，只需求出各自的 z 变换，相乘后，通过 z 反变换求得卷积。

【例 4.3】　求 $x(n)=u(n)$ 与 $h(n)=a^n u(n)$ 的卷积。

解　（1）直接求解，有

$$\begin{aligned}y(n)=x(n)*h(n)&=\sum_{m=-\infty}^{\infty}x(m)h(n-m)\\&=\sum_{m=-\infty}^{\infty}u(m)a^{n-m}u(n-m)=\sum_{m=0}^{n}a^{n-m}=a^n\sum_{m=0}^{n}a^{-m}\\&=a^n\left[\frac{1-a^{-(n+1)}}{1-a^{-1}}\right]=\frac{1}{1-a}\left(1-a^{n+1}\right),\quad n\geqslant 0\end{aligned}$$

（2）用时域卷积定理求解，得

$$Y(z)=X(z)H(z)=\mathscr{Z}\left[u(n)\right]\mathscr{Z}\left[a^n u(n)\right]=\frac{z}{z-1}\cdot\frac{z}{z-a}$$

展开部分分式，有

$$Y(z)=\frac{1}{1-a}\cdot\frac{z}{z-1}-\frac{a}{1-a}\cdot\frac{z}{z-a}$$

求 z 反变换

$$y(n)=Z^{-1}\left[y(z)\right]=\frac{1}{1-a}u(n)-\frac{a}{1-a}a^n u(n)=\frac{1}{1-a}\left[1-a^{n+1}\right]u(n)$$

4.2.3　离散系统因果稳定的时域条件

1. 因果离散系统

对于线性非移变因果离散系统，其充要条件为

$$h(n)=0,\ n<0\quad 或\quad h(n)=h(n)u(n)\tag{4.9}$$

因此，将 $x(n)=0,\ n<0$ 的序列称为因果序列。

2. 稳定离散系统

所谓稳定离散系统就是输入有界时输出亦有界的离散系统，其充要条件是，单位抽样响应绝对可和，即

$$\sum_{n=-\infty}^{\infty}|h(n)|<\infty \tag{4.10}$$

所以，离散系统因果稳定的时域条件为：其单位抽样响应是因果有界序列，即

$$\begin{cases}h(n)=h(n)u(n)\\ \sum_{n=-\infty}^{\infty}|h(n)|<\infty\end{cases} \tag{4.11}$$

需要指出的是，因果和稳定是两个不同的概念，因果系统不一定稳定，非因果系统不一定不稳定。

4.3 离散系统的 z 域分析

离散系统的 z 域分析是将用差分方程描述的时域离散系统变成用代数方程描述的 z 域离散系统，以便用计算机进行计算，这种变换一般是利用 z 变换的位移特性来实现的。

4.3.1 差分方程的 z 变换解法

根据 z 变换的位移特性，有

（1）双边 z 变换

$$x(n\pm m)\xrightarrow{\mathscr{Z}} z^{\pm m}X(z) \tag{4.12}$$

（2）单边 z 变换

$$x(n+m)\xrightarrow{\mathscr{Z}} z^{m}X(z)-\sum_{k=0}^{m-1}x(k)z^{m-k} \tag{4.13}$$

$$x(n-m)\xrightarrow{\mathscr{Z}} z^{-m}X(z)+\sum_{k=-m}^{-1}x(k)z^{-m-k} \tag{4.14}$$

若是因果、零态离散系统，则

$$x(n-m)\xrightarrow{\mathscr{Z}} z^{-m}X(z) \tag{4.15}$$

【例 4.4】 已知 $x(n)=u(n)$，初始值为 $y(-1)$，求解 $y(n)-by(n-1)=x(n)$。

解 （1）对差分方程两边取单边 z 变换，根据位移特性，有

$$\mathscr{Z}[y(n)]=Y(z)$$

$$\mathscr{Z}[by(n-1)u(n)]=bz^{-1}Y(z)+by(-1)$$

$$\mathscr{Z}[x(n)]=X(z)=\mathscr{Z}[u(n)]=\frac{z}{z-1}$$

得 $$Y(z)-bz^{-1}Y(z)-by(-1)=\frac{z}{z-1}$$

整理后，有

$$Y(z)=\frac{z^2}{(z-1)(z-b)}+\frac{by(-1)z}{z-b}$$

展形部分分式，有

$$Y(z)=\frac{1}{1-b}\cdot\frac{z}{z-1}-\frac{b}{1-b}\cdot\frac{z}{z-b}+\frac{by(-1)z}{z-b}$$

作 z 反变换（查 z 变换表），得

$$y(n)=\frac{1}{1-b}u(n)-\frac{1}{1+b}b^{n+1}u(n)+y(-1)b^{n+1}u(n)$$

4.3.2　离散系统的系统函数

离散系统的系统函数又称系统的传输函数或转移函数。

1. 定　义

如前所述，对于线性非移变离散系统，差分方程的一般形式为

$$\sum_{k=0}^{N}b_k y(n-k)=\sum_{r=0}^{M}a_r x(n-r)$$

当系统处于零状态时，作 z 变换，根据式（4.15）的位移特性，有

$$Y(z)\sum_{k=0}^{N}b_k z^{-k}=X(z)\sum_{r=0}^{M}a_r z^{-r} \tag{4.16}$$

则系统函数 $H(z)$ 为

$$H(z)=\frac{Y(z)}{X(z)}=\frac{\sum_{r=0}^{M}a_r z^{-r}}{\sum_{k=0}^{N}b_k z^{-k}} \tag{4.17}$$

式（4.17）描述的系统函数，表示系统的零状态响应与输入因果序列的 z 变换之比。

【例 4.5】 横向滤波器的差分方程为 $y(n)=b_0x(n)+b_1x(n-1)+\cdots+b_mx(n-m)$，求系统函数 $H(z)$。

解　对方程作 z 变换，根据位移特性有

$$Y(z)=(b_0+b_1z^{-1}+b_2z^{-2}+\cdots+b_mz^{-m})X(z)$$

则系统函数为

$$H(z)=\frac{Y(z)}{X(z)}=b_0+b_1z^{-1}+b_2z^{-2}+\cdots+b_mz^{-m}=\frac{b_0z^m+b_1z^{m-1}+\cdots+b_m}{z^m}$$

系统的结构图如图 4.7 所示。

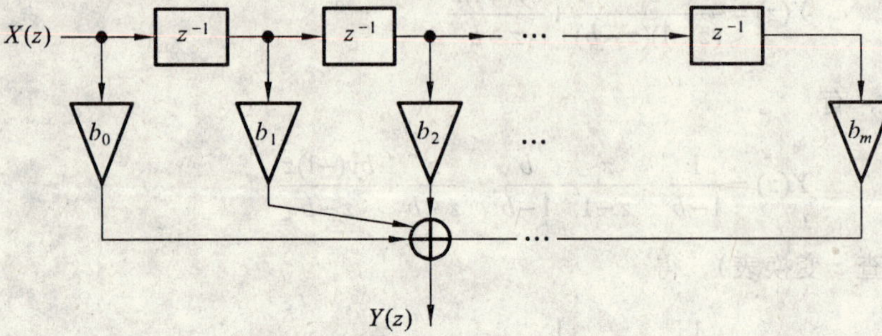

图 4.7　横向滤波器的结构图

2. $H(z)$ 与 $h(n)$ 是一 z 变换对

离散系统的系统函数 $H(z)$ 与其冲激响应序列 $h(n)$ 是一 z 变换对，有

$$\begin{aligned}H(z)&=\mathscr{Z}\left[h(n)\right]=\sum_{n=-\infty}^{\infty}h(n)z^{-n}\\ h(n)&=\mathscr{Z}^{-1}\left[H(z)\right]\end{aligned}\tag{4.18}$$

3. $H(z)$ 与系统的因果稳定性

1）离散系统因果稳定的时域条件

离散系统因果稳定的时域条件是，单位抽样响应是因果有界序列，即

$$\begin{cases}h(n)=h(n)u(n)\\ \sum\limits_{n=-\infty}^{\infty}\left|h(n)\right|<\infty\end{cases}\tag{4.19}$$

2）$H(z)$ 的收敛域及因果稳定的 z 域条件

由于 $H(z)$ 是 $h(n)$ 的 z 变换，而 $h(n)=h(n)u(n)$ 又为右边序列，故 $H(z)$ 的收敛域为圆外域且包括无穷远点，即

$$R<|z|\leqslant\infty\quad 即\quad R<|z|\tag{4.20}$$

若将（4.19）式绝对可和条件写为 z 变换形式，有

$$\left[\sum_{n=-\infty}^{\infty}\left|h(n)\right|\left|z\right|^{-n}\right]\Bigg|_{|z|=1}<\infty\tag{4.21}$$

（4.21）式说明，若系统是稳定的，则 $H(z)$ 必在单位圆上收敛。综合上述两式表示的收敛域，可得出离散系统因果稳定的 z 域条件为

$$1 \leqslant |z| \leqslant \infty \tag{4.22}$$

在计算中，若极点数大于 1，则以最大极点为边界$|z_{\max}|$。

3）$H(z)$的零极点

设系统函数$H(z)$的零点为z_r、极点为p_k，则$H(z)$可写成z的多项式之比的形式，即

$$H(z)=\frac{d_0+d_1z+d_2z^2+\cdots+d_Mz^M}{c_0+c_1z+c_2z^2+\cdots+c_Nz^N}$$

$$=A\frac{(z-z_1)(z-z_2)\cdots(z-z_M)}{(z-p_1)(z-p_2)\cdots(z-p_N)}=A\frac{\prod_{r-1}^{M}(z-z_r)}{\prod_{k=1}^{N}(z-p_k)} \tag{4.23}$$

由于$H(z)$的收敛域包括无穷远点，则（4.23）式必有$M \leqslant N$，$M>N$是不收敛的。由于系统的稳定条件为，$1 \leqslant |z| \leqslant \infty$，则必有$|p_k|<1$，这就意味着系统函数$H(z)$的所有极点均在单位圆内。

结论：离散系统因果稳定的z域条件是系统函数的所有极点必须在单位圆内。

【例 4.6】　设系统的差分方程为$y(n)+0.2y(n-1)-0.24y(n-2)=x(n)+x(n-1)$，求

（1）$H(z)$，判断收敛域及系统稳定性。

（2）$h(n)$。

（3）$x(n)=u(n)$时的零状态响应。

解　（1）对方程两边取z变换（位移特性），有

$$Y(z)+0.2z^{-1}Y(z)-0.24z^{-2}Y(z)=X(z)+z^{-1}X(z)$$

得

$$H(z)=\frac{Y(z)}{X(z)}=\frac{1+z^{-1}}{1+0.2z^{-1}-0.24z^{-2}}$$

$$=\frac{z^2+z}{z^2+0.2z-0.24}=\frac{z(z+1)}{(z-0.4)(z+0.6)}$$

系统有两个零点：$z_1=0,\ z_2=-1$。

两个一阶极点：$p_1=0.4,\ p_2=-0.6$。

收敛域（因果系统）如图 4.8 所示：

$$0.6<|z| \leqslant \infty$$

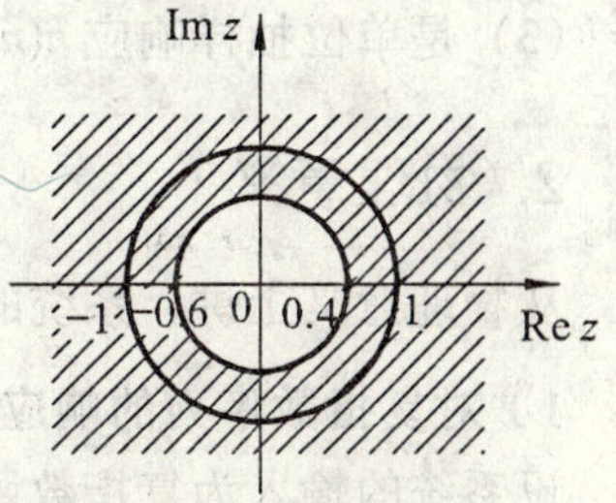

图 4.8　例 4.6 的收敛域

由于$|p_i|<1$，极点在单位圆内，系统是稳定的。

（2）将$H(z)$展开部分分式，有

$$H(z)=\frac{1.4z}{z-0.4}-\frac{0.4z}{z+0.6}$$

则

$$h(n)=\mathscr{Z}^{-1}[H(z)]=1.4(0.4)^nu(n)-0.4(-0.6)^nu(n)$$

（3）$x(n)=u(n)$时的零状态响应

因为

$$X(z)=\mathscr{Z}[u(n)]=\frac{z}{z-1}$$

则
$$Y(z)=H(z)X(z)=\frac{z^2(z-1)}{(z-1)(z-0.4)(z+0.6)}$$
展开部分分式，有
$$Y(z)=\frac{2.08z}{z-1}-\frac{0.93z}{z-0.4}-\frac{0.15z}{z+0.6}$$
作 z 反变换，得
$$y(n)=\mathscr{Z}^{-1}[Y(z)]=\left[2.08-0.93(0.4)^n-0.15(-0.6)^n\right]u(n)$$

4.3.3 离散系统的频率响应

1. 定　义

系统的频率响应函数定义为系统函数在单位圆上的取值，即
$$H(z)\Big|_{z=e^{j\Omega}}=H\left(e^{j\Omega}\right) \tag{4.24}$$
令系统函数中的 $z=e^{j\Omega}$，则频率响应为
$$H(e^{j\Omega})=\frac{Y(e^{j\Omega})}{X(e^{j\Omega})}=\frac{\sum_{r=0}^{M}a_r e^{-jr\Omega}}{\sum_{k=0}^{N}b_k e^{-jk\Omega}} \tag{4.25}$$
从式（4.25）中可以看出，系统频率响应函数具有下列性质：

（1）是输出输入序列的傅氏变换之比。

（2）与差分方程系数有关。

（3）是单位抽样响应 $h(n)$ 在单位圆上的 z 变换。

2. 物理意义

从物理意义上讲，系统的频率响应函数描述了离散系统对正弦输入序列的响应情况。

1）对复指数序列的响应

设系统的输入为复指数函数，即
$$x(n)=e^{j\Omega n},\qquad -\infty<n<\infty \tag{4.26}$$
则系统的响应为
$$\begin{aligned}y(n)&=\sum_{n=-\infty}^{\infty}h(m)e^{j\Omega(n-m)}=e^{j\Omega n}\sum_{m=-\infty}^{\infty}h(m)e^{-j\Omega m}\\&=e^{j\Omega n}H(e^{j\Omega})=H(e^{j\Omega})e^{j\Omega n}\end{aligned} \tag{4.27}$$

2）对正弦序列的响应

当系统的输入为正弦函数时，有
$$x(n)=A\sin\Omega n \tag{4.28}$$
借助上面系统对复指数序列的响应，得

$$
\begin{aligned}
y(n) &= \frac{A}{2\mathrm{j}}\left[H(\mathrm{e}^{\mathrm{j}\Omega})\mathrm{e}^{\mathrm{j}\Omega n} - H(\mathrm{e}^{-\mathrm{j}\Omega})\mathrm{e}^{-\mathrm{j}\Omega n}\right] \\
&= \frac{A}{2\mathrm{j}}\left|H(\mathrm{e}^{\mathrm{j}\Omega})\right|\left[\mathrm{e}^{\mathrm{j}[\Omega n+\phi(n)]} - \mathrm{e}^{-\mathrm{j}[\Omega n+\phi(n)]}\right] \\
&= A\left|H(\mathrm{e}^{\mathrm{j}\Omega})\right|\sin\left[\Omega n+\phi(n)\right]
\end{aligned} \tag{4.29}
$$

3. 特　点

离散系统的频率响应函数有两个重要性质，即周期性和连续性。

1）周期函数

由于离散系统函数的频率响应 $H(\mathrm{e}^{\mathrm{j}\Omega})$ 中的 $\mathrm{e}^{\mathrm{j}\Omega}$ 是以 2π 为周期的周期函数，所以它的幅频 $\left|H(\mathrm{e}^{\mathrm{j}\Omega})\right|$ 与相频 $\phi(\Omega)$ 均是以 2π 为周期的周期函数。而连续系统的频率响应函数为非周期函数，如图 4.9（a）所示。

2）连续函数

离散系统的频率响应函数 $H(\mathrm{e}^{\mathrm{j}\Omega})$ 是 Ω 的连续函数，如图 4.9（b）所示。

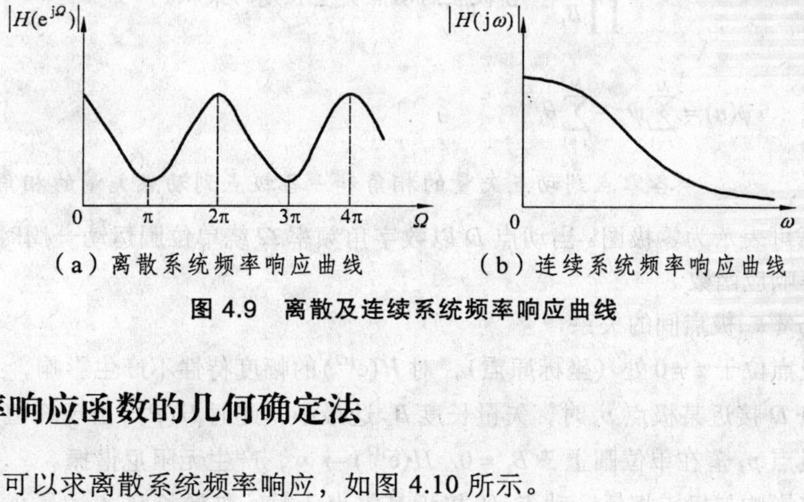

（a）离散系统频率响应曲线　　（b）连续系统频率响应曲线

图 4.9　离散及连续系统频率响应曲线

4.3.4　频率响应函数的几何确定法

由零极图可以求离散系统频率响应，如图 4.10 所示。

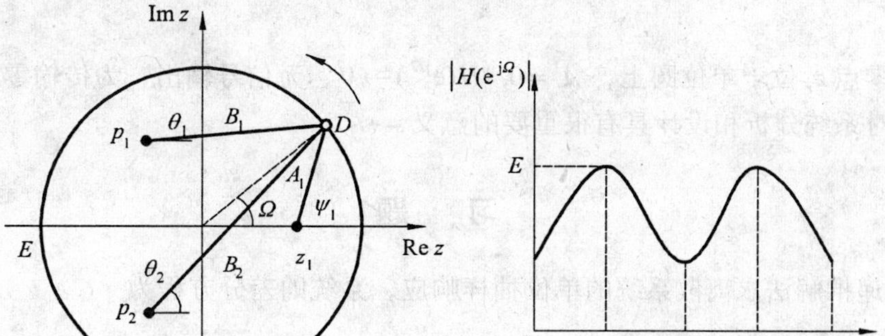

（a）动点跟零极点间的关系　　（b）频率响应函数

图 4.10　频率响应函数的几何确定法

由于系统函数可以表示为有理分式

$$H(z)=\frac{\prod_{r=1}^{M}(z-z_r)}{\prod_{k=1}^{N}(z-p_k)} \tag{4.30}$$

以 $z=\mathrm{e}^{\mathrm{j}\Omega}$ 代入，得系统的频率响应函数

$$H(\mathrm{e}^{\mathrm{j}\Omega})=\frac{\prod_{r=1}^{M}(\mathrm{e}^{\mathrm{j}\Omega}-z_r)}{\prod_{k=1}^{N}(\mathrm{e}^{\mathrm{j}\Omega}-p_k)}=\left|H(\mathrm{e}^{\mathrm{j}\Omega})\right|\mathrm{e}^{\mathrm{j}\phi(\Omega)} \tag{4.31}$$

令 $\mathrm{e}^{\mathrm{j}\Omega}-z_r=A_r\,\mathrm{e}^{\mathrm{j}\phi_r}$， $\mathrm{e}^{\mathrm{j}\Omega}-p_k=B_k\,\mathrm{e}^{\mathrm{j}\theta_k}$

代入上式，得

幅频特性 $$\left|H(\mathrm{e}^{\mathrm{j}\Omega})\right|=\frac{\prod_{r=1}^{M}A_r}{\prod_{k=1}^{N}B_k}=\frac{\text{各零点到动点矢量长度的乘积}}{\text{各极点到动点矢量长度的乘积}} \tag{4.32}$$

相频特性 $$\phi(n)=\sum_{r=1}^{M}\psi_r-\sum_{f=1}^{N}\theta_k$$

$$=\text{各零点到动点矢量的相角和}-\text{各极点到动点矢量的相角和} \tag{4.33}$$

上述关系可表示为零极图。当动点 D 以数字角频率 Ω 绕单位圆运动一周时，就可求出离散系统的频率响应函数。

$H(\mathrm{e}^{\mathrm{j}\Omega})$ 与零、极点间的关系：

(1) 零极点位于 $z=0$ 处（坐标原点），对 $H(\mathrm{e}^{\mathrm{j}\Omega})$ 的幅度特性不产生影响，只影响相位。

(2) 动点 D 接近某极点 p_k 时，矢量长度 B_K 达最小，此时 $H(\mathrm{e}^{\mathrm{j}\Omega})$ 出现峰值。

(3) 若极点 p_k 落在单位圆上， $B_k=0$， $H(\mathrm{e}^{\mathrm{j}\Omega})\to\infty$，产生无阻尼谐振。

(4) 零点影响与极点相反，动点 D 接近某零点 z_r 时，矢量长度 A_r 达最小， $H(\mathrm{e}^{\mathrm{j}\Omega})$ 出现谷点。

(5) 若零点 z_r 位于单位圆上， $A_r=0$， $H(\mathrm{e}^{\mathrm{j}\Omega})\to 0$，无信号输出，为传输零点。

零极图对系统分析和设计具有很重要的意义。

习 题

4.1 用递推解法求离散系统的单位抽样响应，系统的差分方程为

$$y(n)=x(n)+\frac{1}{4}y(n-1)$$

4.2 通过抽样 $t=nT$，求一差分方程，使之与下列微分方程相近：

$$\frac{d^2y(t)}{dt^2}-3\frac{dy(t)}{dt}+2y(t)=x(t)$$

4.3　用单边 z 变换法求解下列差分方程。

（1）　$y(n+2)+y(n+1)+y(n)=u(n)$，初始条件：$y(0)=1$，$y(1)=2$。

（2）　$y(n)+0.1y(n-1)-0.02y(n-2)=10u(n)$，初始条件：$y(-1)=4$，$y(-2)=6$。

（3）　$y(n)+5y(n-1)=nu(n)$，初始条件：$y(-1)=0$。

（4）　$y(n)-0.91y(n-1)=0.09u(n)$，初始条件：$y(-1)=1$。

（5）　$y(n)+2y(n-1)=(n-2)u(n)$，初始条件：$y(-1)=0$。

4.4　求下列差分方程所描述的离散系统的系统函数 $H(z)$、单位抽样响应 $h(n)$ 及频率响应函数 $H(e^{j\Omega})$，并画出系统的结构图。

（1）　$3y(n)-6y(n-1)=x(n)$

（2）　$y(n)=x(n)-5x(n-1)+8x(n-3)$

（3）　$y(n)-\frac{1}{2}y(n-1)=x(n)$

（4）　$y(n)-5y(n-1)+6y(n-2)=x(n)-3x(n-2)$

4.5　利用离散卷积式证明因果系统的充要条件是单位抽样响应 $h(n)=0$，$n<0$。

4.6　求图 4.11 所示离散时间系统的单位函数响应 $h(n)$。

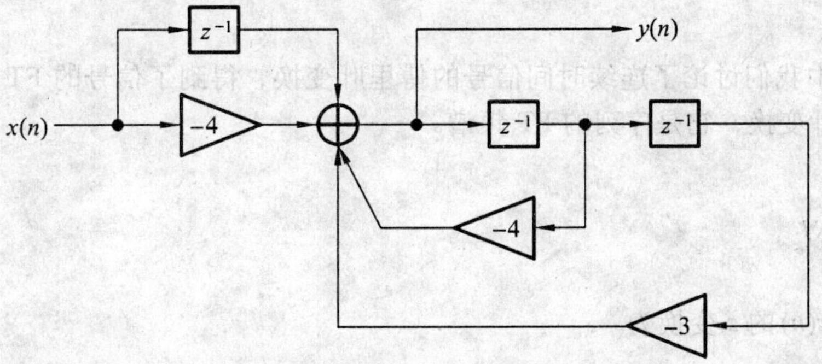

图 4.11

4.7　已知离散系统的单位抽样响应为 $h(n)=\left(\frac{1}{2}\right)^n u(n)$，当输入为 $x(n)=u(n)$ 时，试用离散卷积法求系统的零状态响应 $y(n)$。

第 5 章　离散时间信号分析

内容提要

1. 信号傅氏变换、拉氏变换与 z 变换的关系
2. 周期序列和非周期序列的傅氏变换、离散傅氏级数、离散傅氏变换
3. 圆周卷积
4. FFT 原理（基 2 时析型和基 2 频析型）
5. DFT 的误差、快速卷积

5.1　序列的傅里叶变换

在第 1 章中我们讨论了连续时间信号的傅里叶变换，得到了信号的 FT 频谱；同样，序列也存在傅里叶变换，它是序列的 FT 频谱。

5.1.1　定　义

已知序列 $x(n)$ 的 z 变换为

$$X(z)=\sum_{n=-\infty}^{\infty}x(n)z^{-n} \tag{5.1}$$

若 $X(z)$ 在单位圆上是收敛的，则把单位圆上的 z 变换定义为序列的傅里叶变换，即

$$X(\mathrm{e}^{\mathrm{j}\Omega})=X(z)\Big|_{z=\mathrm{e}^{\mathrm{j}\Omega}}=\sum_{n=-\infty}^{\infty}x(n)\mathrm{e}^{-\mathrm{j}n\Omega} \tag{5.2}$$

可见，序列的傅里叶变换将傅里叶变换和 z 变换有机地结合起来。

5.1.2　物理意义与存在条件

由 z 反变换公式

$$x(n)=\frac{1}{2\pi\mathrm{j}}\oint_C X(z)z^{n-1}\mathrm{d}z \tag{5.3}$$

如果将积分围线 C 取在单位圆上，即 $|z|=1$，则有

$$
\begin{aligned}
x(n) &= \frac{1}{2\pi \mathrm{j}} \oint_{|z|=1} X(\mathrm{e}^{\mathrm{j}\Omega})(\mathrm{e}^{\mathrm{j}\Omega})^{n-1} \mathrm{d}(\mathrm{e}^{\mathrm{j}\Omega}) \\
&= \frac{1}{2\pi \mathrm{j}} \oint_{|z|=1} X(\mathrm{e}^{\mathrm{j}\Omega})\, \mathrm{e}^{\mathrm{j}n\Omega} \mathrm{e}^{-\mathrm{j}\Omega} \mathrm{d}(\mathrm{e}^{\mathrm{j}\Omega}) \\
&= \frac{1}{2\pi} \int_{-\pi}^{\pi} X(\mathrm{e}^{\mathrm{j}\Omega})\, \mathrm{e}^{\mathrm{j}n\Omega} \mathrm{d}\Omega
\end{aligned} \tag{5.4}
$$

可见，$X(\mathrm{e}^{\mathrm{j}\Omega})$ 与 $x(n)$ 互为傅氏变换对。其物理意义为：

（1）序列 $x(n)$ 可以分解为不同频率的复指数序列 $\mathrm{e}^{\mathrm{j}n\Omega}$ 的叠加积分，各复指数序列的复振幅为 $X(\mathrm{e}^{\mathrm{j}\Omega})$。

（2）复指数序列的频率 Ω 在 $-\pi \sim \pi$ 内连续变化。

序列的傅氏变换对可写成

$$
\left.
\begin{aligned}
\mathscr{F}\left[x(n)\right] &= X(\mathrm{e}^{\mathrm{j}\Omega}) = \sum_{n=-\infty}^{\infty} x(n)\mathrm{e}^{-\mathrm{j}n\Omega} \\
\mathscr{F}^{-1}\left[X(\mathrm{e}^{\mathrm{j}\Omega})\right] &= x(n) = \frac{1}{2\pi}\int_{-\pi}^{\pi} X(\mathrm{e}^{\mathrm{j}\Omega})\mathrm{e}^{\mathrm{j}n\Omega}\mathrm{d}\Omega
\end{aligned}
\right\} \tag{5.5}
$$

序列傅氏变换存在条件是：序列的变换必须在单位圆上是收敛的，即序列必须绝对可和，有

$$
\sum_{n=-\infty}^{\infty} |x(n)| < \infty \tag{5.6}
$$

5.1.3　特点和应用

序列的频谱具有下面特点：

（1）序列的频谱是 Ω 的连续周期函数，其周期为 2π，如图 5.1 所示。

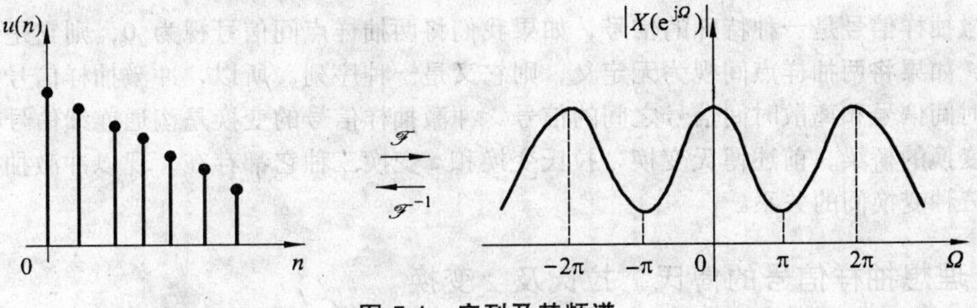

图 5.1　序列及其频谱

（2）与连续周期信号的傅氏级数的指数形式比较。

对于连续信号，其傅氏级数对的形式为

$$
\left.
\begin{aligned}
x(t) &= \sum_{n=-\infty}^{\infty} F_n \mathrm{e}^{\mathrm{j}n\omega_1 t} \\
F_n &= \frac{1}{T_1}\int_{t_0}^{t_0+T_1} x(t)\, \mathrm{e}^{-\mathrm{j}n\omega_1 t}\mathrm{d}t
\end{aligned}
\right\} \tag{5.7}
$$

序列 $x(n)$ 与其傅氏变换 $X(\mathrm{e}^{\mathrm{j}\Omega})$ 亦可认为互为傅氏级数变换关系

$$\left.\begin{aligned} X(\mathrm{e}^{\mathrm{j}\Omega}) &= \sum_{n=-\infty}^{\infty} x(n)\mathrm{e}^{-\mathrm{j}n\Omega} \\ x(n) &= \frac{1}{2\pi}\int_{-\pi}^{\pi} X(\mathrm{e}^{\mathrm{j}\Omega})\,\mathrm{e}^{\mathrm{j}n\Omega}\mathrm{d}\Omega \end{aligned}\right\} \tag{5.8}$$

应用这一特性，可以将序列 $x(n)$ 分解成一系列复指数序列的叠加。

因此，已知离散系统对复指数序列的频率响应 $H(\mathrm{e}^{\mathrm{j}\Omega})$ 时，则系统的输出响应序列 $y(n)$ 应为

$$y(n) = \frac{1}{2\pi}\int_{-\pi}^{\pi} H(\mathrm{e}^{\mathrm{j}\Omega})X(\mathrm{e}^{\mathrm{j}\Omega})\mathrm{e}^{\mathrm{j}n\Omega}\mathrm{d}\Omega \tag{5.9}$$

其傅氏变换为

$$Y(\mathrm{e}^{\mathrm{j}\Omega}) = H(\mathrm{e}^{\mathrm{j}\Omega})X(\mathrm{e}^{\mathrm{j}\Omega}) \tag{5.10}$$

5.2 信号的傅氏、拉氏及 z 变换间的关系

信号的傅氏变换、拉氏变换和 z 变换间存在一定关系，弄清楚这些关系，对了解连续时间信号和离散时间信号的系统函数、频率响应函数是有帮助的。下面，从冲激抽样信号的傅氏变换和拉氏变换，离散信号的傅氏变换和 z 变换来加以分析。

5.2.1 冲激抽样信号的傅氏、拉氏及 z 变换

冲激抽样信号是一种特殊的信号，如果我们将两抽样点间信号视为 0，则它是一连续时间信号；如果将两抽样点间视为无定义，则它又是一种序列。所以，冲激抽样信号是一种介于连续时间信号和离散时间信号之间的信号。冲激抽样信号的变换是沟通连续信号与离散信号各种变换的桥梁，前述傅氏变换、拉氏变换和 z 变换三种它都存在，现以冲激抽样信号为例分析三种变换间的关系。

1. 理想抽样信号的傅氏、拉氏及 z 变换

1）理想抽样信号

理想抽样信号 $x_s(t)$ 的抽样脉冲为周期单位冲激信号 $\delta_T(t)$，理想抽样过程如图 5.2 所示，其表达式为

$$x_s(t) = x_a(t)\delta_T(t) = \sum_{n=-\infty}^{\infty} x_a(t)\delta(t-nT) \tag{5.11}$$

简写为

$$x_s(t) = x_a(t)\big|_{t=nT} = x_a(nT) \tag{5.12}$$

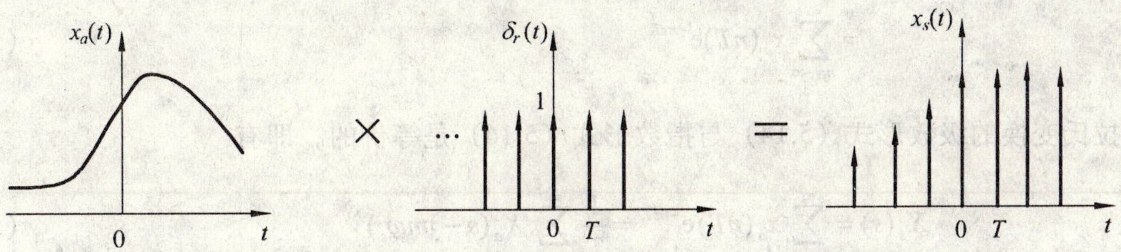

图 5.2　理想抽样过程

式中，$x_a(t)$为原信号；$x_s(t)$为抽样信号（连续信号）；$x_a(nT)$为抽样序列（离散信号）；$x_s(t)$和$x_a(nT)$在数值上是相等的。

2）理想抽样信号 $x_s(t)$ 的拉氏变换

若将理想抽样信号$x_s(t)$视为连续时间信号，则存在拉氏变换。为导出理想抽样信号的拉氏变换，先将周期冲激信号$\delta_T(t)$展开成指数形式的傅氏级数，有

$$\delta_T(t)=\sum_{m=-\infty}^{\infty}F_n\,\mathrm{e}^{\mathrm{j}m\omega_s t}=\frac{1}{T}\sum_{m=-\infty}^{\infty}\mathrm{e}^{\mathrm{j}m\omega_s t} \tag{5.13}$$

将式（5.13）代入式（5.11）所描述的理想抽样信号，并作拉氏变换，得

$$\begin{aligned}X_s(s)=\mathscr{L}[x_s(t)]&=\int_{-\infty}^{\infty}x_s(t)\mathrm{e}^{-st}\mathrm{d}t\\&=\int_{-\infty}^{\infty}x_a(t)\left[\frac{1}{T}\sum_{m=-\infty}^{\infty}\mathrm{e}^{\mathrm{j}m\omega_s t}\right]\mathrm{e}^{-st}\mathrm{d}t\\&=\frac{1}{T}\sum_{m=-\infty}^{\infty}\int_{-\infty}^{\infty}x_a(t)\,\mathrm{e}^{-(s-\mathrm{j}m\omega_s)t}\,\mathrm{d}t\\&=\frac{1}{T}\sum_{m=-\infty}^{\infty}X_a(s-\mathrm{j}m\omega_s)\end{aligned} \tag{5.14}$$

上式说明，理想抽样信号$x_s(t)$的拉氏变换是原信号$x_a(t)$的拉氏变换$X_a(s)$在s平面上沿虚轴的周期延拓，其延拓周期为抽样频率ω_s。

理想抽样信号$x_s(t)$的拉氏变换也可以用指数形式表示，为此需先求周期冲激信号$\delta_T(t)$的指数形式的拉氏变换。对式$\delta_T(T)=\sum\limits_{n=-\infty}^{\infty}\delta(t-nT)$作指数形式的拉氏变换，得

$$\mathscr{L}[\delta_T(T)]=\int_{-\infty}^{\infty}\sum_{n=-\infty}^{\infty}\delta(t-nT)\mathrm{e}^{-sT}\mathrm{d}t=\sum_{n=-\infty}^{\infty}\mathrm{e}^{-nsT} \tag{5.15}$$

再对理想抽样信号$x_s(t)$作拉氏变换，有

$$\begin{aligned}X_s(s)=\mathscr{L}[x_s(t)]&=\int_{-\infty}^{\infty}x_a(nT)\sum_{n=-\infty}^{\infty}\delta(t-nT)\mathrm{e}^{-sT}\mathrm{d}t\\&=\sum_{n=-\infty}^{\infty}\int_{-\infty}^{\infty}x_a(nT)\delta(t-nT)\mathrm{e}^{-sT}\mathrm{d}t\end{aligned}$$

$$= \sum_{n=-\infty}^{\infty} x_a(nT)\mathrm{e}^{-nsT} \tag{5.16}$$

上述拉氏变换的级数形式（5.14）与指数形式（5.16）是等价的，即有

$$X_s(s) = \sum_{n=-\infty}^{\infty} x_a(nT)\mathrm{e}^{-nsT} = \frac{1}{T}\sum_{m=-\infty}^{\infty} X_a(s - \mathrm{j}m\omega_s) \tag{5.17}$$

2. 理想抽样信号的傅氏变换

傅氏变换就是虚轴上的拉氏变换，以 $s = \mathrm{j}\omega$ 代入式（5.17），得理想抽样信号 $x_s(t)$ 的傅氏变换的指数形式和级数形式，同样两种形式是等价的，即

$$X_s(\mathrm{j}\omega) = \sum_{n=-\infty}^{\infty} x_a(nT)\mathrm{e}^{-\mathrm{j}\omega Tn} = \frac{1}{T}\sum_{m=-\infty}^{\infty} X_a(\mathrm{j}\omega - \mathrm{j}m\omega_s) \tag{5.18}$$

3. 抽样序列的 z 变换

当将理想抽样信号理解为序列 $x_a(nT)$ 时，将抽样周期归一化，即取 $T=1$，则抽样序列为 $x(n) = x_a(nT)$，存在 z 变换，即

$$X(z) = \sum_{n=-\infty}^{\infty} x(n)z^{-n} \tag{5.19}$$

4. 抽样序列的傅氏变换

抽样序列 $x(n)$ 的傅氏变换定义为单位圆上的 z 变换，即

$$X(\mathrm{e}^{\mathrm{j}\Omega}) = \sum_{n=-\infty}^{\infty} x(n)\mathrm{e}^{-\mathrm{j}\Omega n} \tag{5.20}$$

5.2.2 三种变换间的关系

1. 理想抽样信号三种变换间的关系

理想抽样信号 $x_s(t)$ 或 $x(n)$ 的傅氏变换、拉氏变换和 z 变换间存在一定的联系，相互间的关系可总结如下：

$$\frac{1}{T}\sum_{m=-\infty}^{\infty} X_a(s - \mathrm{j}m\omega_s) = X_s(s) = \sum_{n=-\infty}^{\infty} x_a(nT)\mathrm{e}^{-nsT} \xrightarrow[]{\text{映射}\ z=\mathrm{e}^{sT}} X(z) = \sum_{n=-\infty}^{\infty} x(n)z^{-n}$$

$$s = \mathrm{j}\omega \ \Big\downarrow \qquad\qquad z = \mathrm{e}^{\mathrm{j}\Omega} \ \Big\downarrow$$

$$\frac{1}{T}\sum_{m=-\infty}^{\infty} X_a(\mathrm{j}\omega - \mathrm{j}m\omega_s) = X_s(\mathrm{j}\omega) = \sum_{n=-\infty}^{\infty} x_a(nT)\mathrm{e}^{-\mathrm{j}\omega nT} \xrightarrow[\text{映射}]{\Omega=\omega T} X(\mathrm{e}^{\mathrm{j}\Omega}) = \sum_{n=-\infty}^{\infty} x(n)\mathrm{e}^{-\mathrm{j}\Omega n}$$

分析上面关系式，可得到如下结论：

1）存在两个周期延拓

理想抽样信号的拉氏变换 $X_a(s-\mathrm{j}m\omega_s)$ 是原信号拉氏变换 $X_a(s)$ 的周期延拓，延拓周期为 ω_s。

理想抽样信号的傅氏变换 $X_a(\mathrm{j}\omega-\mathrm{j}m\omega_s)$ 是原信号傅氏变换 $X_s(\mathrm{j}\omega)$ 的周期延拓，延拓周期亦为 ω_s。

2）存在二个映射

序列 $x(n)$ 的 z 变换与理想抽样信号 $x(nT)$ 的拉氏变换存在映射关系：$z=\mathrm{e}^{sT}$，或者说序列 $x(n)$ 的 z 变换是对应的理想抽样信号 $x(nT)$ 的拉氏变换在 z 平面上的映射。

序列 $x(n)$ 的傅氏变换与理想抽样信号 $x(nT)$ 的傅氏变换存在映射关系：$\Omega=\omega T$，或者说序列 $x(n)$ 的傅氏变换是对应理想抽样信号 $x(nT)$ 的傅氏变换在 z 平面单位圆上的映射。

3）存在二个取值

理想抽样信号 $x(nT)$ 的傅氏变换 $X_s(\mathrm{j}\omega)$ 是其拉氏变换在虚轴上的取值，即有 $s=\mathrm{j}\omega$。

序列 $x(n)$ 的傅氏变换 $X(\mathrm{e}^{\mathrm{j}\Omega})$ 是其 z 变换在 z 平面单位圆上的取值，即有 $z=\mathrm{e}^{\mathrm{j}\Omega}$。

2. s 平面与 z 平面间的关系

在拉氏变换、傅氏变换和 z 变换中，复变量 s 平面与复变量 z 平面的映射关系为

$$z=\mathrm{e}^{sT} \quad \text{或} \quad s=\frac{1}{T}\ln z$$

（1）s 平面的虚轴映射到 z 平面的单位圆上，如图 5.3 所示。

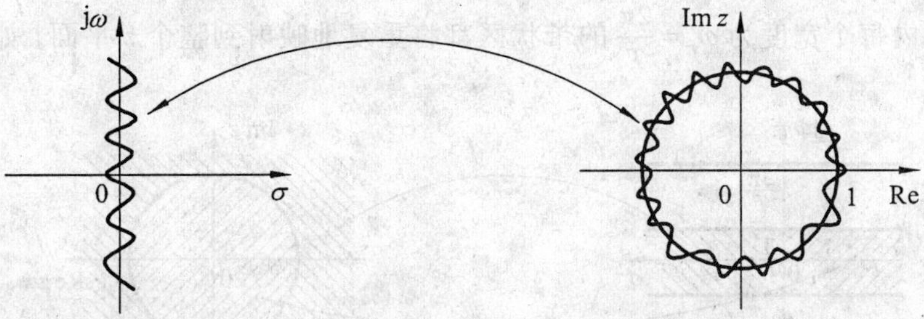

图 5.3　s 平面的虚轴映射到 z 平面的单位圆上

（2）s 平面的左半部虚轴映射到 z 平面的单位圆内，如图 5.4 所示。

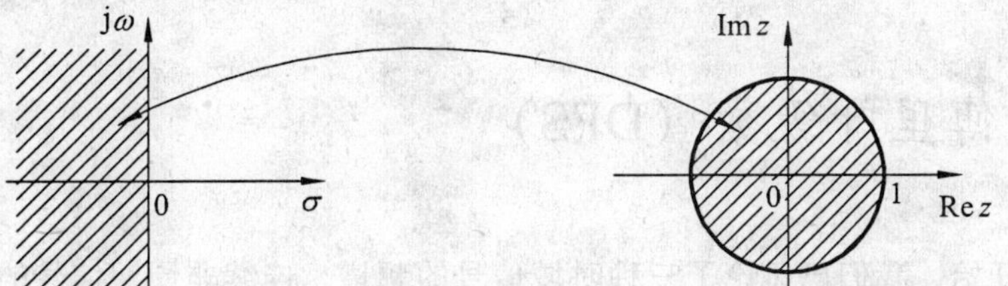

图 5.4　s 平面的左半部虚轴映射到 z 平面的单位圆内

(3) s 平面的右半部虚轴映射到 z 平面的单位圆外，如图 5.5 所示。

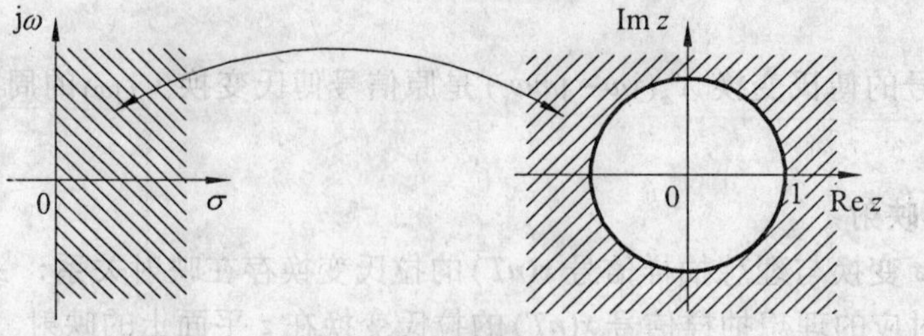

图 5.5　s 平面的右半部虚轴映射到 z 平面的单位圆外

(4) s 平面的原点 $s=0$ 映射到 z 平面 $z=1$ 的点上，如图 5.6 所示。

(5) s 平面的实轴 σ 映射到 z 平面的正实轴 Re z 上，如图 5.6 所示。

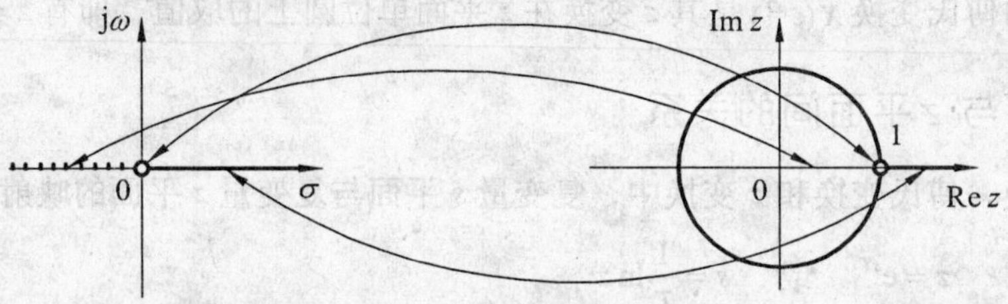

图 5.6　s 平面的原点、轴与 z 平面的映射情况

(6) s 平面内每个宽度为 $\omega_s=\dfrac{2\pi}{T}$ 的带状区都将重复地映射到整个 z 平面，如图 5.7 所示。

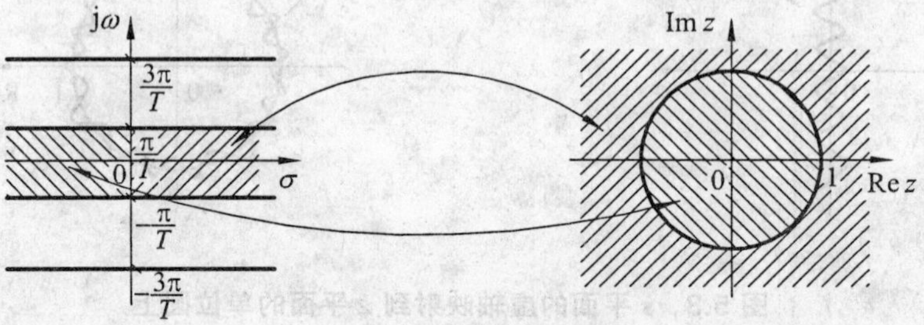

图 5.7　s 平面的原点、轴与 z 平面的映射情况

5.3　离散傅里叶级数（DFS）

从第 1 章开始，我们已讨论了三种时域信号的频谱：连续非周期信号的 FT 频谱是非周期连续谱；连续周期信号的 FS 频谱是非周期离散谱；离散非周期信号的 FT 频谱是周期连续谱。

现讨论第四种信号：离散周期信号的频谱。分析前三种信号的 FT 频谱的规律，不难推断，离散周期信号的 FT 谱将是周期离散频谱。

5.3.1　傅氏变换在时域与频域中的对称规律

时域信号和频域频谱间存在一定的对称规律，掌握这些规律对信号的分析与处理是很有帮助的。

1. 连续信号的情况

连续信号及其频谱间的对称关系如图 5.8 所示。

（1）周期连续信号 $x_p(t)$ 是非周期连续信号 $x_a(t)$ 在时域中的周期延拓，延拓周期为 T；反之，非周期连续信号 $x_a(t)$ 是周期连续信号 $x_p(t)$ 的主值区间。

（2）周期连续信号的 FS 频谱 $|X_p(\omega)|$ 是非周期连续信号 $x_a(t)$ 的 FT 谱 $|X_A(\omega)|$ 的频谱在频域中的等间隔抽样，抽样周期（频率间隔）为 ω_1；反之，非周期连续信号 $x_a(t)$ 的 FT 谱 $|X_A(\omega)|$ 是周期连续信号的 FS 频谱 $|X_p(\omega)|$ 的包络。

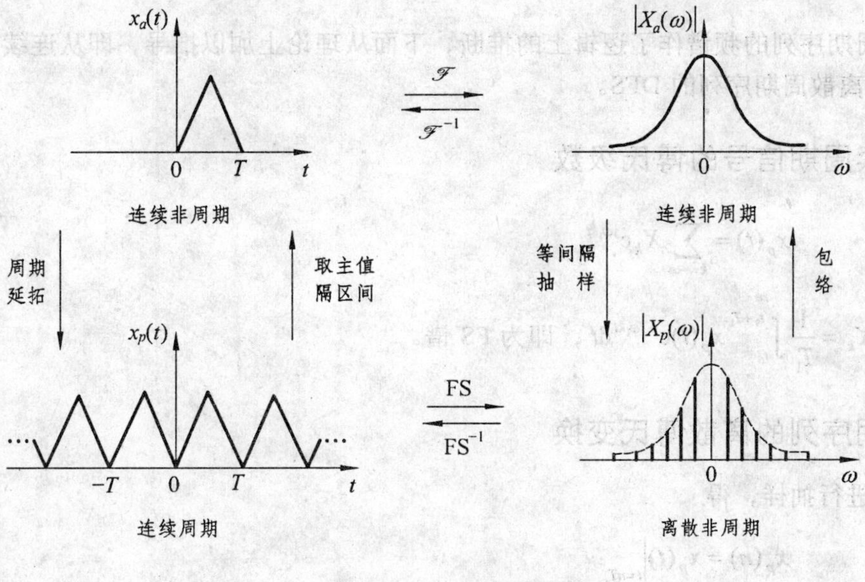

图 5.8　离散信号情况

2. 离散信号情况

与连续信号类同，从而可以推测离散周期信号情况。不同之处是，离散信号的频谱具有周期性，如图 5.9 所示。

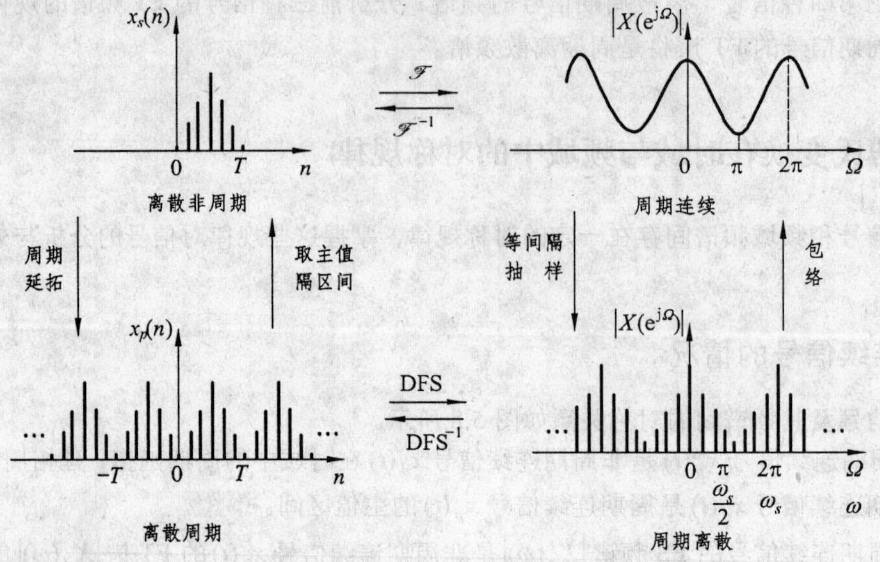

图 5.9 连续信号情况

5.3.2 离散傅氏级数（DFS）

前面对周期序列的频谱作了逻辑上的推断，下面从理论上加以推导，即从连续周期信号的 FS 推广到离散周期序列的 DFS。

1. 连续周期信号的傅氏级数

$$x_p(t)=\sum_{k=-\infty}^{\infty}X_k e^{j\omega_1 kt} \tag{5.21}$$

式中，系数 $X_k=\frac{1}{T_1}\int_{t_0}^{t_0+T_1}x_p(t)e^{-j\omega_1 kt}dt$，即为 FS 谱。

2. 周期序列的离散傅氏变换

对 $x_p(t)$ 进行抽样，得

$$x_p(n)=x_p(t)\Big|_{t=nT_s} \tag{5.22}$$

式中，T_s 为抽样周期，与信号周期 T_1 的关系为 $NT_s=T_1$，则有

$$x_p(n)=x_p(n)\Big|_{t=nT_s}=\sum_{k=-\infty}^{\infty}X_k e^{jk\omega_1 nT_s}=\sum_{k=-\infty}^{\infty}X_k e^{j\frac{2\pi}{T_1}T_s nk}=\sum_{k=-\infty}^{\infty}X_k e^{j\frac{2\pi}{N}nk} \tag{5.23}$$

将式（5.23）两边同乘以 $e^{-j\frac{2\pi}{N}nm}$，再取和式 $\sum_{n=0}^{N-1}$，得

$$\sum_{n=0}^{N-1} x_p(n)\mathrm{e}^{-\mathrm{j}\frac{2\pi}{N}nm} = \sum_{n=0}^{N-1}\sum_{k=-\infty}^{\infty} X_k \mathrm{e}^{\mathrm{j}\frac{2\pi}{N}nk}\mathrm{e}^{-\mathrm{j}\frac{2\pi}{N}nm} = \sum_{k=-\infty}^{\infty} X_k \sum_{n=0}^{N-1}\mathrm{e}^{\mathrm{j}\frac{2\pi}{N}(k-m)n} \tag{5.24}$$

因为 $\mathrm{e}^{\mathrm{j}\frac{2\pi}{N}(k-m)n}$ 是周期为 N 的周期序列，于是有

$$\sum_{n=0}^{N-1}\mathrm{e}^{\mathrm{j}\frac{2\pi}{N}(k-m)n} = \begin{cases} N, & k=m \\ 0, & k\neq m \end{cases} \tag{5.25}$$

取 $k=m$，则式（5.23）变为

$$\sum_{n=0}^{N-1} x_p(n)\mathrm{e}^{-\mathrm{j}\frac{2\pi}{N}nk} = \sum_{k=m}^{m} X_k N = NX_k = X_p(k)$$

即

$$X_p(k) = \sum_{n=0}^{N-1} x_p(n)\mathrm{e}^{-\mathrm{j}\frac{2\pi}{N}nk} \tag{5.26}$$

其中，$X_p(k)$ 是一序列，称为离散傅氏级数。

若将式（5.26）两边同乘以 $\mathrm{e}^{\mathrm{j}\frac{2\pi}{N}km}$，再取和式 $\sum\limits_{n=0}^{N-1}$，并考虑到

$$\sum_{k=0}^{N-1}\mathrm{e}^{\mathrm{j}\frac{2\pi}{N}k(m-n)} = \begin{cases} N, & m=n \\ 0, & m\neq n \end{cases}$$

取 $m=n$，则得周期序列

$$x_p(n) = \frac{1}{N}\sum_{k=0}^{N-1} X_p(k)\mathrm{e}^{\mathrm{j}\frac{2\pi}{N}nk} \tag{5.27}$$

式（5.26）和式（5.27）是一离散傅氏变换对

$$\left.\begin{aligned} X_p(k) &= \mathrm{DFS}\left[x_p(n)\right] = \sum_{n=0}^{N-1} x_p(n)\mathrm{e}^{-\mathrm{j}\frac{2\pi}{N}kn} \\ x_p(n) &= \mathrm{IDFS}\left[X_p(k)\right] = \frac{1}{N}\sum_{k=0}^{N-1} X_p(k)\mathrm{e}^{\mathrm{j}\frac{2\pi}{N}kn} \end{aligned}\right\} \tag{5.28}$$

令 $w_n = \mathrm{e}^{-\mathrm{j}\frac{2\pi}{N}}$，称为旋转因子，则

$$\left.\begin{aligned} X_p(k) &= \mathrm{DFS}\left[x_p(n)\right] = \sum_{n=0}^{N-1} x_p(n) w_N^{kn} \\ x_p(n) &= \mathrm{IDFS}\left[X_p(k)\right] = \frac{1}{N}\sum_{k=0}^{N-1} X_p(k) w_N^{-kn} \end{aligned}\right\} \tag{5.29}$$

5.4　离散傅里叶变换（DFT）

离散傅里叶变换（Discrete Fourier Dransform，DFT）是数字信号分析处理的主要方法，在数字信号分析中占有十分重要的地位。

5.4.1 DFT 定义式

对于一个无限长的周期序列 $x_p(n)$，在分析中一般取它的第一个周期序列，称为主值序列 $x(n)$，即主值序列为

$$x(n)=\begin{cases}x_p(n), & 0\leqslant n\leqslant N-1\\ 0\quad, & n<0,\ \ n>N-1\end{cases} \tag{5.30}$$

而原序列 $x_p(n)$ 是主值序列 $x(n)$ 的周期延拓，即

$$x_p(n)=\sum_{r=-\infty}^{\infty}x(n+rN) \tag{5.31}$$

延拓周期为主值序列的长度 N。二者的关系可简写为

$$\begin{cases}x_p(n)=x((n))_N\\ x(n)=x_p(n)R_N(n)\end{cases} \tag{5.32}$$

式中，$x((n))_N$ 表示周期序列任一点 n 的值，取它的主值序列第 $n\text{-}rN$ 点的值，$n\text{-}rN$ 称为余数，r 是使 $rN\approx n$ 的整数。

【例 5.1】 设 $x_p(n)$ 的周期 $N=5$，长度 $n=19$，如图 5.10 所示，有

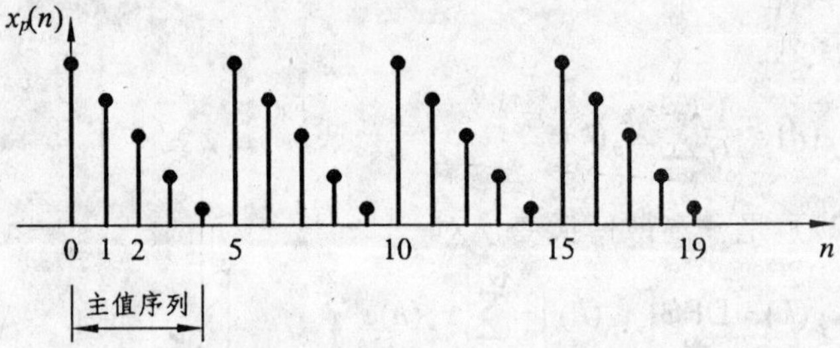

图 5.10 周期序列与主值序列

$$x_p(19)=x(19-3\times5)=x(4)$$
$$x_p(18)=x(18-3\times5)=x(3)$$
$$\vdots$$

若用 $X(k)$ 表示周期频谱序列 $X_p(k)$ 的主值序列，同样有

$$\begin{cases}X_p(k)=X((k))_N\\ X(k)=X_p(k)R_N(k)\end{cases} \tag{5.33}$$

考察周期序列的离散傅氏级数公式

$$\left.\begin{aligned}X_p(k)&=\mathrm{DFS}\left[x_p(n)\right]=\sum_{n=0}^{N-1}x_p(n)w_N^{kn}\\ x(n)&=\mathrm{IDFS}\left[X_p(k)\right]=\frac{1}{N}\sum_{k=0}^{N-1}X_p(k)w_N^{-kn}\end{aligned}\right\} \tag{5.34}$$

若两边均取主值序列，则有

$$\left.\begin{aligned} X(k) &= \mathrm{DFT}\left[x(n)\right] = \sum_{n=0}^{N-1} x(n) w_N^{kn} \\ x(n) &= \mathrm{IDFT}\left[X(k)\right] = \frac{1}{N}\sum_{k=0}^{N-1} X(k) w_N^{-kn} \end{aligned}\right\} \tag{5.35}$$

上式即为有限长序列的离散傅氏变换对，可见，DFT 是 DFS 的主值序列。

若将式（5.35）写成矩阵形式为

$$\begin{Bmatrix} X(0) \\ X(1) \\ \vdots \\ X(k-1) \end{Bmatrix} = \begin{bmatrix} w^0 & w^0 & w^0 & \cdots & w^0 \\ w^0 & w^{1\times1} & w^{2\times1} & \cdots & w^{(N-1)\times1} \\ \vdots & \vdots & \vdots & & \vdots \\ w^0 & w^{1\times(N-1)} & w^{2\times(N-1)} & \cdots & w^{(N-1)(N-1)} \end{bmatrix} \begin{Bmatrix} x(0) \\ x(1) \\ \vdots \\ x(n-1) \end{Bmatrix} \tag{5.36a}$$

$$\begin{Bmatrix} x(0) \\ x(1) \\ \vdots \\ x(n-1) \end{Bmatrix} = \frac{1}{N}\begin{bmatrix} w^0 & w^0 & & w^0 \\ w^0 & w^{-1\times1} & & w^{-1\times(N-1)} \\ \vdots & \vdots & & \\ w^0 & w^{-(N-1)\times1} & & w^{-(N-1)(N-1)} \end{bmatrix} \begin{Bmatrix} X(0) \\ X(1) \\ \vdots \\ X(k-1) \end{Bmatrix} \tag{5.36b}$$

简写为

$$\begin{cases} \boldsymbol{X}(k) = \boldsymbol{w}^{nk}\boldsymbol{x}(n) \\ \boldsymbol{x}(n) = \dfrac{1}{N}\boldsymbol{w}^{-nk}\boldsymbol{X}(k) \end{cases} \tag{5.37}$$

【例 5.2】 求矩形序列 $x(n)=R_4(n)$ 的正变换 DFT，再由 $X(k)$ 进行逆变换 IDFT，求 $x(n)$。

解 $N=4$，$w=\mathrm{e}^{-\mathrm{j}\frac{2\pi}{N}}=\mathrm{e}^{-\mathrm{j}\frac{\pi}{2}}=\cos\dfrac{\pi}{2}-\mathrm{j}\sin\dfrac{\pi}{2}=-\mathrm{j}$

$$\begin{Bmatrix} X(0) \\ X(1) \\ X(2) \\ X(3) \end{Bmatrix} = \begin{bmatrix} w^0 & w^0 & w^0 & w^0 \\ w^0 & w^1 & w^2 & w^3 \\ w^0 & w^2 & w^4 & w^6 \\ w^0 & w^3 & w^6 & w^9 \end{bmatrix} \begin{Bmatrix} x(0) \\ x(1) \\ x(2) \\ x(3) \end{Bmatrix} = \begin{bmatrix} 1 & 1 & 1 & 1 \\ 1 & -\mathrm{j} & -1 & \mathrm{j} \\ 1 & -1 & 1 & -1 \\ 1 & \mathrm{j} & -1 & -\mathrm{j} \end{bmatrix} \begin{Bmatrix} 1 \\ 1 \\ 1 \\ 1 \end{Bmatrix} = \begin{Bmatrix} 4 \\ 0 \\ 0 \\ 0 \end{Bmatrix}$$

$$X(0)=w^0x(0)+w^0x(1)+w^0x(2)+w^0x(3)=1\times1+1\times1+1\times1+1\times1=4$$

$$X(1)=w^0x(0)+w^1x(1)+w^2x(2)+w^3x(3)=1-\mathrm{j}-1+\mathrm{j}=0$$

$$\vdots$$

$$\begin{Bmatrix} x(0) \\ x(1) \\ x(2) \\ x(3) \end{Bmatrix} = \frac{1}{N}\begin{bmatrix} w^0 & w^0 & w^0 & w^0 \\ w^0 & w^{-1} & w^{-2} & w^{-3} \\ w^0 & w^{-2} & w^{-4} & w^{-6} \\ w^0 & w^{-3} & w^{-6} & w^{-9} \end{bmatrix} \begin{Bmatrix} X(0) \\ X(1) \\ X(2) \\ X(3) \end{Bmatrix} = \frac{1}{4}\begin{bmatrix} 1 & 1 & 1 & 1 \\ 1 & \mathrm{j} & -1 & -\mathrm{j} \\ 1 & -1 & 1 & -1 \\ 1 & -\mathrm{j} & -1 & \mathrm{j} \end{bmatrix} \begin{Bmatrix} 4 \\ 0 \\ 0 \\ 0 \end{Bmatrix} = \begin{Bmatrix} 1 \\ 1 \\ 1 \\ 1 \end{Bmatrix}$$

其序列和 DFT 频谱如图 5.11 所示。

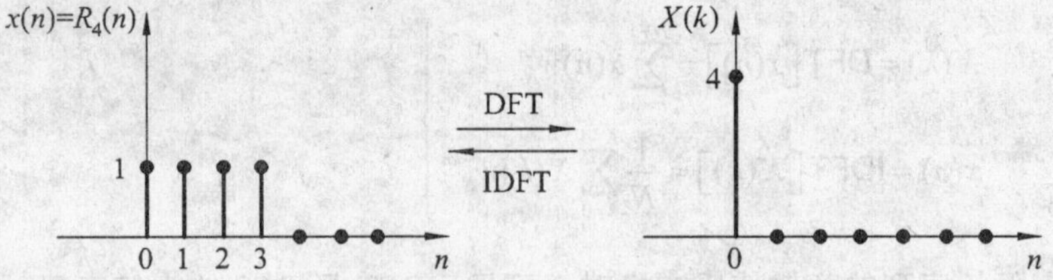

图 5.11 序列及 DFT 频谱

5.4.2 DFT 的物理意义

非周期序列（有限长序列）的 FT 频谱是连续周期频谱；而有限长序列的 DFT 频谱则是有限长离散频谱，不难看出二者的关系：有限长序列的离散傅氏变换 $X(k)$ 是该序列傅氏变换 $X(\mathrm{e}^{\mathrm{j}\Omega})$ 的主值区间的抽样值，如图 5.12 所示。

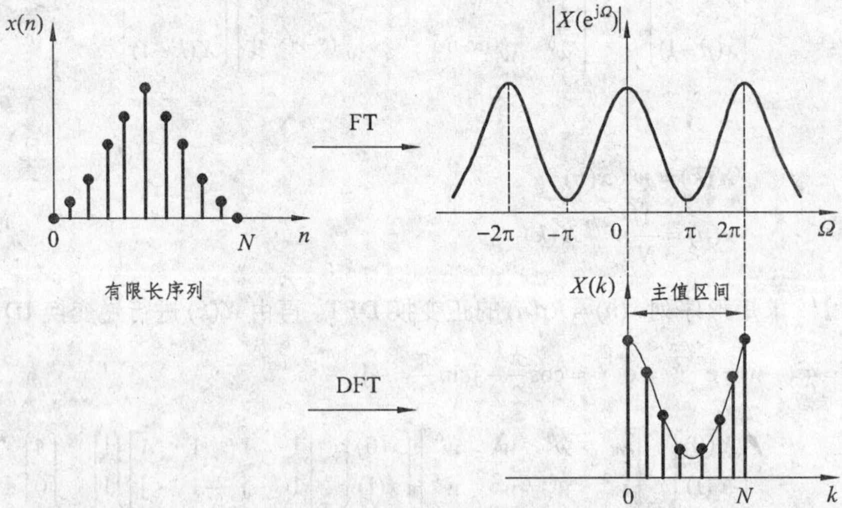

图 5.12 有限长序列的 FT 谱和 DFT 谱

这样可得 $X(k)$，$X(\mathrm{e}^{\mathrm{j}\Omega})$，$X(z)$ 三者之间的关系为

$$X(k)=X(\mathrm{e}^{\mathrm{j}\Omega})\Big|_{\Omega=\frac{2\pi}{N}k}=X(z)\Big|_{z=\mathrm{e}^{\mathrm{j}\frac{2\pi}{N}k}} \tag{5.38}$$

由式（5.38）还可知有限长序列的 DFT 与其 z 变换的关系：有限长序列的 DFT 就是该序列在单位圆上的 z 变换以 $\dfrac{2\pi}{N}$ 为间隔的抽样值。

可见，有限长序列的离散傅里叶变换并不是它真实的频谱，而是它频谱主值区间的抽样值，称为 DFT 频谱或数字频谱。

5.4.3 DFT 的性质

DFT 是数字信号处理中应用的理论基础，由于它是离散的、有限长的，所以它能很方便地通过计算机实现，而且与其他各种信号的 FT 谱能近似地联系起来，因而应用十分广泛，它的一些重要性质在数字信号分析中经常用到。

1. 线 性

DFT 是一种线性变换，具有叠加性和齐次性，即

$$\mathrm{DFT}\left[ax(n)+by(n)\right]=aX(k)+bY(k) \tag{5.39}$$

2. 对称性

DFT 频谱具有对称性，分别表现如下：

1）实数序列 $x(n)$ 的 DFT 谱

实数序列 $x(n)$ 的 DFT 谱的模或实部满足偶对称；而其相位或虚部则为奇对称，如图 5.13 所示。

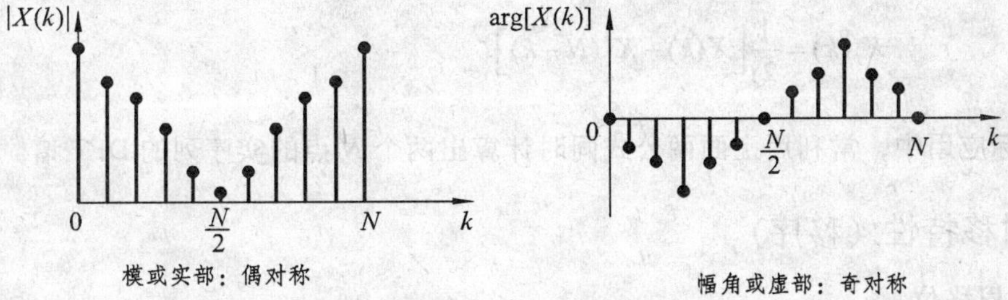

图 5.13 实序列数字谱的实对称

2）虚数序列 $\mathrm{j}x(n)$

虚数序列 $\mathrm{j}x(n)$ 的 DFT 谱的对称情况与实数序列相反。

3）偶对称序列

偶对称序列为偶对称的 DFT 谱。

4）奇对称序列

奇对称序列为奇对称的 DFT 谱。

5）复数序列

复数序列的 DFT 谱分两种情况：

(1) 对于共轭复数序列

$$\begin{cases} x(n)=x_R(n)+\mathrm{j}x_I(n) \\ x^*(n)=x_R(n)-\mathrm{j}x_I(n) \end{cases} \tag{5.40}$$

有 $$\text{DFT}\left[x^*(n)\right]=\sum_{n=0}^{N-1}x^*(n)w_N^{kn}=\left[\sum_{n=0}^{N-1}x(n)w_N^{(-k)n}\right]^*=\left[\sum_{n=0}^{N-1}x(n)w_N^{n(N-k)}\right]^*=X^*(N-k) \tag{5.41}$$

若 $x(n)$为实序列，则其 DFT 满足共轭对称性

$$X(k)=X^*(N-k) \tag{5.42}$$

（2）对于一般复序列

$$x(n)=x_R(n)+\mathrm{j}x_I(n) \tag{5.43}$$

实部 $$x_R(n)=\frac{1}{2}\left[x(n)+x^*(n)\right]$$

虚部 $$\mathrm{j}x_I(n)=\frac{1}{2}\left[x(n)-x^*(n)\right]$$

其 DFT 谱为

$$X(k)=X_R(k)+\mathrm{j}X_I(k) \tag{5.44}$$

实部 $$X_R(k)=\frac{1}{2}\left[X(k)+X^*(N-k)\right] \tag{5.45}$$

虚部 $$X_I(k)=\frac{1}{2\mathrm{j}}\left[X(k)-X^*(N-k)\right] \tag{5.46}$$

在实际应用中，常利用上面两公式同时计算出两个 N 点的实序列的 DFT 谱。

3. 时移特性（移序）

1）圆周移位

对于一个周期为N的周期序列，可以视为一个主值序列排列在圆周上的循环移位，图 5.14 表示一个 $N=5$ 的序列的圆周移位情况。

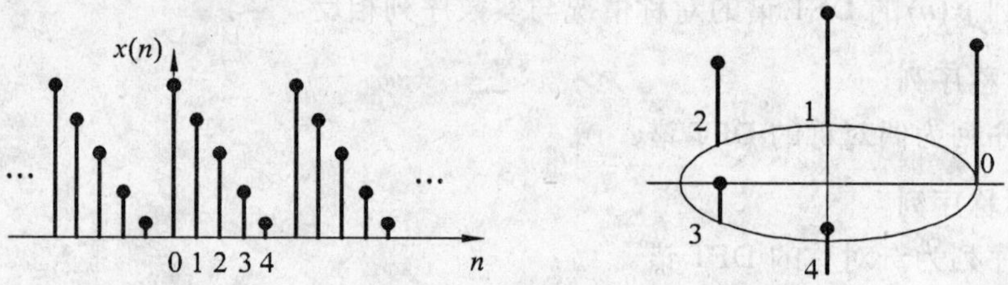

图 5.14 圆周移位

周期序列在时间轴上右移（左移）m 位时，对应的圆周序列则反时针（顺时针）转动 m 位，这种旋转称为圆周移位。

2）时移定理

序列在圆周上反时针旋转 m 位时，在频域里的 DFT 谱将产生 $-\frac{2\pi}{N}km$ 的相移，即

$$\mathrm{DFT}[x(n-m)] = X(k)\mathrm{e}^{-\mathrm{j}\frac{2\pi}{N}km} \tag{5.47}$$

4. 频移特性（复调制）

序列在时域乘以频移因子 $\mathrm{e}^{\mathrm{j}\frac{2\pi}{N}km}$，则其 DFT 频谱将在频域轴上右移 m 位，即

$$\mathrm{DFT}\left[x(n)\mathrm{e}^{\mathrm{j}\frac{2\pi}{N}km}\right] = X(k-m) \tag{5.48}$$

5. 时域圆周卷积（循环卷积）

1）时域圆周卷积定理

若　　$Y(k) = X(k)H(k)$

则　　$$\begin{aligned} y(n) &= x(n)\otimes h(n) \\ &= \sum_{m=0}^{N-1} x(m)h\big((n-m)\big)_N R_N(n) \\ &= \sum_{m=0}^{N-1} h(m)x\big((n-m)\big)_N R_n(n) \end{aligned} \tag{5.49}$$

式（5.49）称为圆周卷积（圆卷积或循环卷积）。

两序列实现圆卷积的条件是：长度相等，如果不相等，可通过增补零值来使之相等。

特点：卷积求和范围只在 $0 \leqslant m \leqslant N-1$ 有限区间进行；卷积时不作反褶平移，而是反褶圆移。

步骤：变量置换→反褶→圆移→相乘→求和。

【例 5.3】　求图 5.15 所示的两序列的圆周卷积。

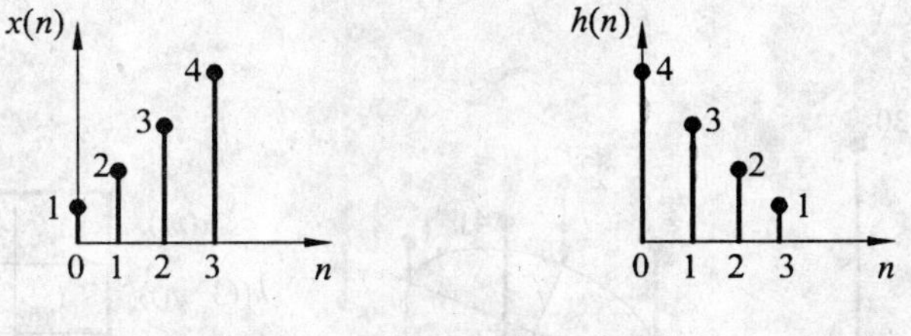

图 5.15

解　(1) 变量置换与反褶，其过程如图 5.16 所示。

(2) 有限长序列的圆卷积和线卷积的关系。

反映两序列特性的是它们的离散线卷积，但离散线卷积的计算量很大，而圆卷积可以通过 FFT 来快速计算，因此若找出两卷积间的关系，就可以通过快速计算圆卷积来求得序列的线卷积。

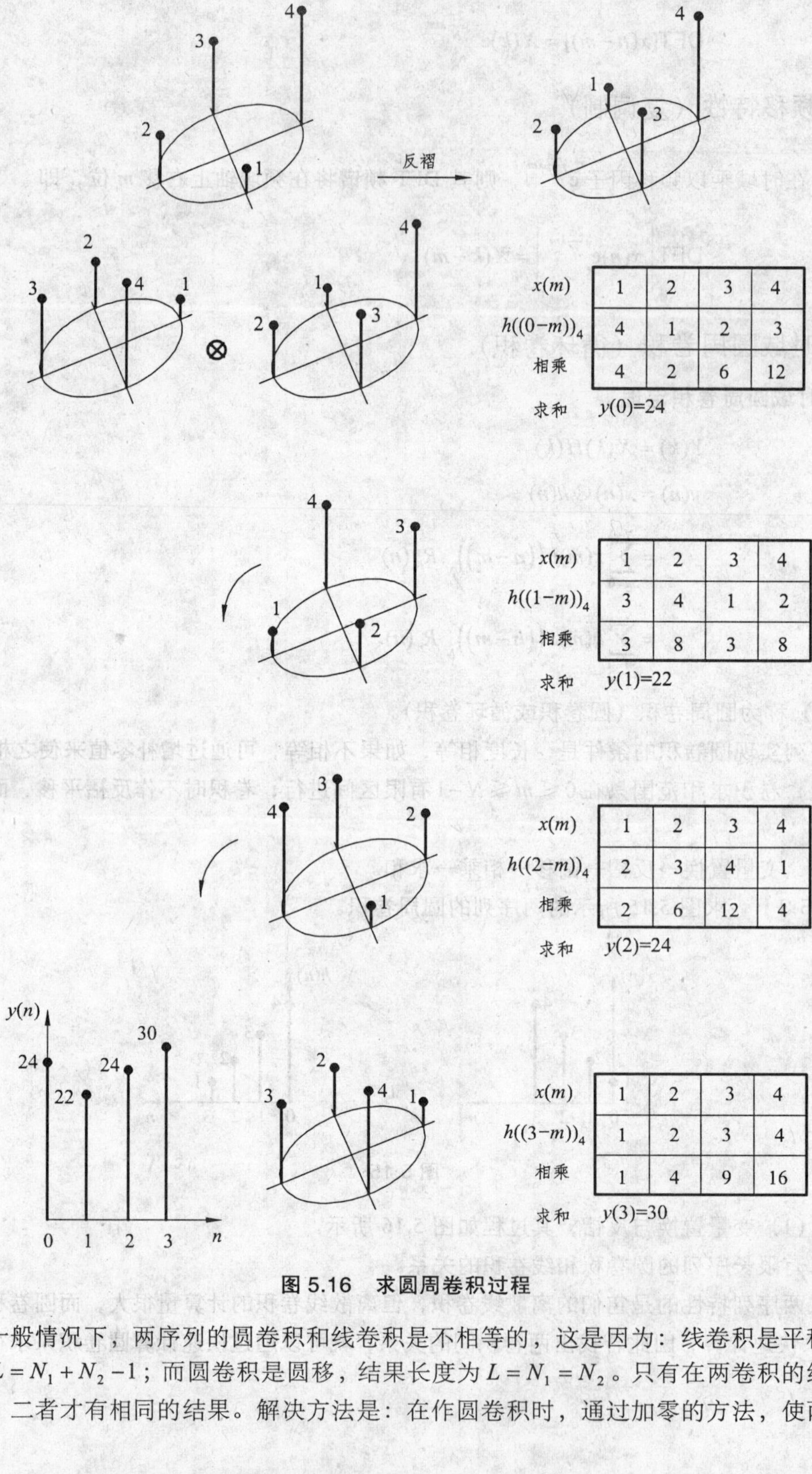

图 5.16　求圆周卷积过程

在一般情况下，两序列的圆卷积和线卷积是不相等的，这是因为：线卷积是平移，结果长度为 $L = N_1 + N_2 - 1$；而圆卷积是圆移，结果长度为 $L = N_1 = N_2$。只有在两卷积的结果长度相等时，二者才有相同的结果。解决方法是：在作圆卷积时，通过加零的方法，使两序列的

长度都增加到 $L=N_1+N_2-1$，此时，圆卷积的结果和线卷积同。

6. 频域圆卷积

两序列在时域的乘积的 DFT 谱等于两序列的 DFT 谱在频域的圆周卷积，即

$$\text{DFT}[x(n)h(n)]=X(k)\otimes H(k)=\frac{1}{N}\sum_{l=0}^{N-1}X(l)H((k-l))_N R_N(k) \tag{5.50}$$

5.4.4 频率抽样理论

有限长序列 $x(n)$ 的 FT 频谱是序列在 z 平面单位圆上的 z 变换，为一连续谱，即

$$X(\mathrm{e}^{\mathrm{j}\Omega})=X(z)\Big|_{z=\mathrm{e}^{\mathrm{j}\Omega}} \tag{5.51}$$

而序列 $x(n)$ 的 DFT 频谱则是序列 $x(n)$ 的 FT 频谱在 2π 区间（主值区间）内的 N 个等间隔抽样值，即

$$X(k)=X(\mathrm{e}^{\mathrm{j}\Omega})\Big|_{\Omega=\frac{2\pi}{N}k}=X(z)\Big|_{z=\mathrm{e}^{\mathrm{j}\frac{2\pi}{N}k}} \tag{5.52}$$

因此，序列的 z 变换 $X(z)$ 和序列的 FT 频谱 $X(\mathrm{e}^{\mathrm{j}\Omega})$ 都可以用 $X(k)$ 来表示，它们之间有内在联系。

1. 有限长序列频谱的抽样

1）$X(z)$ 的内插表达式

序列 $x(n)$ 的 z 变换为

$$X(z)=\sum_{n=0}^{N-1}x(n)z^{-n} \tag{5.53}$$

现将 $X(k)$ 的 IDFT 即

$$x(n)=\text{IDFT}\left[X(k)\right]=\frac{1}{N}\sum_{k=0}^{N-1}X(k)w_N^{-kn}$$

代入式（5.53），得

$$\begin{aligned}X(z)&=\sum_{n=0}^{N-1}\left[\frac{1}{N}\sum_{k=0}^{N-1}X(k)w_N^{-kn}\right]z^{-n}\\&=\sum_{k=0}^{N-1}\left(\frac{1}{N}\cdot\frac{1-z^{-N}}{1-w_N^{-k}z^{-1}}\right)X(k)=\sum_{k=0}^{N-1}C_k(z)X(k)\end{aligned} \tag{5.54}$$

式中，$C_k(z)=\dfrac{1}{N}\cdot\dfrac{1-z^{-N}}{1-w_N^{-k}z^{-1}}$。式（5.54）称为 $X(z)$ 的内插公式，$C_k(z)$ 为内插函数。

2）$X(\mathrm{e}^{\mathrm{j}\Omega})$ 的内插表达式

用同样的方法，可导出 $X(\mathrm{e}^{\mathrm{j}\Omega})$ 的内插表达式为

$$X(e^{j\Omega})=X(z)\Big|_{z=e^{j\Omega}}=\sum_{k=0}^{N-1}C_k(e^{j\Omega})X(k)$$

$$=\sum_{k=0}^{N-1}\frac{1}{N}\cdot\frac{1-e^{-j\Omega N}}{1-e^{-j\left(\Omega-k\frac{2\pi}{N}\right)}}X(k) \tag{5.55}$$

3）内插函数的性质（见图 5.17）

当内插点与抽样点重合时，有

$$C_k(e^{j\Omega})=1,\quad X(e^{j\Omega})=X(z)\Big|_{z=e^{j\Omega}}=X(k) \tag{5.56}$$

此时，序列的 DFT 频谱值 $X(k)$ 与序列的 FT 频谱值 $X(e^{j\Omega})$ 是相等的。

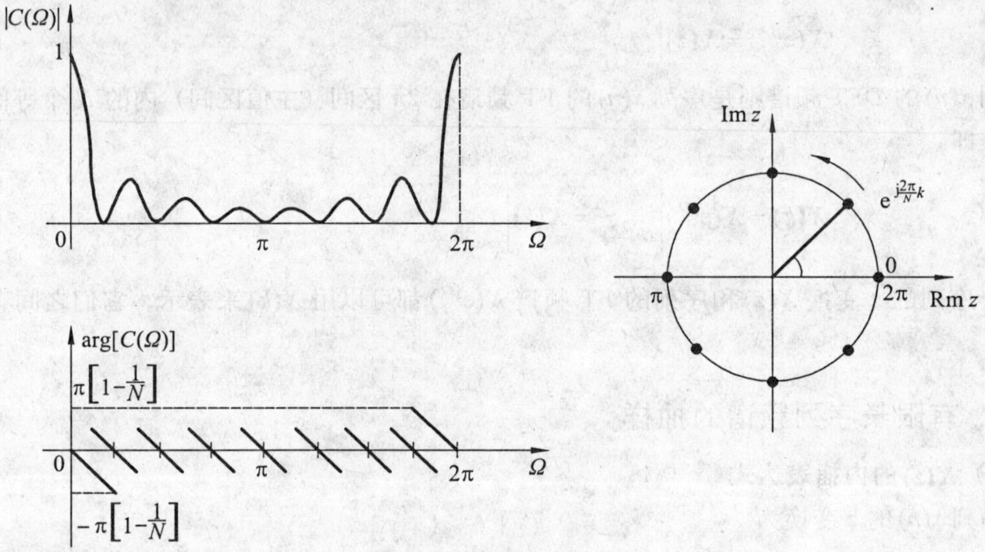

图 5.17　内插函数的性质

内插点在两抽样点之间时，$C_k(e^{j\Omega})$ 为连续函数，有

$$X(e^{j\Omega})=X(z)\Big|_{z=e^{j\Omega}}=\sum_{n=0}^{N-1}C_k(e^{j\Omega})X(k) \tag{5.57}$$

此时，序列的 FT 频谱值 $X(e^{j\Omega})$ 是序列的 DFT 频谱值 $X(k)$ 在 N 个点上的叠加，各点的权值为其内插函数。

2. 任意长序列频谱的抽样

频域的离散（抽样）将造成时域的周期化。

任意长序列的长度 M 可以延伸到无限长，因此有

$$X(z)=\sum_{n=-\infty}^{\infty}x(n)z^{-n} \tag{5.58}$$

如果对 $X(z)$ 在单位圆上作 N 点等间隔抽样，则

$$X(k)=X(z)\Big|_{z=w_N^{-k}}=\sum_{n=-\infty}^{\infty}x(n)w_N^{nk} \tag{5.59}$$

取 IDFT 求时域序列，有

$$\begin{aligned}x_N(n)&=\text{IDFT}\left[X(k)\right]=\left\{\text{IDFS}\left[X_P(k)\right]\right\}R_n(N)\\&=[x_{pN}(n)]R_N(N)\end{aligned} \tag{5.60}$$

因此，$x_{pN}(n)$ 不仅是 $x_N(n)$ 的周期延拓，也应是原任意长序列 $x(n)$ 的周期延拓，即

$$x_{pN}(n)=\sum_{n=-\infty}^{\infty}x(n+rN) \tag{5.61}$$

可见频域上的抽样也造成了时域上的周期延拓。

从式（5.61）可得出频域抽样不失真的条件为：$N\geqslant M$，此时才能有

$$x_N(n)=x_{pN}(n)R_N(n)=\left[\sum_{r=-\infty}^{\infty}x(n+rN)\right]R_N(n)=x(n) \tag{5.62}$$

否则，会产生不同周期之间序列值的混叠现象。如果 $M\to\infty$，不可能等于 $x(n)$，仅是一种接近。

5.5　快速傅里叶变换（FFT）

根据 DFT 的定义来直接计算 DFT 的计算量是相当大的，由 N 点序列 $x(n)$ 的 DFT 谱定义知

$$X(k)=\sum_{n=0}^{N-1}x(n)\mathrm{e}^{-\mathrm{j}\frac{2\pi}{N}kn},\qquad k=0,1,2,\cdots,N-1 \tag{5.63}$$

上式的计算量大体如下，其中：

（1）复数乘法：$x(n)\mathrm{e}^{-\mathrm{j}\frac{2\pi}{N}kn}$，每个点需 N 次，N 个点需 N^2 次。

（2）复数加法：$\sum\limits_{n=0}^{N-1}$，需 $N(N-1)$ 次。

（3）实数乘法：$(a+b\mathrm{j})(c+d\mathrm{j})$，一次复数乘法共 4 次实数乘法。

（4）实数加法：$(a+c)+(b+d)\mathrm{j}$，一次复数加法共 2 次实数加法。

总计算量为：乘法 $4N^2$ 次，加法 $2N^2+2(N-1)N$ 次，若 $N=1\,024$，则乘法和加法各为 419 万次，花费的机时太多，需要改进该计算方法，以减少计算量。

5.5.1　基 2 时析型 FFT

1965 年，库利（J.W.Cooley）和图基（J.W.Tukey）提出了基 2 时析型 FFT 快速算法，基

本思路是：由于 DFT 的计算量主要取决于 N 的长短，它是与 N 的平方成比例增大的，减少 N 可以有效地减少计算量，提高运算速度。时析型 FFT 是将序列逐次奇偶对分，即第一次将奇数号排成一子序列，偶数号排成一子序列，这样各子序列的长度为 $N/2$，计算量就会减少，用同样的方法再将两个子序列又分成长度为 $N/4$ 的 4 个子序列，依次这样分下去，最后的子序列长度为一，即一个数，而一个数的 DFT 就是本身，即

$$X(k)=\sum_{n=0}^{1-1}x(n)\mathrm{e}^{-\mathrm{j}\frac{2\pi}{N}kn}=x(n)\mathrm{e}^{0}=x(n) \tag{5.64}$$

然后找出两个子序列的 DFT 与原序列 DFT 的关系，这样，就可以通过合成运算求得原序列的 DFT。

1. 蝶形算法

设 $x(n)$ 的长度为 $N=2^L$（L 为正整数），将 $x(n)$ 按奇、偶号分成两个子序列（见图 5.18），其中

偶号序列： $y(n)=x(2r)$

奇号序列： $z(n)=x(2r+1)$， $r=0,\ 1,\ 2,\cdots,\ \dfrac{N}{2}-1$ (5.65)

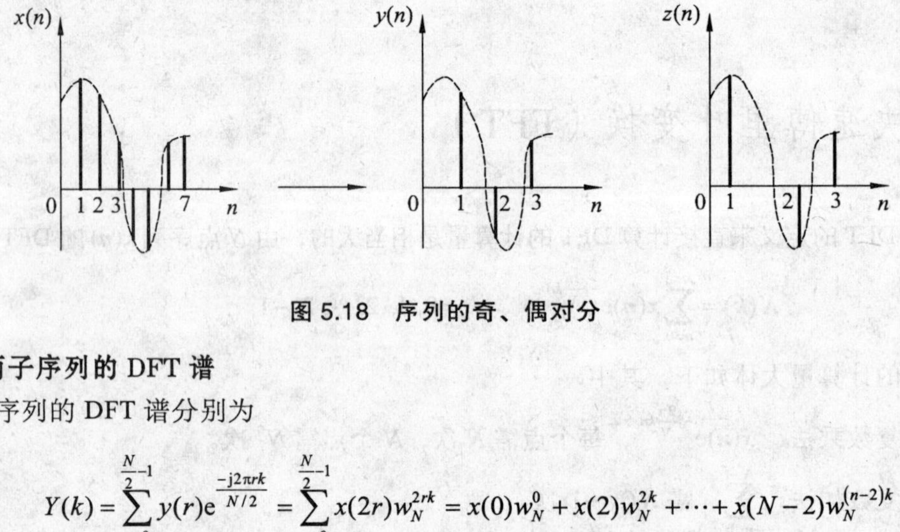

图 5.18 序列的奇、偶对分

1）两子序列的 DFT 谱

两子序列的 DFT 谱分别为

$$Y(k)=\sum_{r=0}^{\frac{N}{2}-1}y(r)\mathrm{e}^{\frac{-\mathrm{j}2\pi rk}{N/2}}=\sum_{r=0}^{\frac{N}{2}-1}x(2r)w_N^{2rk}=x(0)w_N^0+x(2)w_N^{2k}+\cdots+x(N-2)w_N^{(n-2)k}$$

$$Z(k)=\sum_{r=0}^{\frac{N}{2}-1}z(r)\mathrm{e}^{\frac{-\mathrm{j}2\pi rk}{N/2}}=\sum_{r=0}^{\frac{N}{2}-1}x(2r+1)w_N^{2rk}=\sum_{r=0}^{\frac{N}{2}-1}x(2r+1)w_N^{(2r+1)k}w_N^{-k}$$

$$=w_N^{-k}\left[x(1)w_n^k+x(3)w_N^{3k}+\cdots+x(n-1)w_N^{(n-1)k}\right]\quad k=0,\ 1,\ 2,\cdots,\ \frac{N}{2}-1 \tag{5.66}$$

2）两子序列的 DFT 谱与原序列 DFT 谱的关系

对原序列前半部分的谱，有

$$
\begin{aligned}
X(k) &= \sum_{n=0}^{N-1} x(n)\mathrm{e}^{\frac{-\mathrm{j}2\pi kn}{N}} = \sum_{n=0}^{N-1} x(n) w_N^{nk} \\
&= x(0)w_N^0 + x(1)w_N^k + \cdots + x(N-1)w_N^{(N-1)k} \\
&= x(0)w_N^0 + x(2)w_N^k + \cdots + x(N-2)w_N^{(N-2)k} + \\
&\quad w_N^k w_N^{-k}\left[x(1)w_N^k + x(3)w_N^{3k} + \cdots + x(N-1)w_N^{(N-1)k}\right] \\
&= Y(k) + W_N^k Z(k), \qquad k = 0,\ 1,\ 2, \cdots,\ \frac{N}{2}-1
\end{aligned}
\tag{5.67}
$$

（5.67）式给出了 $X(k)$ 的前一半值。由于 $Y(k)$ 和 $Z(k)$ 可视为主值序列，其后半部可视为周期为 $\frac{N}{2}$ 的延拓序列 $Y\left(k+\frac{N}{2}\right)$ 和 $Z\left(k+\frac{N}{2}\right)$，它们的 DFT 谱分别为

$$
Y\left(k+\frac{N}{2}\right) = \sum_{r=0}^{\frac{N}{2}-1} x(2r) w_N^{2r\left(k+\frac{N}{2}\right)}
\tag{5.68}
$$

$$
\begin{aligned}
Z\left(k+\frac{N}{2}\right) &= \sum_{r=0}^{\frac{N}{2}-1} x(2r+1) w_N^{2r\left(k+\frac{N}{2}\right)} w_N^{-k} \\
&= \sum_{r=0}^{\frac{N}{2}-1} x(2r+1) W_N^{(2r+1)\left(k+\frac{N}{2}\right)} W_N^{-\left(k+\frac{N}{2}\right)}
\end{aligned}
\tag{5.69}
$$

令 $m = k + \frac{N}{2}$，则有

$$
\begin{cases}
Y(m) = \displaystyle\sum_{r=0}^{\frac{N}{2}-1} x(2r) w_N^{2rm} \\
Z(m) = w_N^{-m} \displaystyle\sum_{r=0}^{\frac{N}{2}-1} x(2r+1) w_N^{(2r+1)m}
\end{cases}
\qquad m = k + \frac{N}{2} = \frac{N}{2},\ \frac{N}{2}+1,\ \cdots,\ N-1
\tag{5.70}
$$

同样，将 $Y(m)$ 与 $w_N^m Z(m)$ 相加，得

$$
X\left(\frac{N}{2}+k\right) = Y\left(\frac{N}{2}+k\right) + W_N^{\left(\frac{N}{2}+k\right)} Z\left(\frac{N}{2}+k\right) = Y(k) - W_N^k Z(k)
$$

$$
k = 0,\ 1,\ 2,\ \cdots,\ \frac{N}{2}-1
\tag{5.71}
$$

最后得 $x(n)$ 的全部 DFT 值

$$
\begin{cases}
X(k) = Y(k) + W_N^k Z(k) \\
X\left(\frac{N}{2}+k\right) = Y(k) - W_N^k Z(k)
\end{cases}
\qquad k = 0,\ 1,\ 2,\ \cdots,\ \frac{N}{2}-1
\tag{5.72}
$$

(5.72) 式说明原序列的 DFT 谱可以通过计算其 1/2 长的子序列的 DFT 来求得。上述计算关系可用图 5.19 所示的蝶形图来表示，故又称之为蝶形算法。

现以 $N=4$ 的序列为例，其时析型算法的蝶形图如图 5.20 所示。

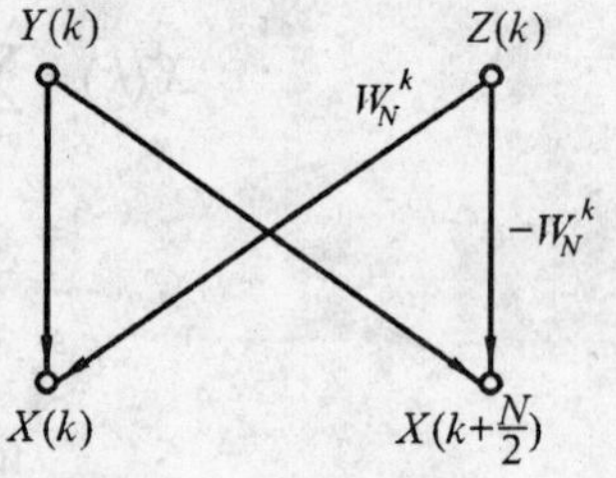

图 5.19 时析型蝶形算法

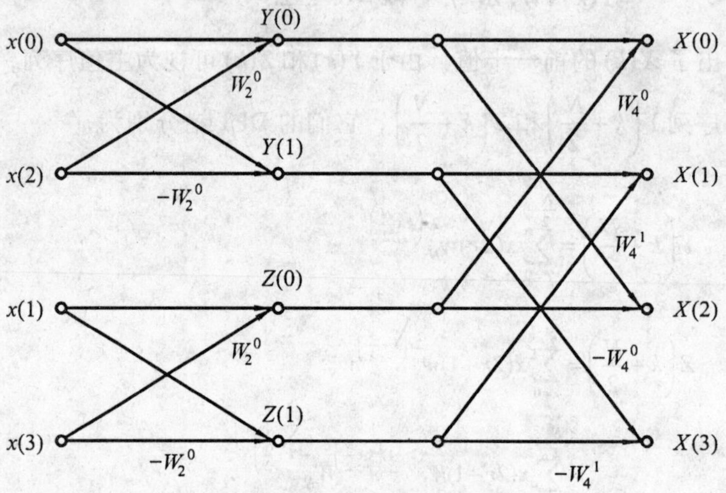

图 5.20 $N=4$ 的蝶形图

2. 时析型 FFT 算法的计算机实现

从上述的分析中不难看出，时析型 FFT 算法的计算过程包括两个主要过程：重新排序和合成计算，现以 $N=4$ 的序列加以说明，如图 5.21 所示。

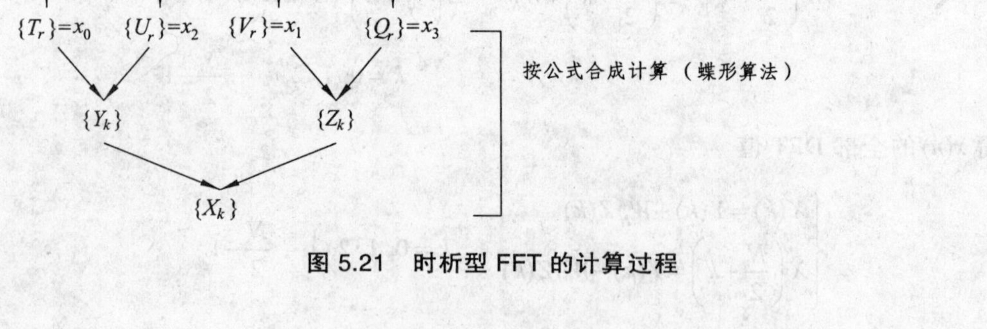

图 5.21 时析型 FFT 的计算过程

1）重新排序

以 $N=16$ 为例，为便于编程，序号从 1 开始，见表 5.1。

表 5.1　重新排序

1	2	3	4	5	6	7	8	9	10	11	12	13	14	15	16
1	3	5	7	9	11	13	15	2	4	6	8	10	12	14	16
1	5	9	13	3	7	11	15	2	6	10	14	4	8	12	16
1	9	5	13	3	11	7	15	2	10	6	14	4	12	8	16

设自然序号为 l，项号为 j，从表 5.1 中可找到如下规律：

(1) $l=1$，$j=1$，有 $j\leqslant\frac{N}{2}=8$，则第二格内容为

$$k=j+\frac{N}{2}=1+8=9$$

(2) $l=2$，$j=9$，有 $\frac{N}{2}<j\leqslant\frac{N}{2}+\frac{N}{4}=12$，则第三格内容为

$$k=j-\frac{N}{2}+\frac{N}{4}=9-8+4=5$$

(3) $l=3$，$j=5$，有 $j\leqslant\frac{N}{2}=8$，则第四格内容为

$$k=j+\frac{N}{2}=5+8=13$$

(4) $l=4$，$j=13$，有 $\frac{N}{2}+\frac{N}{4}<j\leqslant\frac{N}{2}+\frac{N}{4}+\frac{N}{8}=14$，则第五格内容为

$$k=j-\frac{N}{2}-\frac{N}{4}+\frac{N}{8}=13-8-4+2=3$$

对于任意 N，其规律为：

设 j 为某一项序号，k 为尾随该项的序号（小格内数值），有：

当 $j\leqslant\frac{N}{2}$ 时，则

$$k=j+\frac{N}{2}$$

当 $\frac{N}{2}<j\leqslant\frac{N}{2}+\frac{N}{4}$ 时，则

$$k=j-\frac{N}{2}+\frac{N}{4}$$

当 $\frac{N}{2}+\frac{N}{4}<j\leqslant\frac{N}{2}+\frac{N}{4}+\frac{N}{8}$ 时，则

$$k = j - \frac{N}{2} - \frac{N}{4} + \frac{N}{8}$$

$\vdots$

当 $\frac{N}{2}+\frac{N}{4}+\cdots+4+2 < j \leqslant \frac{N}{2}+\frac{N}{4}+\frac{N}{8}+\cdots+4+2+1$，即 $N-2 < j \leqslant N-1$ 时，则

$$k = j - \frac{N}{2} - \frac{N}{4} - \frac{N}{8} - \cdots - 4 - 2 + 1 = j - N + 3$$

排序后序列值的交换问题：

从上述序号重排表可以看出：$x_1, x_7, \cdots$ 的内容不变，$x_2 \to x_9$，$x_3 \to x_5, \cdots$ 的内容互换。

若令 l 为自然序号（$l=1, 2, 3, \cdots$），j 为项序号（$j=1, 9, 5, \cdots$），则有

$$\left.\begin{aligned} &l < j \text{ 时，内容互换} \\ &l \geqslant j \text{ 时，内容不变} \end{aligned}\right\}$$

2）合成计算（见图 5.22）

若 $N = 2^p$（p 为正整数），则蝶形计算共有 p 层，第 m 层的蝶宽为 2^{m-1}，赋值情况为

$$H \leftarrow X_{l+2^{m-1}} W_{2^m}^{l-1}$$
$$X_l \leftarrow X_l + H$$
$$X_{l+2^{m-1}} \leftarrow X_l - H$$

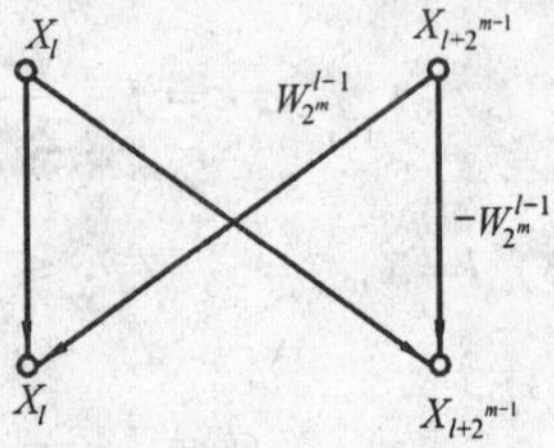

图 5.22　合成计算

3）计算量估计

FFT 的实数乘法和加法次数不超过 $2N\log_2 N$，其中

复数加法：　$2 \cdot \frac{N}{2} \log_2 N = N \log_2 N$

复数乘法：　$\frac{N}{2} \cdot \log_2 N$

与 DFT 直接计算量的乘法比值为 $\frac{\log_2 N}{2N}$，当 $N = 1\,024$ 时，比值约为 1/200。序列越长，计算量减少越显著。

5.5.2　基 2 频析型 FFT

若将基 2 时析型中的序列按奇、偶序号分割法改为前后分，由此导出的 FFT 算法称为基 2 频析法（见图 5.23），1966 年由桑德（G.Sande）提出。基本方法为

图 5.23　频析型蝶形图

$$X(k) = \sum_{n=0}^{N-1} x(n) W_N^{nk} = \sum_{n=0}^{\frac{N}{2}-1} x(n) W_N^{nk} + \sum_{n=\frac{N}{2}}^{N-1} x(n) W_N^{nk}$$
$$= \sum_{n=0}^{\frac{N}{2}-1} x(n) W_N^{nk} + \sum_{n=0}^{\frac{N}{2}-1} x\left(n+\frac{N}{2}\right) W_N^{\left(n+\frac{N}{2}\right)k}$$

$$= \sum_{n=0}^{\frac{N}{2}-1}\left[x(n)+(-1)^k x\left(n+\frac{N}{2}\right)\right]W_N^{nk}, \qquad k=0,\ 1,\ 2,\cdots,\ N-1 \tag{5.73}$$

当 k 分别为奇、偶数时，有

$$X(2r) = \sum_{n=0}^{\frac{N}{2}-1}\left[x(n)+x\left(n+\frac{N}{2}\right)\right]W_N^{2rn}$$

$$= \sum_{n=0}^{\frac{N}{2}-1}\left[x(n)+x\left(n+\frac{N}{2}\right)\right]W_{N/2}^{nr} \tag{5.74}$$

$$X(2r+1) = \sum_{n=0}^{\frac{N}{2}-1}\left[x(n)-x\left(n+\frac{N}{2}\right)\right]W_N^{(2r+1)n}$$

$$= \sum_{n=0}^{\frac{N}{2}-1}\left[x(n)-x\left(n+\frac{N}{2}\right)\right]W_N^{n}W_{N/2}^{nr} \tag{5.75}$$

令

$$\begin{aligned} f(n) &= x(n)+x\left(n+\frac{N}{2}\right) \\ g(n) &= \left[x(n)+x\left(n+\frac{N}{2}\right)\right]W_N^n \end{aligned} \qquad n=0,\ 1,\ 2,\cdots,\ \frac{N}{2}-1$$

代入式（5.74）和式（5.75），得

$$X(2r) = \sum_{n=0}^{\frac{N}{2}-1} f(n)W_{N/2}^{nr} \tag{5.76}$$

$$X(2r+1) = \sum_{n=0}^{\frac{N}{2}-1} g(n)W_{N/2}^{nr} \tag{5.77}$$

频析型蝶形图与时析型不同之处是：先叠加，再乘因子 W。

在输入和输出的次序上，二者亦有不同：

时析型：输入是按奇偶对分的重排序列，输出是自然顺序序列。

频析型：与之相反。

除基 2 时析和基 2 频析算法外，还有基 4 算法。基 4 FFT 的点数要求满足 $n=4^p$，这种算法的速度比基 2 法快，但实现上比较困难，软硬件复杂。此外还有基 8、基 16 等方法，这些方法的计算速度虽有所提高，但已不显著，而复杂程度却显著增加，故一般不采用。基 4 法也只有在进行大容量高速实时处理时才采用。

5.5.3 FFT 子程序的应用

FFT 子程序的主要应用是快速计算离散时间信号的离散傅里叶变换，同时它还能完成下面的许多运算。

1. 快速计算离散傅氏逆变换（IDFT）

比较离散傅里叶变换的正、逆两种计算公式

$$\begin{aligned} &\text{DFT} \quad X(k)=\sum_{n=0}^{N-1}x(n)W_N^{nk} \\ &\text{IDFT} \quad x(k)=\frac{1}{N}\sum_{n=0}^{N-1}X(n)\,W_N^{-nk} \end{aligned} \qquad k=0,1,2,\cdots,N-1 \tag{5.78}$$

从（5.78）式可以看出，两种计算公式是十分类似的，不同之处是：

（1）IDFT 需要除以 N。

（2）IDFT 乘的因子为正次幂（$w_N^{-nk}=e^{j\frac{2\pi}{N}k}$）。

（3）输入数据不同，DFT 为时序，IDFT 为频谱。

针对不同之处，可采用两种方法利用 FFT 子程序来计算 IFFT:

1）方法 1

（1）将输入序列的每个元素均除以 N。

（2）将 W 改为正次幂，即 $w=\cos\dfrac{\pi}{k}+\mathrm{j}\sin\dfrac{\pi}{k}$。

这种方法较常用，一般是在程序中设一变量 S，$S=1$ 为 FFT，$S=-1$ 为 IFFT。

2）方法 2

（1）将输入序列 $X(k)$ 取共轭后再输入到 FFT 子程序（实际是 W 取的正次幂）。

（2）输出序列取共轭，并除以 N。

2. 同时计算两组实序列的 DFT

利用 FFT 子程序可以同时实现两组实序列的 DFT 计算，实际上这就是复序列的 DFT 算法。将两个实序列构成一个复序列

$$z(n)=x(n)+jy(n) \tag{5.79}$$

根据 DFT 定义，有

$$Z(k)=\sum_{n=0}^{N-1}z(n)W_N^{nk}=\sum_{n=0}^{N-1}x(n)W_N^{nk}+\mathrm{j}\sum_{n=0}^{N-1}y(n)\,W_N^{nk}=X(k)+\mathrm{j}Y(k)$$

$$k=0,\ 1,\ 2,\ \cdots,\ N-1 \tag{5.80}$$

上面是复数序列的 DFT，根据下述性质可以求出两实序列 $x(n),y(n)$ 和复序列 $z(n)$ 间的关

系。对于实序列，有

$$\left.\begin{aligned}X(N-k)=X^*(k)\\Y(N-k)=Y^*(k)\end{aligned}\right\}\tag{5.81}$$

代入（5.80）式，得

$$\begin{cases}Z(N-k)=X(N-k)+\mathrm{j}Y(N-k)=X^*(k)+\mathrm{j}Y^*(k)\\Z^*(N-k)=X(k)-\mathrm{j}Y(k)\end{cases}\tag{5.82}$$

解联立方程，得

$$\begin{cases}X(k)=\dfrac{1}{2}\left[Z(k)+Z^*(N-k)\right]\\Y(k)=\dfrac{1}{2\mathrm{j}}\left[Z(k)-Z^*(N-k)\right]\end{cases}\quad k=0,\ 1,\ 2,\ \cdots,\ N-1\tag{5.83}$$

式（5.83）是计算互功率谱的重要公式。互功率谱的 FFT 算法为

$$G_{xy}(k)=2\frac{1}{TN}X^*(k)Y(k)\tag{5.84}$$

3. 用 N 点 FFT 子程序计算 $2N$ 项实序列的 DFT

设 $x(n)$ 为 $2N$ 项实序列，现按奇偶项分成两个子序列

$$\begin{cases}x_1(n)=x(2n)\\x_2(n)=x(2n+1)\end{cases}\quad n=0,\ 1,\ 2,\cdots,\ N-1\tag{5.85}$$

再将 $x_1(n)$ 和 $x_2(n)$ 组成复序列

$$y(n)=x_1(n)+jx_2(n)\qquad n=0,\ 1,\ 2,\ \cdots,\ N-1\tag{5.86}$$

根据前述两实序列的算法，有

$$\begin{cases}X_1(k)=\dfrac{1}{2}\left[Y(k)+Y^*(N-k)\right]\\X_2(k)=\dfrac{1}{2\mathrm{j}}\left[Y(k)-Y^*(N-k)\right]\end{cases}\quad k=0,\ 1,\ 2,\ \cdots,\ N-1\tag{5.87}$$

由于 $x_1(n)$ 和 $x_2(n)$ 是 $x(n)$ 的奇偶对分序列，所以 $x(n)$ 的 DFT 可用前述的蝶形算法合成。

$$\begin{aligned}X(k)=X_1(k)+W_{2N}^kX_2(k)\\X(N+k)=X_1(k)-W_{2N}^kX_2(k)\end{aligned}\tag{5.88}$$

其中 $W_{2N}^k=\mathrm{e}^{-\mathrm{j}\frac{\pi}{N}k}$

上述算法的优点是：

（1）可节省一半的计算机内存。

（2）计算量仅 $2N$ 为点 FFT 的一半。

5.6 离散傅氏变换的应用

5.6.1 DFT 是连续时间信号 FT 谱的逼近

连续时间信号的 FT 谱不便于用计算机进行频谱分析，但离散傅里叶变换 DFT 及其快速算法是很容易通过计算机来实现的，在应用中常用 DFT 谱来逼近 FT 谱，下面对二者之间的关系及误差加以分析。

1.DFT 与连续信号频谱间的关系

根据定义，离散傅氏变换对

$$\begin{cases} X(k)=\mathrm{DFT}\left[x(n)\right]=\sum_{n=0}^{N-1}x(n)W_N^{kn} \\ x(n)=\mathrm{IDFT}\left[X(k)\right]=\dfrac{1}{N}\sum_{n=0}^{N-1}X(n)W_N^{-kn} \end{cases} \quad n,\ k=0,\ 1,\ 2,\ \cdots,\ N-1 \tag{5.89}$$

式（5.89）可以用来逼近连续信号及其 FT 频谱，下面分别加以分析。

1）DFT 对非周期连续信号 $x_a(t)$ FT 谱的逼近

设 $x_a(n)$ 为连续信号 $x_a(t)$ 的理想抽样序列，抽样间隔时间为 T_s，抽样点数为 N，则可以求得非周期连续信号的近似频谱

$$X_a(f)=\int_{-\infty}^{\infty}x_a(t)\,\mathrm{e}^{-\mathrm{j}2\pi ft}\mathrm{d}t \tag{5.90}$$

用 $\mathrm{d}t\to T_s$，　$t\to nT_s$，　$f\to k\Delta f$，得 $k\Delta f$ 处的近似谱

$$\begin{aligned} X_a(k\Delta f)&\approx\sum_{n=0}^{N-1}x_a(nT_s)\mathrm{e}^{-\mathrm{j}2\pi k\Delta fnT_s}T_s=T_s\sum_{n=0}^{N-1}x_a(nT_s)\mathrm{e}^{-\mathrm{j}\frac{2\pi}{N}kn} \\ &=T_s\cdot\mathrm{DFT}\left[x_a(nT_s)\right],\qquad k=0,\ 1,\ 2,\ \cdots,\ N-1 \end{aligned} \tag{5.91}$$

若已知 $X_a(k\Delta f)$，则可由逆傅氏变换导出在点 $t=nT_s$ 上的近似值，即逆变换为

$$x_a(t)=\int_{-\infty}^{\infty}X_a(f)\,\mathrm{e}^{\mathrm{j}2\pi ft}\mathrm{d}f \tag{5.92}$$

用 $\mathrm{d}f\to\Delta f$，$t\to nT_s$，$f\to k\Delta f$，得 nT_s 点上的近似值

$$\begin{aligned} x_a(nT_s)&\approx\sum_{k=0}^{N-1}X_a(k\Delta f)\mathrm{e}^{\mathrm{j}2\pi k\Delta fnT_s}\Delta f=\frac{1}{T_{1\,s}}\sum_{k=0}^{N-1}X_a(k\Delta F)\mathrm{e}^{\mathrm{j}\frac{2\pi}{N}kn} \\ &=\frac{1}{T_s}\cdot\mathrm{IDFT}\left[X_a(k\Delta f)\right],\qquad n=0,\ 1,\ 2,\ \cdots,\ N-1 \end{aligned} \tag{5.93}$$

式（5.91）和式（5.93）是 DFT 对非周期连续信号及 FT 谱的逼近，即有

$$\begin{cases} X_a(k\Delta f) \approx T_s \cdot \text{DFT}\left[x_a(nT_s)\right] \\ x_a(nT_s) \approx \dfrac{1}{T_s} \cdot \text{IDFT}\left[X_a(k\Delta f)\right] \end{cases} \quad k,\ n = 0,\ 1,\ 2,\ \cdots,\ N-1 \tag{5.94}$$

从式（5.94）可知，非周期连续信号的 FT 谱在 $k\Delta f$ 上的值，是它抽样序列的 DFT 谱对应点上的值乘以抽样周期 T_s；而非周期连续信号本身在抽样点 nT_s 上的值，是 IDFT 在相应点的值除以抽样周期 T_s。

2）DFT 对周期连续信号 $x_p(t)$ FT 谱的逼近

设 $x_p(n)$ 为 $x_p(t)$ 在一个周期内的抽样序列，周期为 T_1，N 为抽样点数，则周期连续信号谱为

$$X_p\left(k\Delta f\right) = F_k = \frac{1}{T_1}\int_0^{T_1} x_p(t)\mathrm{e}^{-\mathrm{j}2\pi k f_1 t}\mathrm{d}t \tag{5.95}$$

将式（5.95）离散化，即求 N 个抽样点的积分近似为

$$\begin{aligned} X_p(k\Delta f) &\approx \frac{1}{T_1}\sum_{n=0}^{N-1} x_p(nT_s)\mathrm{e}^{-\mathrm{j}\frac{2\pi}{N}kn} T_s \\ &= \frac{T_s}{T_1}\sum_{n=0}^{N-1} x_p(nT_s)\mathrm{e}^{-\mathrm{j}\frac{2\pi}{N}kn} = \frac{1}{N}\cdot \text{DFT}\left[x_p(nT_s)\right] \\ & \qquad k = 0,\ 1,\ 2,\cdots,\ N-1 \end{aligned} \tag{5.96}$$

若已知 $X_p(k\Delta f)$，则可通过 IDFT 求得 N 个谐波叠加信号近似值，对 $x_p(t)$ 在 $t = nT_s$ 处抽样，有

$$\begin{aligned} x_p(nT_s) &= x_p(t)\Big|_{t=nT_s} = \sum_{k=-\infty}^{\infty} X_p(k\Delta f)\mathrm{e}^{\mathrm{j}2\pi k f_1 n T_s} \\ &\approx \sum_{k=0}^{N-1} X_p(k\Delta f)\mathrm{e}^{\mathrm{j}\frac{2\pi}{N}kn} = N\left[\frac{1}{N}\sum_{k=0}^{N-1} X_p(k\Delta f)\mathrm{e}^{\mathrm{j}\frac{2\pi}{N}kn}\right] \\ &= N\cdot \text{IDFT}\left[X_p(k\Delta f)\right], \qquad n = 0,\ 1,\ 2,\ \cdots,\ N-1 \end{aligned} \tag{5.97}$$

式（5.96）和式（5.97）给出了 DFT 对周期连续信号及谱的逼近，即

$$\begin{cases} X_p(k\Delta f) \approx \dfrac{1}{N} \cdot \text{DFT}\left[x_p(nT_s)\right] \\ x_p(nT_s) \approx N \cdot \text{IDFT}\left[X_p(k\Delta f)\right] \end{cases} \quad k,\ n = 0,\ 1,\ 2,\ \cdots,\ N-1 \tag{5.98}$$

从式（5.98）可知，周期连续信号的 FS 谱的值，是它抽样序列的 DFT 谱对应点上的值除以抽样序列的长度 N；而周期连续信号本身在抽样点 nT_s 上的值，是 IDFT 在相应点的值乘以抽样长度 N。

2. 用 DFT 逼近时的误差

以上分析说明，若对连续信号进行抽样，对其抽样序列作 DFT，则可以近似地计算非周期连续信号及其 FT 谱，也可近似计算周期连续信号及其 FS 谱，但存在误差，主要反映在以下三个方面。

1）栅栏效应

由于非周期连续信号的 FT 谱是连续谱，而它抽样序列的 DFT 谱是一离散谱。所谓栅栏效应就是在用 DFT 的离散谱去逼近非周期连续信号的 FT 连续谱时，两相邻谱线间的成分被丢失了，就像隔着栅栏看景物一样，只能看到离散频率点上的值，故称栅栏效应。这种谱线丢失带来了误差，DFT 谱线越稀疏，误差越大，这涉及到频率分辨率的高低，减少误差的办法是采用细化技术，使需要了解的频率区间的 DFT 谱线密一些，即分辨率高一些。

2）混叠效应

在第 1 章已讨论过，对连续信号进行抽样离散时，必须满足抽样定理，如果抽样频率 $f_s=1/T_s$ 不够高时，即不满足抽样定理时，抽样序列的 FT 谱将产生高低频混叠，造成频谱失真，这也影响了序列的 DFT 谱，所以在对连续信号离散时，必须按抽样定理抽样，即

$$f_s \geqslant 2f_m$$

3）谱泄露

所谓谱泄漏就是在谱线的左右两边出现了多余的谱线，就像原谱线向两端泄漏了一样，产生这一现象的原因是对无限长的连续信号进行有限长截断所造成的，下面进一步加以分析。

（1）有限截断产生的误差。

由于 DFT 只能作有限点的运算，必须将无限长的模拟信号作有限长截断再抽样，取其中一段离散信号来分析，这相当于让连续信号通过一个幅值为 1，宽度为 T_1 的矩形时窗函数 w_t，如图 5.24 所示。

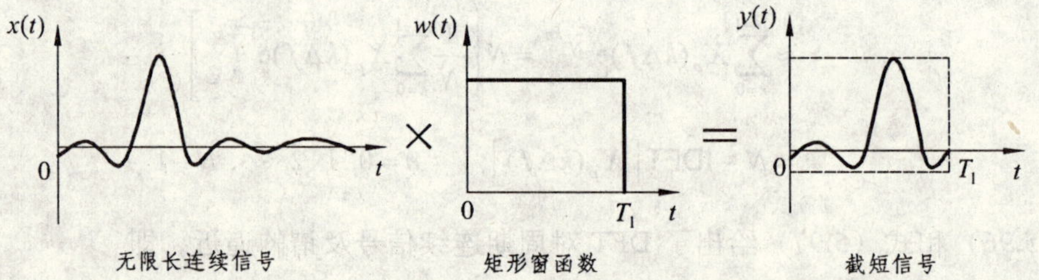

图 5.24 信号的截断

被截断后的连续信号为

$$x_1(t)=x(t)w(t) \tag{5.99}$$

式中，$w(t)$ 为矩形时窗函数，其表达式为

$$w(t)=\begin{cases}1, & 0\leqslant t\leqslant T_1\\ 0, & \text{其他}\end{cases}$$

由频域卷积定理知，两时间连续信号在时域内相乘，其乘积信号的 FT 频谱为两信号 FT 频谱在频域的卷积并乘以 $\frac{1}{2\pi}$，则被截断后的信号频谱为

$$X_1(\omega)=\frac{1}{2\pi}X(\omega)*W(\omega)=\frac{1}{2\pi}\int_{-\infty}^{\infty}X(v)\,W(\omega-v)\,\mathrm{d}v \tag{5.100}$$

显然，截断信号的 FT 谱 $X_1(\omega)$ 和原信号的 FT 谱 $X(\omega)$ 是不完全一样的，$X_1(\omega)$ 是原信号的 FT 谱与时窗信号 FT 谱的卷积，存在一定的误差，显然这种误差是由于有限截断所造成的，如图 5.25 所示。

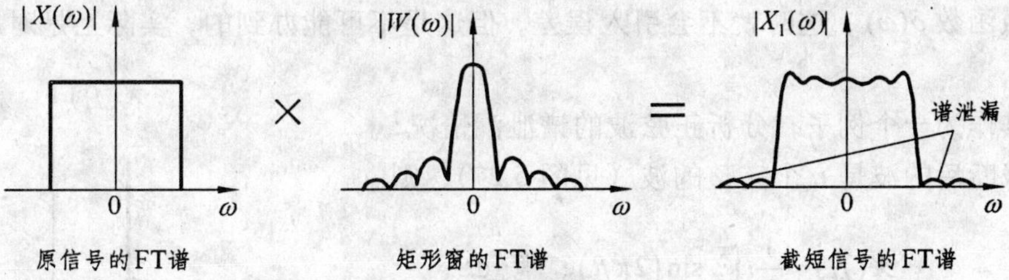

图 5.25　谱泄漏

若对截断后的有限长连续信号 $x_1(t)$ 进行抽样，设抽样序列为 $x_1(n)$，根据有限长序列的 DFT 谱与 FT 谱的关系：其抽样序列 $x_1(n)$ 的 DFT 谱为其 FT 谱的抽样值乘以抽样周期，同样也受到上述截断误差的影响，这种误差反映在在原信号谱的区间外面产生了多余的谱分量，就像原来谱产生了泄漏一样。

（2）矩形窗引入的误差。

从上面谱泄漏的原因来看，显然与时窗函数的形状有关，先分析矩形窗的影响情况。设矩形窗的宽度为 τ，幅值为 1，其频谱为

$$W(\omega)=\int w(t)\,\mathrm{e}^{-\mathrm{j}\omega t}\mathrm{d}t=\int_{-\tau/2}^{\tau/2}1\cdot\mathrm{e}^{-\mathrm{j}\omega t}\mathrm{d}t=\tau\frac{\sin\left[\omega\tau/2\right]}{\omega\tau/2} \tag{5.101}$$

$W(\omega)$ 为一抽样函数，其中 $|\omega|<2\pi/\tau$ 的区域，全为正值，称为主瓣；$|\omega|>2\pi/\tau$ 的区域，正负相间，称为旁瓣，如图 5.26 所示。

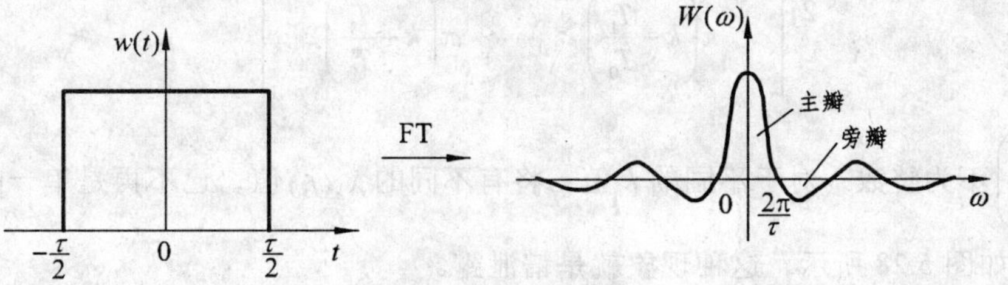

图 5.26　矩形窗及其谱

由于截断信号的 FT 频谱是原信号 FT 谱与 $W(\omega)$ 的频域卷积，其主瓣与旁瓣对频谱的影响是不一样的，主瓣的宽度影响频谱上升和下降处的陡度，主瓣越窄，升降处越陡；旁瓣影响谱顶部波纹的强弱和底部的过冲大小，旁瓣宽则顶部波动和底部过冲大。因此改变窗谱的

形状是可以减少谱泄漏的，但不能消除。

减小窗函数影响的方法：

① 使主瓣尽可能变窄。

② 使最大旁瓣的面积与主瓣面积的比值尽可能小，即使能量集中在主瓣。

③ 使旁瓣高度随 ω 的增加迅速衰减。

上面的措施是相矛盾的，也应是说，如使截短信号谱的顶部和底部波动减少，则谱边缘的陡度将变得平缓，出现较宽的过渡带；反之，如果使边缘变陡，则顶、底部波动大。所以，减少谱泄漏是相对的，是部分的改善。理想情况是：主瓣宽度 $\to 0$，旁瓣消失，即使 $W(\omega)$ 成为单位冲激函数 $\delta(\omega)$，这时就不会引入误差，但这是不可能办到的，实际上是对原信号不作有限截断。

现将其作为一个例子，分析正弦波的谱泄漏情况：

（1）截断后的波是 n 个完整的波（见图 5.27），则

$$X(f_k)=\frac{1}{T_1}\int_{-\frac{T_1}{2}}^{\frac{T_1}{2}}\sin(2\pi ft)\mathrm{e}^{-\mathrm{j}2\pi k ft}\mathrm{d}t$$

$$=\frac{1}{T_1}\int_{-\frac{n}{2f}}^{\frac{n}{2f}}\frac{1}{2j}\left(\mathrm{e}^{\mathrm{j}2\pi ft}-\mathrm{e}^{-\mathrm{j}2\pi ft}\right)\mathrm{e}^{-\mathrm{j}2\pi kft}\mathrm{d}t$$

$$=\frac{1}{2\mathrm{j}}\left[\frac{\sin[\pi f(k-n)]}{\pi(k-n)}-\frac{\sin[\pi f(k+n)]}{\pi(k+n)}\right]$$

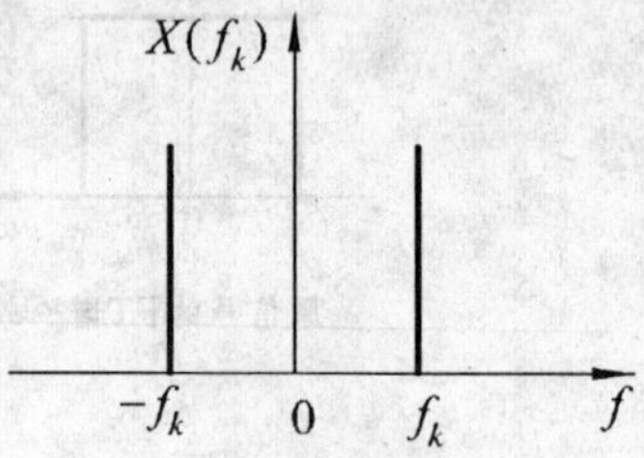

图 5.27 完整波的谱

分析上式结果，有

$$X(f_k)=\begin{cases}1/2\mathrm{j}, & k=n\\ -1/2\mathrm{j}, & k=-n\\ 0, & k\neq n\end{cases}$$

（2）截断后的波是非完整的波，此时 n 不为整数，即 $T\neq nT_0$，则上式为

$$X(f_k)=\frac{1}{2\mathrm{j}}\left[\frac{\sin\left[\pi f\left(k-\frac{T_1}{T_0}\right)\right]}{\pi\left(k-\frac{T_1}{T_0}\right)}-\frac{\sin\left[\pi f\left(k+\frac{T_1}{T_0}\right)\right]}{\pi\left(k+\frac{T_1}{T_0}\right)}\right]$$

由于 $\left(k-\frac{T_1}{T_0}\right)$ 不为整数，对于不同的 k 值，将有不同的 $X_k(f_k)$ 值，已不再是单一的谱线了，而有所增加，如图 5.28 所示，这种现象就是谱泄露。

上面例子说明，对于正、余弦信号，若作整周截断，可以克服谱泄漏现象，但一般的实际信号往往含有很多个频率不同、相位不同的正、余波，不可能都同时做到整周截断，所以对于一般复杂的周期信号，谱泄漏是无法避免的。

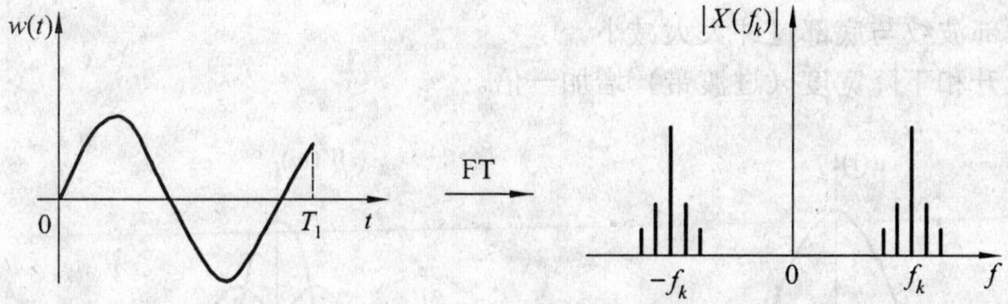

图 5.28　正弦波非完整截断时的频谱

5.6.2　加窗的作用和常用窗函数

谱泄露现象是难以避免的，减少泄露的途径是选用较好的窗函数。窗函数的种类很多，在 DFT 计算中较常用的窗函数是海宁窗、汉明窗、三角形窗和钟形窗等。

1. 海宁窗（Hanning）

海宁窗的窗函数为

$$w(t)=\begin{cases}\dfrac{1}{2}\left(1-\cos\dfrac{2\pi t}{\tau}\right), & |t|\leqslant\dfrac{\tau}{2}\\ 0, & |t|>\dfrac{\tau}{2}\end{cases}\tag{5.102}$$

数据窗（序列）为

$$w(n)=\begin{cases}\dfrac{1}{2}\left(1-\cos\dfrac{2\pi n}{N-1}\right), & 0\leqslant n\leqslant N-1\\ 0, & n<0,\ n\geqslant N\end{cases}\tag{5.103}$$

其频谱为

$$\begin{aligned}W(\omega)&=\frac{\tau}{2}\frac{\sin\left(\dfrac{\omega\tau}{2}\right)}{\dfrac{\omega\tau}{2}}+\frac{\tau}{4}\frac{\sin\left[\left(\omega+\dfrac{\omega\tau}{2}\right)\dfrac{\tau}{2}\right]}{\left(\omega+\dfrac{\omega\tau}{2}\right)\dfrac{\tau}{2}}+\frac{\tau}{4}\frac{\sin\left[\left(\omega-\dfrac{\omega\tau}{2}\right)\dfrac{\tau}{2}\right]}{\left(\omega-\dfrac{\omega\tau}{2}\right)\dfrac{\tau}{2}}\\&=\frac{1}{2}W_R(\omega)+\frac{1}{4}W_R\left(\omega+\mathrm{j}\frac{2\pi}{\tau}\right)+\frac{1}{4}W_R\left(\omega-\mathrm{j}\frac{2\pi}{\tau}\right)\end{aligned}\tag{5.104}$$

式中，$W_R(\omega)$代表矩形窗的频谱。从（5.104）式可以看出海宁窗频谱相当于三个矩形窗频谱叠加而成，这三个矩形窗的频谱间距为$2\pi/\tau$。

海宁窗频谱的特点（见图 5.29）：

（1）旁瓣高度大为减小，为-0.0242τ（矩形窗为-0.212τ）。

（2）主瓣宽度为$8\pi/\tau$，比矩形窗增加一倍。

根据海宁窗频谱的特点，用海宁窗截取信号时，得到的频谱与用矩形窗时相比，有：

（1）顶部波纹与底部过冲大大减小。

（2）上升和下降宽度（过渡带）增加一倍。

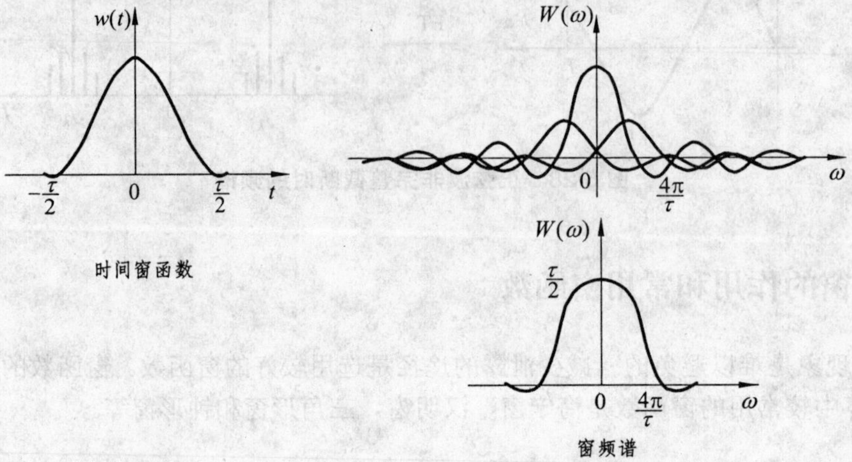

图 5.29　海宁窗及其谱

2. 汉明窗（Harmming）

汉明窗的窗函数和谱分别为式（5.105）、式（5.106）和图 5.30 所示。

$$w(t)=\begin{cases}0.54+0.46\cos\left(\dfrac{2\pi t}{T}\right), & -\dfrac{T}{2}\leqslant t\leqslant\dfrac{T}{2}\\ 0, & t<-\dfrac{T}{2},\ t>\dfrac{T}{2}\end{cases} \tag{5.105a}$$

$$w(n)=\begin{cases}0.54+0.46\cos\left(\dfrac{2\pi n}{N-1}\right), & 0\leqslant n\leqslant N-1\\ 0, & n<0,\ n\geqslant N\end{cases} \tag{5.105b}$$

$$W(f)=\frac{\sin(\pi fT)}{\pi f}\cdot\frac{0.54-0.08(fT)^2}{1-(fT)^2} \tag{5.106}$$

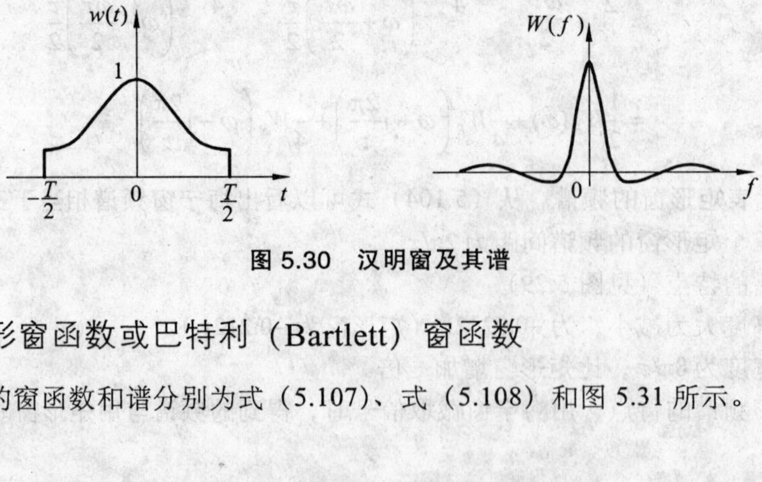

图 5.30　汉明窗及其谱

3. 三角形窗函数或巴特利（Bartlett）窗函数

三角形窗的窗函数和谱分别为式（5.107）、式（5.108）和图 5.31 所示。

$$w(t)=\begin{cases}1-\dfrac{2|t|}{T}, & -\dfrac{T}{2}\leqslant t\leqslant\dfrac{T}{2}\\ 0, & t<-\dfrac{T}{2},\ t>\dfrac{T}{2}\end{cases} \tag{5.107a}$$

$$w(n)=\begin{cases}\dfrac{2n}{N-1}, & 0\leqslant n\leqslant\dfrac{N-1}{2}\\ 2-\dfrac{2n}{N-1}, & \dfrac{N-1}{2}\leqslant n\leqslant N-1\\ 0, & n<0,\ n\geqslant N\end{cases} \tag{5.107b}$$

$$W(f)=\frac{T}{2}\cdot\frac{\sin^2\left(\dfrac{\pi fT}{2}\right)}{\left(\dfrac{\pi fT}{2}\right)^2} \tag{5.108}$$

图 5.31　三角形窗及其谱

4. 钟形窗

钟形窗的窗函数和谱分别为式（5.109）、式（5.110）和图 5.32 所示。

$$w(t)=\begin{cases}\mathrm{e}^{-\alpha\left(\frac{t}{T}\right)^2}, & -\dfrac{T}{2}\leqslant t\leqslant\dfrac{T}{2}\\ 0, & t<-\dfrac{T}{2},\ t>\dfrac{T}{2}\end{cases} \tag{5.109a}$$

$$w(n)=\begin{cases}\mathrm{e}^{-\alpha\left(\frac{n}{N-1}-\frac{1}{2}\right)^2}, & 0\leqslant n\leqslant\dfrac{N-1}{2}\\ \mathrm{e}^{-\alpha\left(\frac{n}{N-1}-\frac{1}{2}\right)^2}, & \dfrac{N-1}{2}\leqslant n\leqslant N-1\\ 0, & n<0,\ n\geqslant N\end{cases} \tag{5.109b}$$

$$W(f)=\frac{T\sqrt{\pi}}{\sqrt{\alpha}}\mathrm{e}^{-\alpha^{(\pi Tf)^2}} \tag{5.110}$$

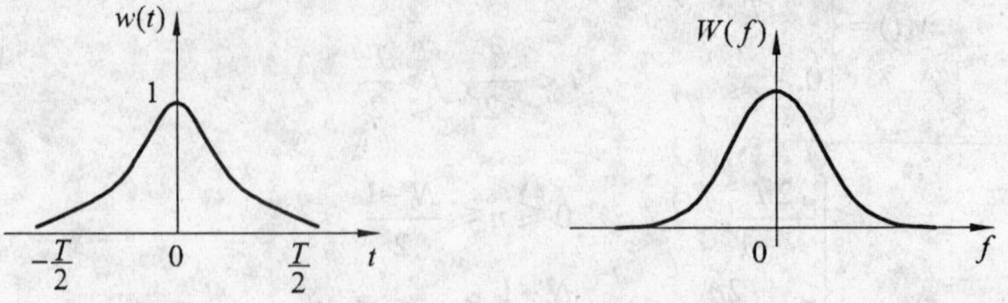

图 5.32 钟形窗及其谱

5. 加窗后的修正

除矩形窗外，为了减少旁瓣，窗函数在区间$\left[0, T_1\right]$内不再是直线，这样对原始数据进行了不等加权处理，结果使计算所得到的频谱值有所减少，因此需对最后结果进行修正。不同的窗函数，其修正值是不一样的。此外，对于不同的被分析量（如幅度谱和功率谱），修正系数也不一样，如图 5.33 所示。

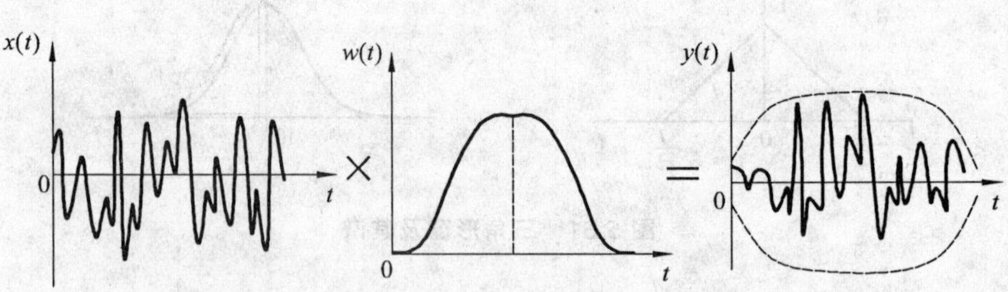

图 5.33 信号加窗后的幅度变化

5.6.3 频谱细化技术

连续信号 $x_0(t)$ 在 $[0, T_1]$ 内以抽样周期 T_s 作 N 点抽样后，频谱被周期延拓，延拓周期为抽样频率 $f_s = \dfrac{1}{T_s}$，如图 5.34 所示。

DFT 以后的分辨率为 $\Delta f = 1/T_1$，两相邻谱线间 f_i 和 f_{i+1} 的 Δf 区域内的谱线不能观察到，产生栅栏效应。改善的办法是提高分辨率，即进行细化，使两谱线间的间隔 Δf 减少。由于

$$\Delta f = \frac{1}{T_1} = \frac{1}{NT_S} \tag{5.111}$$

式中，T_1 为总抽样时间；N 为数据总个数；T_s 为抽样周期。所以，频谱细化途径有两条：一是增加数据总个数 N；二是加大抽样周期 T_s。下面分别讨论这两种方法。

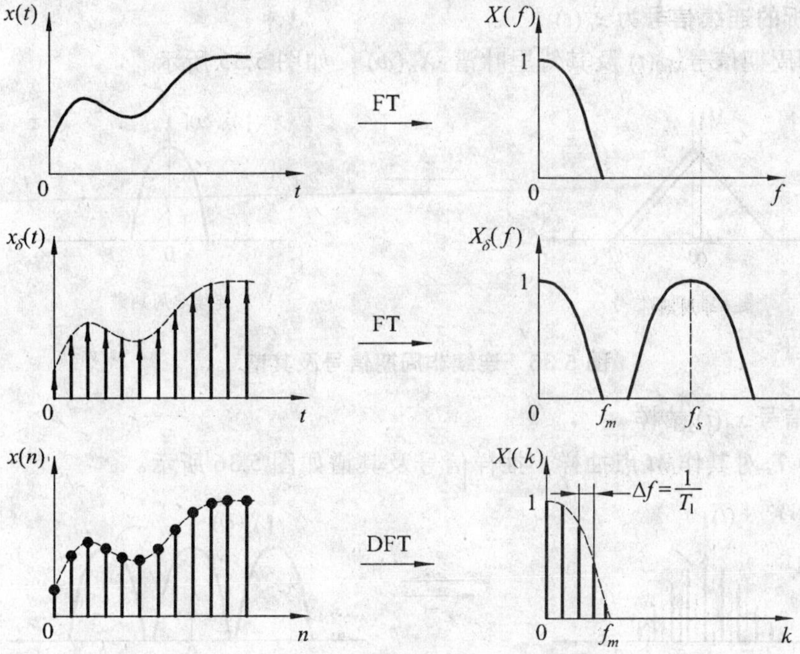

图 5.34　不同信号的频谱

1. 补零法（增加抽样点数 N）

由抽样定理知，最高分析频率（分析范围）取决于抽样频率 f_s，而最低分析频率（分辨率）则取决于抽样长度（点数 N）。

设序列 $x(n)$ 有 N 个点，现用补零法增加到 L 点（$L>N$），则增长序列为

$$x_1(n)=\begin{cases}x(n), & 0\leqslant n\leqslant N-1\\ 0, & N\leqslant n\leqslant L-1\end{cases} \tag{5.112}$$

其 DFT 为

$$X_1(k)=\sum_{n=0}^{L-1}x_1(n)\mathrm{e}^{-\mathrm{j}\frac{2\pi}{L}kn}=\sum_{n=0}^{N-1}x(n)\mathrm{e}^{-\mathrm{j}\frac{2\pi}{L}kn},\qquad 0\leqslant k\leqslant L-1 \tag{5.113}$$

根据有限长的 DFT 与其 z 变换的关系：$X(k)$ 是 $X(z)$ 在单位圆上等距离的抽样值，其频域抽样间隔为

$$\Omega'=\frac{2\pi}{L}<\Omega=\frac{2\pi}{N},\qquad L>N \tag{5.114}$$

由于 $L>N$，故抽样间隔比原来小，即分辨率有所提高。

2. ZFFT 法（Zoom FFT 算法）

补零法虽然简单，但由于序列长度的增加，计算量和存储量也增加了，这是该方法的最大缺点，而且在大多数情况下，往往只需提高某一区段的频谱分辨率，此时补零法还存在浪费时间的现象。ZFFT 法是在不增加总抽样点数的情况下，既能保持较宽的频率分析范围，又能有效地提高频率分辨率的一种方法。基本原则如下：

1）设被分析的连续信号为 $x_0(t)$

设一连续非周期信号 $x_0(t)$ 及其傅里叶谱 $X_0(\omega)$，如图 5.35 所示。

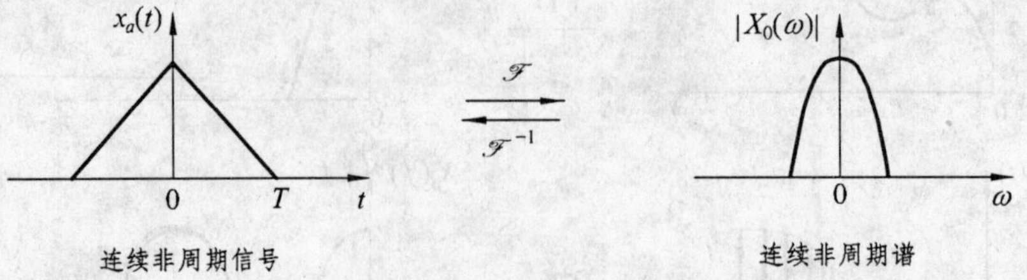

图 5.35　连续非周期信号及其谱

2）对连续信号 $x_0(t)$ 抽样

现以周期为 T_s 对其作 M 点抽样，抽样信号及其谱如图 5.36 所示。

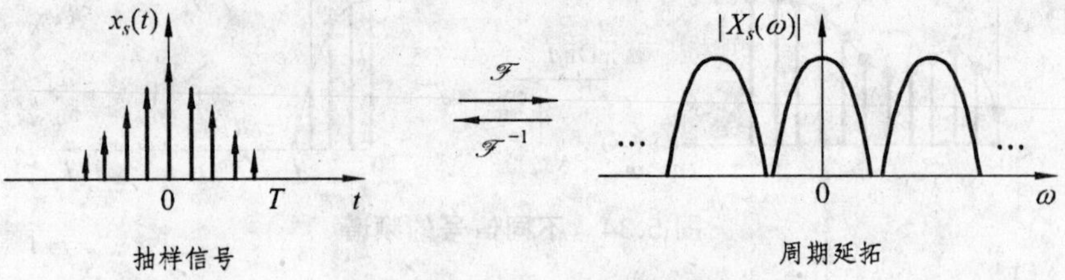

图 5.36　抽样信号及其谱

对 $x_0(t)$ 的傅里叶谱 $X_0(\omega)$ 进行 DFT 逼近，即对周期谱进行离散并取主值区间，得 DFT 谱（数字谱）。如图 5.37 所示，设谱线数目为 M，谱线间隔（分辨率）为 Δf 。

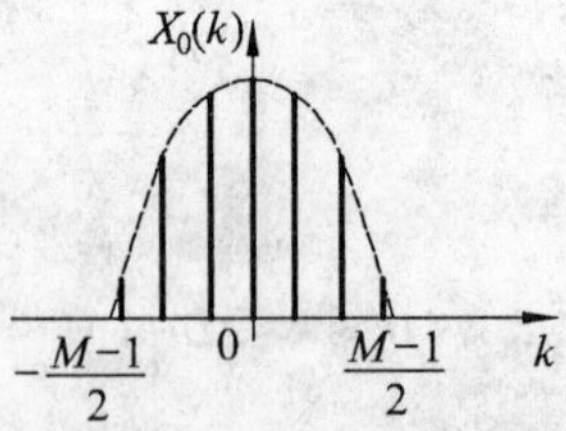

图 5.37　抽样信号的 DFT 谱

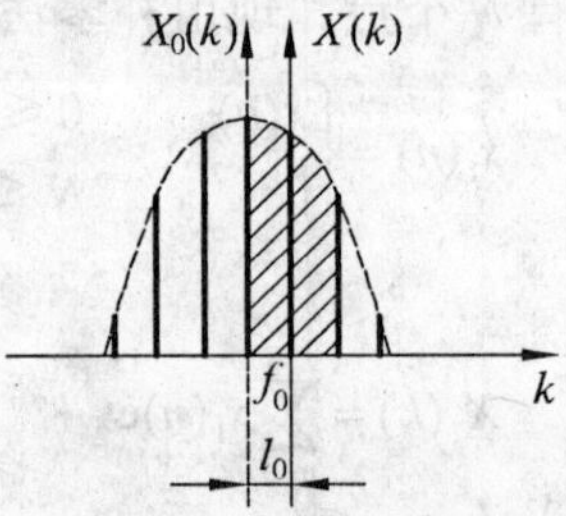

图 5.38　细化区间

3）细化中心频率为 f_0、带宽为 B 的频谱区间

现要求以 D 倍的分辨率对所需带宽 B 进行细化（见图 5.38），即细化后的分辨率为

$$\Delta f' = \frac{\Delta f}{D}, \qquad D > 1$$

细化区中心频率 f_0 距原点的距离为 l_0，带宽 $B = 2l_0$。

采用 DFT 的频移定理，使坐标原点移至 f_0 处，得 $X(k)$ 坐标。根据频移特性：若时间序列乘以复指数序列 $e^{-j\frac{2\pi}{N}l_0 n}$，则在频域上，$X_0(k)$ 将圆移 l_0 位——复调制（正交调制），即

$$x(n) = x_0(n)e^{-j\frac{2\pi}{N}l_0 n} = x_0(n)\cos\left(2\pi n\frac{l_0}{N}\right) - jx_0(n)\sin\left(2\pi n\frac{l_0}{N}\right) \tag{5.115}$$

则
$$X(k)=\sum_{n=0}^{N-1}x(n)W_N^{kn}=\sum_{n=0}^{N-1}x_0(n)W_N^{kn}W_N^{l_0 n}$$
$$=\sum_{n=0}^{N-1}x_0(n)W_N^{n(k+l_0)}=X_0(k+l_0) \tag{5.116}$$

频谱左移了 l_0 位。

4）作数字低通滤波（频域）

将坐标原点移至 f_0 处后，对其进行低通滤波，滤掉了 $B/2$ 以上的频率成分，得到所需细化的频段，如图 5.39 所示。

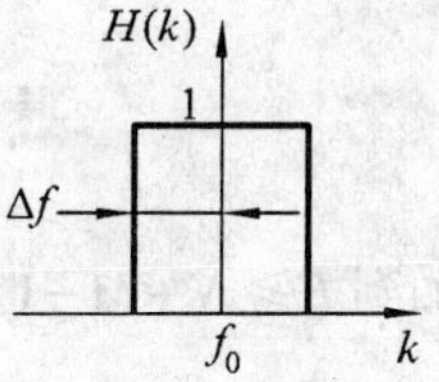

图 5.39　低通滤波

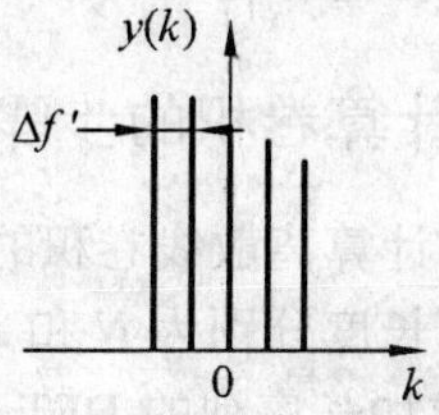

图 5.40　滤波信号细化

5）细　化

根据细化要求：分辨率提高 D 倍，则有两种方法。

（1）保持原抽样点数 M 不变，增加抽样周期（间隔时间），如图 5.40 所示，即

$$\Delta f'=\frac{1}{M(DT_s)}=\frac{1}{MT_s'},\qquad D>1 \tag{5.117}$$

由于细化区的高频成分已被滤掉，抽样频率可以降低，如果事先多抽取一些数据，这一方法可通过每间隔 D 个数据重抽来实现，这是最常用的方法。

（2）保持原抽样频率 f_s 不变，增加抽样点数，即增加抽样总时间，有

$$\Delta f'=\frac{\Delta f}{D}=\frac{f_s}{DM}=\frac{f_s}{N},\qquad D>1 \tag{5.118}$$

需要注意的是：细化后的分辨率得以提高，但分析范围变窄了，带宽仅为 B。此外，由于谱线增多，频谱幅度要小 D 倍。

6）具体方法

具体方法分下面几个步骤：

（1）对 D 倍 M 长的数据作正交调制，即将频谱左移 l_0 位。

（2）低通滤波，去掉高频成分。

（3）每隔 D 个数选抽一个数。

（4）进行 FFT 运算，求得 DFT 谱。

5.6.4 利用 FFT 计算卷积

根据前述离散线卷积的定义

$$y(n)=x(n)*h(n) \tag{5.119}$$

这是工程实际需要解决的卷积问题，但其计算量很大。而圆卷积为

$$y(n)=x(n)\otimes h(n) \tag{5.120}$$

是人为构造的一种计算方法，由于卷积的两个序列的长度相等，便于采用 FFT 算法，故计算速度快。若将线卷积的两个序列用增补零的方法将长度取为一致，此时两序列的离散线卷积和圆周卷积结果是相等的，这样就则可以通过圆卷积来快速计算线卷积。

1. 利用 FFT 计算卷积的步骤

利用圆卷积快速计算离散线卷积的步骤如下：

(1) 设两序列原长度分别为 N 和 M，将长度增加到 $L \geqslant N+M-1$（L 为 2 的整数次幂）。

(2) 用 FFT 法求加长序列的 DFT 频谱。

(3) 计算两序列 DFT 频谱的乘积。

(4) 用 IFFT 求 DFT 频谱乘积的逆变换，便得两序列的离散线卷积。

上述用 FFT 求卷积的方法，在点数较小的情况下，不具有优越性；但点数较多时，具优越性是十分明显的。例如：若 $N=1\,025$，$M=1\,024$ 时，则计算次数仅为原次数的 27%。

此外，由于在实际问题中常存在一个序列很长，而另一个序列短许多，此时若任采用上述方法，效果就很差，不仅是计算量大，而且由于输入数据太长，延迟长，无法实现实时处理。此时，可采用分段卷积。

2. 分段快速卷积

设 $x(n)$ 为无限长序列，$h(n)$ 是长度为 M 的有限长序列，如图 5.41 所示，则这两序列的离散线卷积可以写成如下形式，即

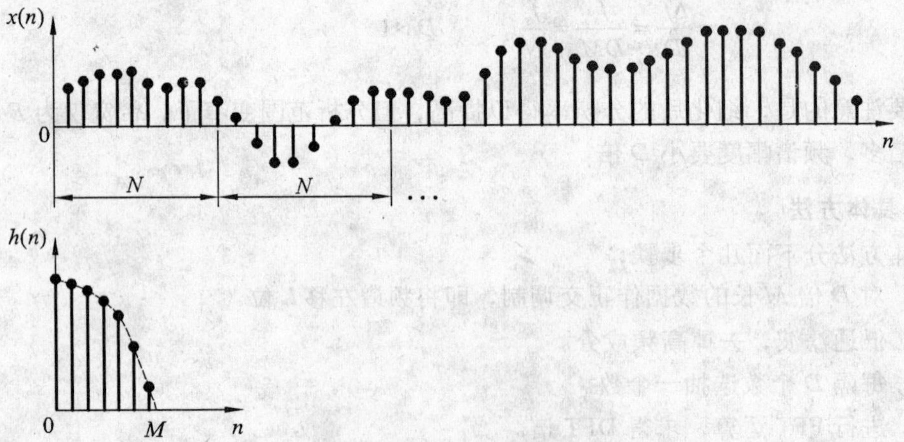

图 5.41 分段快速卷积

$$
\begin{aligned}
y(n) &= x(n) * h(n) = \sum_{m=0}^{\infty} x(m)h(n-m) \\
&= \sum_{m=0}^{N-1} x(m)h(n-m) + \sum_{m=N}^{2N-1} x(m)h(n-m) + \cdots + \sum_{m=kN}^{(k+1)N-1} x(m)h(n-m) + \cdots
\end{aligned}
\tag{5.121}
$$

上述 $x(n)$ 的每个子段长度为 N。

为实现快速计算，应将上述各段的离散线卷积化为圆卷积来计算。为使两卷积结果相等，其圆卷积的长度应通过补零加长为 $L = N + M - 1$，即序列 $h(n)$ 增补 $N-1$ 个零，每个子段 $x_k(n)$ 增补 $M-1$ 个零。

根据各子段 $x_k(n)$ 增补零的部位不一样又分两种算法。

1）重叠相加法

该方法是在各子段 $x_k(n)$ 的尾部增加 $M-1$ 个零。由于用圆卷积来计算各子段的线卷积，各子段的长度由原来的 N 增加为 $L = N + M - 1$，这就造成了重叠现象，即前一子段的尾部与后一子段的首部有 $M-1$ 个项是重叠的，对重叠部分的卷积须作相加计算，故称重叠相加法。即

$$
\begin{aligned}
&y_0(n) = x_0(n) \otimes h(n), \qquad n = 0, 1, \cdots, N+M-2 \\
&y_1(n) = x_1(n) \otimes h(n), \qquad n = 0, 1, \cdots, N+M-2 \\
&\vdots
\end{aligned}
$$

重叠部分的项相加

$$
\begin{aligned}
&y_0(n+N-1) + y_1(n), \qquad n = 0, 1, \cdots, M-1 \\
&\vdots
\end{aligned}
$$

最后得各子段的线卷积为

$$
\begin{aligned}
&y_0(n) = y_0(n), \qquad n = 0, 1, \cdots, N-1 \\
&y_1(n) = \begin{cases} y_0(n+N-1) + y_1(n), & 0 \leqslant n \leqslant M-2 \\ y_1(n), & M-1 \leqslant n \leqslant N-1 \end{cases} \\
&y_2(n) = \begin{cases} y_1(n+N-1) + y_2(n), & 0 \leqslant n \leqslant M-2 \\ y_2(n), & M-1 \leqslant n \leqslant N-1 \end{cases} \\
&\vdots
\end{aligned}
\tag{5.122}
$$

最后，将各段首尾相连即为所求的线卷积。

2）重叠舍去法

该方法是在各子段的首部增加项数，其中第一子段前部增补 $M-1$ 个零，而以后的各子段，其前部不是增补零，而是重复利用前一段的后 $M-1$ 个项。

此时，由于各子段的前 $M-1$ 个项重复采用了前一子段的后 $M-1$ 个项，卷积结果会产生局部失真，因此，需将这前 $M-1$ 个项舍去，故称重叠舍去法。有时亦称重叠保留法，此时应理解为：将第 K 个子段的后 $M-1$ 个项保留下来作为第 $K+1$ 个子段的前 $M-1$ 个项，而第 $K+1$ 个子段本身的前 $M-1$ 个项应舍去。重叠保留法的计算式如下：

$$\begin{aligned} &y_0(n)=y_0(n+M-1), \qquad n=0,\ 1,\ \cdots,\ N-1 \\ &y_1(n)=y_1(n+M-1), \qquad n=0,\ 1,\ \cdots,\ N-1 \\ &y_2(n)=y_2(n+M-1), \qquad n=0,\ 1,\ \cdots,\ N-1 \\ &\vdots \end{aligned} \tag{5.123}$$

最后，各段首尾相接即为所求线卷积。

习　题

5.1　试求下列长度为 N 的有限长序列 $x(n)$ 的 DFT。

（1）$x(n)=\delta(n)$

（2）$x(n)=\delta(n-n_0)$，$0<n_0<N$

（3）$x(n)=a^n$，$0\leqslant n\leqslant N-1$

（4）$x(n)=\mathrm{e}^{\mathrm{j}\Omega_0 n}$，$\Omega_0=\dfrac{2\pi}{N}$，$0\leqslant n\leqslant N-1$

（5）$x(n)=\sin\Omega_0 n$，$\Omega_0=\dfrac{2\pi}{N}$，$0\leqslant n\leqslant N-1$

（6）$x(n)=\cos\Omega_0 n$，$\Omega_0=\dfrac{2\pi}{N}$，$0\leqslant n\leqslant N-1$

5.2　利用矩阵表达式，求下列序列的 DFT；然后再由所求得的 $X(k)$ 利用 IDFT 反求序列 $x(n)$，验证结果的下解性，并画出 $x(n)$ 和 $X(k)$ 的图形。

（1）矩形序列 $R_3(n)$。

（2）$x(n)=\{1,\ 2,\ -1,\ 3\}$。

（3）余弦序列 $\cos\Omega_0 n=\cos\dfrac{\pi}{2}n$，取 $N=4$。

5.3　已知周期序列

$$x_p(n)=\begin{cases}10 & 2\leqslant n\leqslant 6\\ 0 & n=0,\ 1,\ 7,\ 8,\ 9\end{cases}$$

其周期 $N=10$，试求 $X_p(k)=\mathrm{DFT}[x_p(n)]$，并画出 $X_p(k)$ 的幅度与相位特性。

5.4　已知序列

$$x(n)=\begin{cases}a^n, & 0\leqslant n\leqslant 9\\ 0\ , & \text{其余}n\end{cases}$$

分别求其 10 点和 20 点的 DFT。

5.5　求下列各有限长序列 $x(n)$ 的 DFT，并求 IDFT 进行验证。假设 $x(n)$ 用向量表示为

（1）$x(n)=\left[1,\ 2,\ -1,\ 3\right]$；

（2）$x(n)=\left[2,\ 1,\ 0,\ 1\right]$。

5.6　设有两个序列 $x(n)=\{1,\ 2,\ 3,\ 4,\ ,5\}$ 和 $y(n)=\{1,\ 1,\ 1,\ 1\}$，试求：

（1）它们的圆周卷积及线卷积。

（2）画出圆周卷积与线卷积图形并比较。

（3）怎样用圆周卷积来求线卷积。

5.7　有限长序列 $x(n)=\left\{\frac{1}{2}, 1, 1, \frac{1}{2}\right\}$，试求：

（1）$x(n)*x(n)$。

（2）$x(n)\otimes x(n)$，圆周卷积长度 $N=4$。

（3）$x(n)\otimes x(n)$，圆周卷积长度 $N=10$。

5.8　若计算机平均每做一次复数乘法需 10 μs，每做一次复数加法需 2 μs，现分别用 DFT 的直接算法和 FFT 快速算法计算 $N=4\ 096$ 点序列的 DFT，分别需用多少时间?

5.9　画出 $N=16$ 的 FFT 算法的蝶形图。

5.10　用 C 语言编写频析型 FFT 算法的计算程序。

5.11　若某信号的最高频率为 100 Hz，时间记录长度为 10 s，信号经采样后使用 FFT 作谱分析，试问抽样点数应取多少?

5.12　设有两列序列，长度分别为 $N=64$ 和 $L=48$，试比较用直接算法和快速算法求线卷积时的运算量。

5.13　将一个长度为 $N=8\ 192$ 的复序列 $x(n)$ 与一个长度为 $L=512$ 的复序列 $h(n)$ 进行卷积。

（1）求直接进行卷积所需复数乘法次数。

（2）若用 1 024 点基 2 按时间抽取 FFT 重叠相加法计算卷积，求所需复数乘法次数。

5.14　请分别说明产生混叠效应、栅栏效应、频谱泄漏的原因。可以采取什么样的方法来加以克服?

第 6 章 模拟滤波器

内容提要

1. 理想模拟滤波器特性
2. 巴特沃思滤波器和切比雪夫滤波器
3. 频率换算和阻抗换算

6.1 基本概念

滤波器（filter）是信号分析与处理的重要仪器，是具有一定传输选择特性的信号处理装置。滤波器是一组输入-输出对，按预先规定的方式输出。滤波技术是信号处理中的最基本最重要的技术。

滤波器分两大类，即模拟滤波器（analog filter）和数字滤波器（digital filter）。

模拟滤波器的输入输出信号均为模拟信号，而本身是一种线性时不变模拟系统。最简单最常见的模拟滤波器是一阶 RC 低通滤波器，其滤波过程如图 6.1 所示。

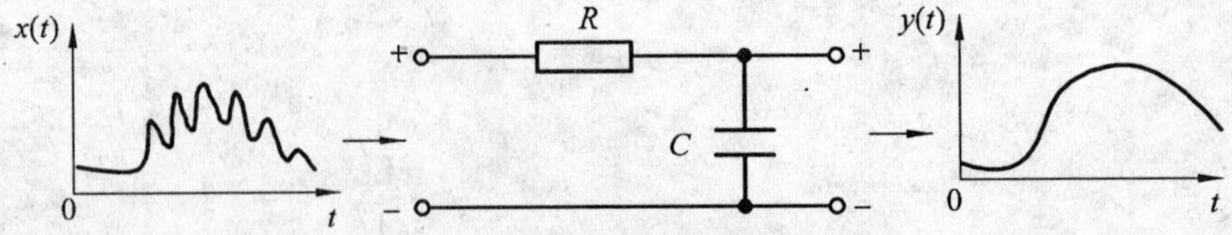

图 6.1 RC 低通滤波器

一阶 RC 低通滤波器的特性为：

传递函数 $$H(s)=\frac{1}{1+sRC} \tag{6.1}$$

频响函数 $$H(\mathrm{j}\omega)=\frac{1}{1+\mathrm{j}\omega RC} \tag{6.2}$$

幅频 $$|H(\mathrm{j}\omega)|=\frac{1}{\sqrt{1+\omega^2R^2C^2}}=\frac{1}{\sqrt{1+\omega^2/\omega_c^2}} \tag{6.3}$$

相频 $$\phi(\omega)=-\arctan(\omega RC)=-\arctan\frac{\omega}{\omega_c} \tag{6.4}$$

式中，$\omega_c=\dfrac{1}{RC}$，称为滤波器的截止频率。其幅频和相频曲线如图 6.2 所示。

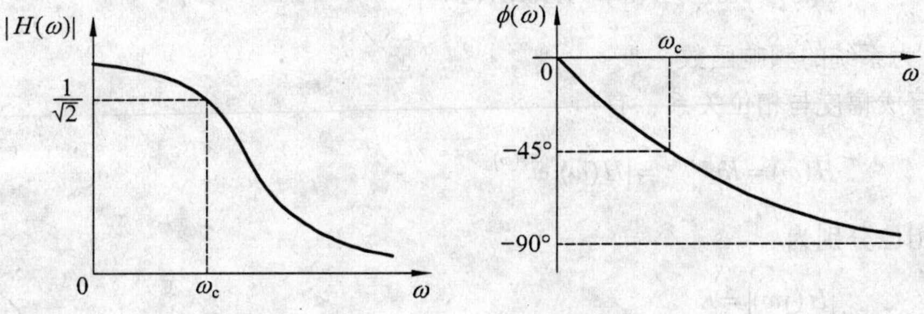

图 6.2　RC 模拟滤波器的特性曲线

模拟滤波器系统框图如下所示。

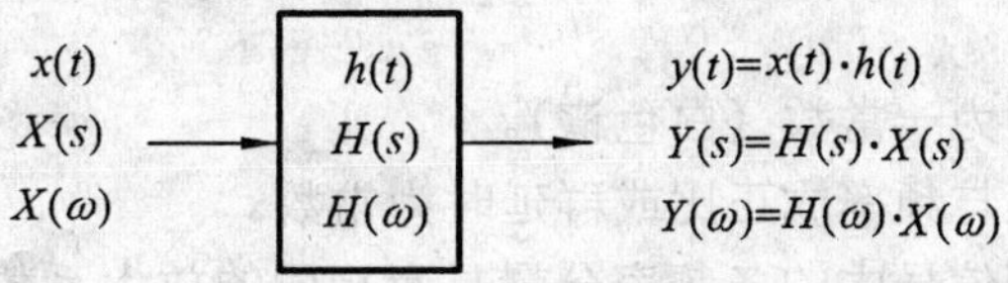

模拟滤波器是基本的滤波器，模拟滤波理论是后面数字滤波器的学习基础，数字滤波器是模拟滤波器的一种逼近。

6.1.1　信号无失真传输的条件

在信号传输中，最重要的问题是保证信号不失真地传输，这也是滤波技术最基本的要求。滤波器必须让所需的信号不失真地通过，下面分别从时域和频域两个方面来讨论信号传输的不失真条件。

1. 时域条件

在时域中，信号传输不失真的条件是使输出信号与输入信号保持线性关系，即

$$y(t)=Kx(t-t_d) \tag{6.5}$$

允许有时间延后 t_d，允许放大信号或缩小信号，如图 6.3 所示。

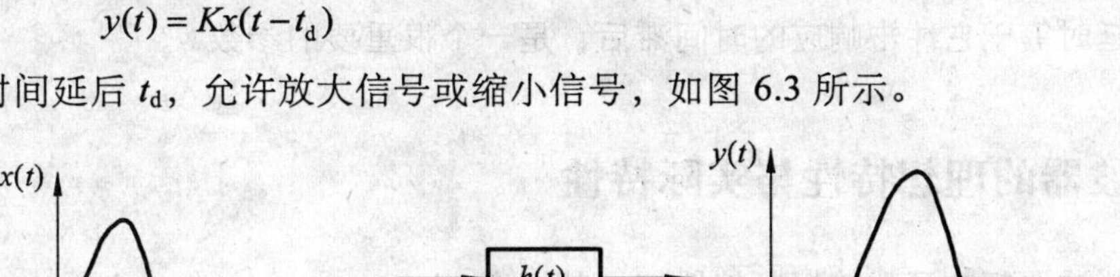

图 6.3　输入与输出成线性关系

2. 频域条件

对式（6.5）表示的不失真时域条件作傅氏变换，就可得到频域不失真条件。根据傅氏变

换的时移特性有

$$Y(\omega)=K\mathrm{e}^{-\mathrm{j}\omega t_{\mathrm{d}}}X(\omega)=H(\omega)X(\omega) \tag{6.6}$$

式中，$H(\omega)$为系统的频响函数。

将上式写成幅度与相位关系，有

$$H(\omega)=K\mathrm{e}^{-\mathrm{j}\omega t_{\mathrm{d}}}=|H(\omega)|\mathrm{e}^{\mathrm{j}\phi(\omega)} \tag{6.7}$$

其中幅度和相位分别为

$$|H(\mathrm{j}\omega)|=K \tag{6.8}$$

$$\phi(\omega)=-\omega t_{\mathrm{d}} \tag{6.9}$$

式（6.8）和式（6.9）表示的关系就是频域不失真条件，它表明线性系统无失真传输的频域条件为:

(1) 系统的幅频特性为一常数（白色谱）。

(2) 系统的相频特性与频率成正比或群延时为常数。

其中，幅频条件保证信号中的各频率分量具有相同的放大系数；相频条件保证各频率分量的相对位置不变（具有相同的时延），如图 6.4 所示。

图 6.4 无失真传输的频域条件

一般称t_{d}为群延时，定义为

$$t_{\mathrm{d}}=-\frac{\mathrm{d}\phi(\omega)}{\mathrm{d}\omega} \tag{6.10}$$

滤波器的群延时等于它冲击响应的时间滞后，是一个很重要的参数。

6.1.2 滤波器的理想特性与实际特性

由模拟滤波器频响函数的幅频特性知，其幅度为

$$|H(\omega)|=\left|\frac{Y(\omega)}{X(\omega)}\right| \tag{6.11}$$

$|H(\omega)|$的值是在 0～1 之间变化的。

在某一个频率范围内，如果$|H(\omega)|\to 1$，则信号能通过滤波器，该频带称为通带；反之，如果$|H(\omega)|\to 0$，则称为阻带。根据通带和阻带的位置不同，滤波器分 5 个基本类型：低通

滤波器（LP）、高通滤波器（HP）、带通滤波器（BP）和带阻滤波器（BS），此外还有用于相移的全通滤波器（AP）。前 4 种滤波器的幅频特性曲线如图 6.5 所示。

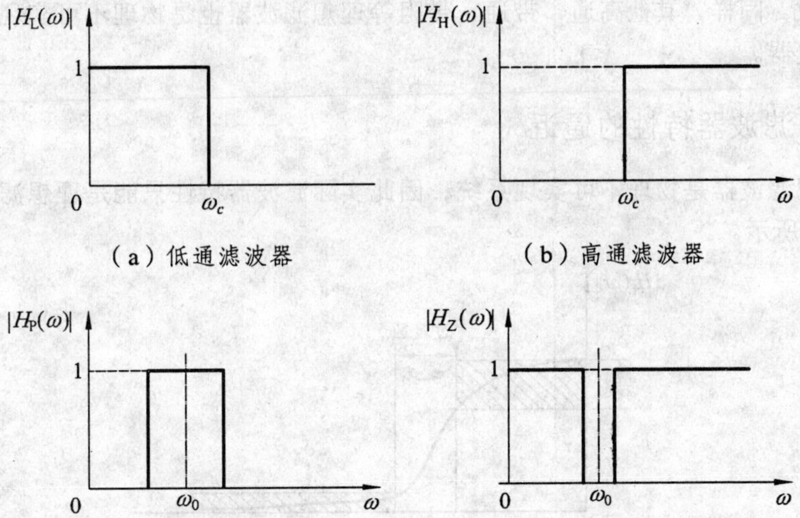

（a）低通滤波器　　（b）高通滤波器

（c）带通滤波器　　（d）带阻滤波器

图 6.5　滤波器种类

1. 理想滤波器的特性

根据信号无失真传输的频域条件，得理想低通滤波器的频率特性，

$$H(\omega)=\begin{cases} K\mathrm{e}^{-\mathrm{j}\omega t_\mathrm{d}}, & |\omega|\leqslant\omega_c \\ 0, & |\omega|>\omega_0 \end{cases} \tag{6.12}$$

一般取 $K=1$，对 $H(\omega)$ 作逆傅氏变换，得单位冲激响应函数为

$$\begin{aligned} h(t)&=\mathscr{F}^{-1}\left[H(\omega)\right]=\frac{1}{2\pi}\int_{-\infty}^{\infty}\mathrm{e}^{-\mathrm{j}\omega t_\mathrm{d}}\mathrm{e}^{\mathrm{j}\omega t}\mathrm{d}\omega \\ &=\frac{\omega_\mathrm{c}}{\pi}\frac{\sin\omega_\mathrm{c}(t-t_\mathrm{d})}{\omega_\mathrm{c}(t-t_\mathrm{d})} \end{aligned} \tag{6.13}$$

图 6.6 所示是理想低通滤波器对单位冲激信号的响应，从曲线 $h(t)$ 可以看出，在 $t<0$ 时，$h(t)\neq 0$，这是一个非因果系统，在物理上是无法实现的。这从其幅频特性 $|H(\omega)|=K$ 也可以看出，

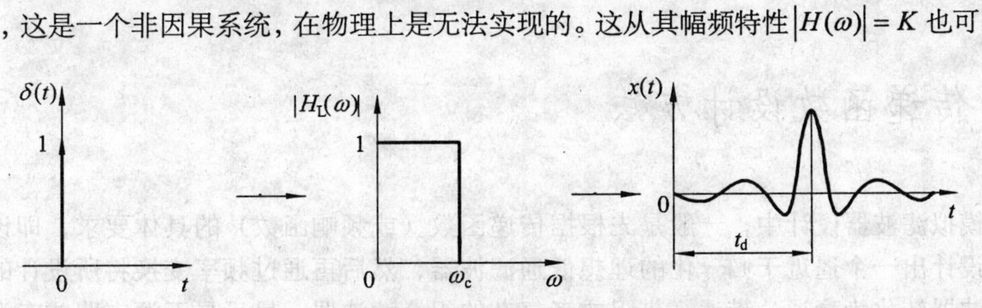

图 6.6　理想低通滤波器的单位冲激响应

对于所有的 ω，$|H(\omega)|$ 都为常数 K，要设计这样一个模拟滤波器是不可能的，因为组成模拟滤波器的元件是 R、L、C 和运放 K 等，它们的传递函数是 ω 的有理函数，不可能在任何频率上都是常数。同样，其他高通、带通、带阻等理想滤波器也是物理不可实现的系统，故称之为理想滤波器。

2. 理想滤波器特性的逼近

由于理想滤波器是物理不可实现系统，因此实际滤波器特性只能是理想滤波器特性的逼近，如图 6.7 所示。

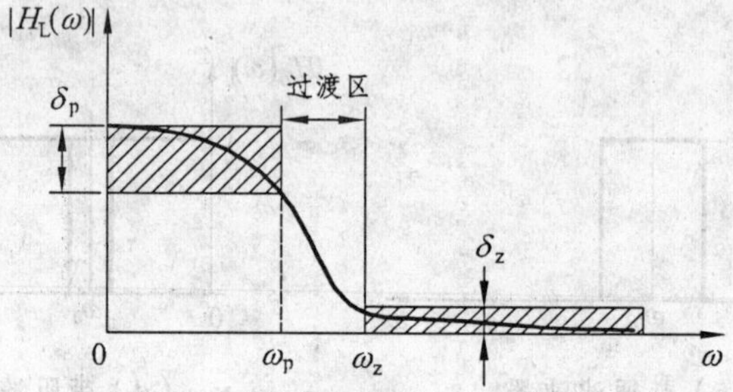

图 6.7 实际滤波器特性

与理想滤波器特性的最大区别是，实际滤波器特性的通带和阻带之间出现了过渡带，其次是在通、阻带的幅频特性不是常数，而是一条接近常数的曲线，其变化范围分别为 δ_p 和 δ_z。逼近程度在一些具体的设计中，常常有规定，如无线电和电视机的滤波器，要求：

$$\begin{cases} 0.95 \leqslant |H(\omega)| \leqslant 1.05 & \text{通带} \\ |H(\omega)| < 0.01 & \text{阻带} \end{cases}$$

在实际设计中，频率特性常用增益分贝值或衰减分贝值来表示，定义

增益 $$G(\omega) = 20\log|H(\omega)| \quad \text{dB} \tag{6.14}$$

衰减 $$\delta(\omega) = -20\log|H(\omega)| \quad \text{dB} \tag{6.15}$$

对于振动和噪声测量中的滤波器，常要求通带内的衰减程度在 −3～0 dB 内，故将通带区间称为 3 dB 带宽。

6.2 传递函数设计方法

在模拟滤波器设计中，一般是先根据传递函数（或频响函数）的具体要求，即设计技术指标，设计出一个逼近于归一化的理想低通滤波器，然后再通过频率变换将所设计的归一化低通滤波器转化为高通、带通、带阻或者复杂的组合滤波器，最后是无源电路或有源电路的实现。

归一化理想低通滤波器的特性为

$$H(\omega)=\begin{cases}e^{-j\omega}, & 0\leqslant|\omega|\leqslant 1\\ 0, & |\omega|>1\end{cases} \tag{6.16}$$

式中，$\omega=\dfrac{\omega}{\omega_c}$为归一化频率，$\omega$为信号频率，$\omega_c$为滤波器截止频率。采用归一化频率会给滤波器设计带来许多方便。

6.2.1　幅度平方函数及其性质

滤波器设计的重要内容之一是求滤波器的传递函数 $H(s)$，由于 $H(s)$ 一般不为有理数，给计算带来困难，所以 $H(s)$ 由幅度平方函数 $|H(\omega)|^2$ 导出，二者之间的关系为

$$\begin{aligned}|H(j\omega)|^2&=H(j\omega)H^*(j\omega)=H(j\omega)H(-j\omega)\\&=H(s)H(-s)\Big|_{s=j\omega}=\left.\frac{M_1^2(s)-N_1^2(s)}{M_2^2(s)-N_2^2(s)}\right|_{s=j\omega}\end{aligned} \tag{6.17}$$

不难看出，幅度平方函数是以 ω^2 为变量的有理函数，即

$$|H(j\omega)|^2=A(\omega^2) \tag{6.18}$$

6.2.2　由幅度平方函数求传递函数

设 $A(\omega^2)$ 为幅度平方函数，先将幅度平方函数进行因式分解，找出极点，从保证滤波器的稳定性出发，选取 s 平面左半部的极点来设计传递函数，零点可根据需要选取。注意 $H(s)$ 与 $H(-s)$ 的零极点是成对出现的（象限对称）。

【例 6.1】　设幅度平方函数 $A(\omega^2)=\dfrac{2+\omega^2}{1+\omega^4}$，求递函数 $H(s)$。

解

$$\begin{aligned}A(-s^2)&=A(\omega^2)\Big|_{\omega^2=-s^2}=\frac{2-s^2}{1+s^4}\\&=\frac{(\sqrt{2}-s)\,(\sqrt{2}+s)}{\left(s-\frac{1+j}{\sqrt{2}}\right)\left(s+\frac{1+j}{\sqrt{2}}\right)\left(s-\frac{1-j}{\sqrt{2}}\right)\left(s+\frac{1-j}{\sqrt{2}}\right)}\\&=H(s)H(-s)\end{aligned}$$

存在 2 个零点

$$r_1=\sqrt{2},\quad r_2=-\sqrt{2}$$

存在 4 个极点

$$p_1=\frac{1+j}{\sqrt{2}}$$

$$p_2=-\frac{1+\mathrm{j}}{\sqrt{2}}=-\frac{1}{\sqrt{2}}-\frac{\mathrm{j}}{\sqrt{2}}$$

$$p_3=\frac{1-\mathrm{j}}{\sqrt{2}}=\frac{1}{\sqrt{2}}-\frac{\mathrm{j}}{\sqrt{2}}$$

$$p_4=-\frac{1-\mathrm{j}}{\sqrt{2}}=-\frac{1}{\sqrt{2}}+\frac{\mathrm{j}}{\sqrt{2}}$$

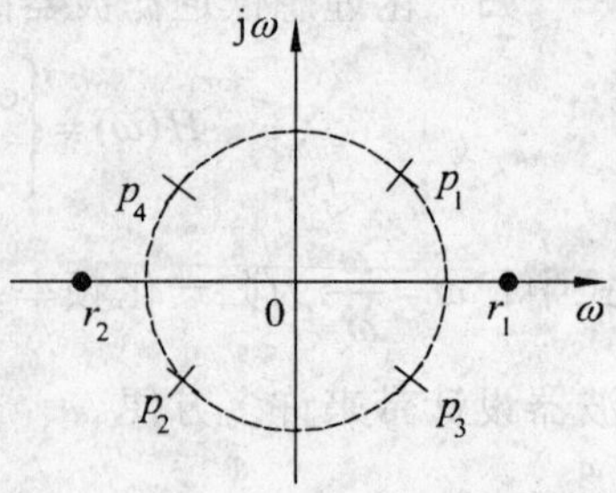

图 6.8　例 6.1 的零、极点分布

选左半部的极点 p_4、p_2 和左半部的零点 r_2（见图 6.8），则滤波器的传递函数为

$$H(s)=\frac{\sqrt{2}+s}{\left(s+\frac{1+\mathrm{j}}{\sqrt{2}}\right)\left(s+\frac{1-\mathrm{j}}{\sqrt{2}}\right)}$$

一般的原则是：按稳定性要求选取极点，按最小相位条件选取零点，此时，零、极点均落在 s 平面左半部。需要指出的是，在实际应用中我们常常需要线性相位，而不是最小相位。

6.3　巴特沃思滤波器

前面已指出，实际滤波器的幅度特性只是理想滤波器幅度特性的逼近，因此需要寻找逼近理想滤波器特性的函数。相应的滤波器常用这些函数的名称命名，比较常用的有巴特沃思（Butterworth）滤波器、切比雪夫（Chebshew）滤波器和椭圆滤波器等。

6.3.1　巴特沃思滤波器的幅度特性和相位特性

1. 幅度特性

巴特沃思滤波器的幅度特性为

$$|H(\mathrm{j}\omega)|=\frac{1}{\sqrt{1+\left(\frac{\omega}{\omega_{\mathrm{c}}}\right)^{2n}}}\tag{6.19}$$

式中，n 为滤波器阶次；ω 为信号圆频；ω_{c} 为 3 dB 带宽处的截止频率。

令 $\omega=\frac{\omega}{\omega_{\mathrm{c}}}$，称归一化频率，代入式（6.19）得幅度特性的归一化形式为

$$|H(\mathrm{j}\omega)|=\frac{1}{\sqrt{1+(\omega)^{2n}}}\tag{6.20}$$

巴特沃思滤波器的幅度特性的衰减情况为

$$\delta(\omega) = -20\log\left|H(\mathrm{j}\omega)\right| = -20\log\frac{1}{\sqrt{1+(\omega)^{2n}}} \tag{6.21}$$

分析式（6.21），可知：

（1）当 $\omega = 0$ 时（原点），$\delta(\omega) = -20\log 1 = 0$，幅度没有衰减，与理想滤波器保持一致。

（2）当 $\omega = 1$ 时（截止频率点），$\delta(\omega) = -20\log(1/\sqrt{2}) = 3$，幅度衰减为 3 dB，此时的幅度平方函数 $A(\omega^2) = \left|H(\mathrm{j}\omega)\right|^2 = 1/2$ 是原幅度平方值的一半，故又称截止点为半功率点。

（3）当 $\omega >> 1$ 时（阻带），$\delta(\omega) \approx -20\log(1/\sqrt{\omega^{2n}}) = 20n\log\omega$ dB，即 n 阶巴特沃思滤波器的衰减是每 10 倍频程为 $20n$ dB。

巴特沃思滤波器通、阻带特性如图 6.9 所示。

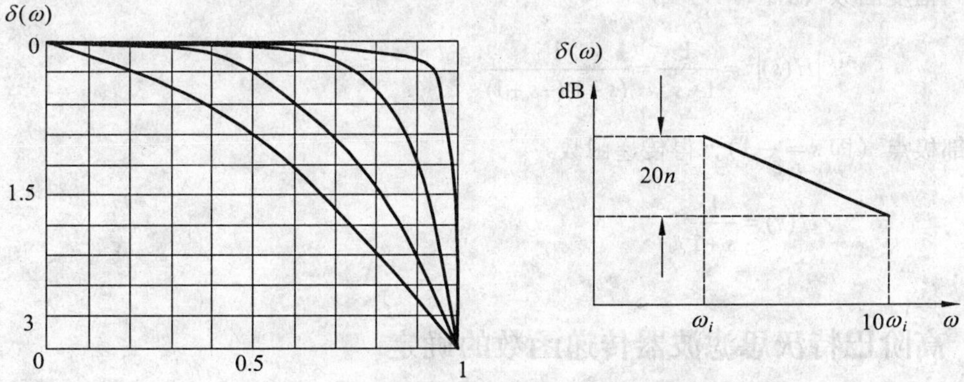

图 6.9　巴特沃思滤波器通、阻带特性

2. 相位特性

巴特沃思滤波器的相位特性，当 $\omega < 1$ 时，几乎是线性的，如图 6.10 所示。

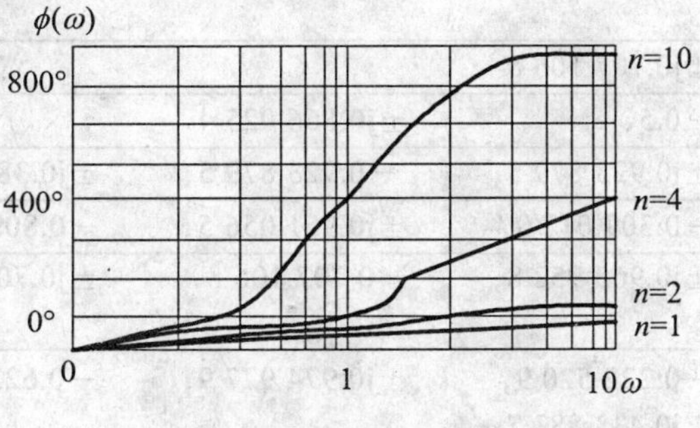

图 6.10　巴特沃思滤波器相位特性

3. 幅度函数的结构

若令 $s = \mathrm{j}\omega$，则巴特沃思滤波器的幅度平方函数可写成

$$A(s^2) = \left|H(s)\right|^2 = \frac{1}{1+(-1)^n s^{2n}} \tag{6.22}$$

(1) 分子为 1，故传递函数不存在零点。

(2)传递函数共有 $2n$ 个极点，等角度地分布在 $|s|=\omega_c$ 为半径的圆上，这个圆称为巴特沃思圆，如图 6.11 所示。对于归一化滤波器，$\omega_c=1$。从稳定性考虑，传递函数应取 s 平面左半部的极点，则有

$$H(s)=\frac{1}{(s-s_1)(s-s_2)\cdots(s-s_n)} \tag{6.23}$$

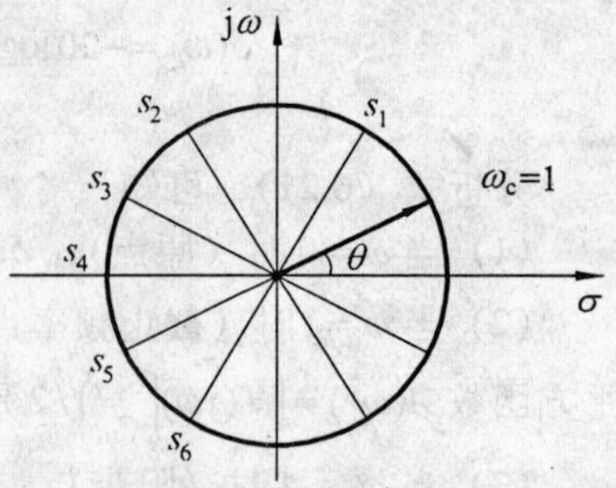

图 6.11 极点分布

【例 6.1】 求一阶归一化低通巴特沃思滤波器的传递函数。

解 幅度函数（$n=1$）为

$$|H(s)|^2=\frac{1}{1-s^2}=\frac{1}{(s+1)(-s+1)}$$

取左半部极点（即 $s=-1$），得传递函数

$$H(s)=\frac{1}{s+1}$$

6.3.2 高阶巴特沃思滤波器传递函数的确定

对于高阶滤波器，直接对幅度平方函数进行因式分解是困难的，此时可采用如下两种方法求传递函数，或者直接查事先制定好的图表（表 6.1～表 6.3）。

表 6.1 n=1～10 阶巴特沃思低通滤波器传递函数 $H(s)$ 的极点

n	s_i				
1	−1				
2	−0.707 106 8,	±j0.707 106 8			
3	−1,	−0.5,	±j0.866 025 4		
4	−0.382 683 4,	±j0.923 879 5,	−0.923 879 5,	±j0.382 683 4	
5	−1,	−0.309 017 0,	±j0.951 056 5,	−0.809 017 0,	±j0.587 785 2
6	−0.258 819 0, ±j0.258 819 0	±j0.965 952 8,	−0.707 106 8,	±j0.707 106 8,	−0.965 925 8,
7	−1, −0.900 968 9,	−0.222 520 9, ±j0.433 883 7	±j0.974 927 9,	−0.623 489 8,	±j0.781 831 5,
8	−0.195 090 3, ±j0.555 570 2	±j0.980 785 3, −0.980 785 3,	−0.555 570 2, ±j0.195 090 3	±j0.831 469 6,	−0.831 469 6,
9	−1, −0.766 044 4	−0.173 648 2, ±j0.692 787 6,	±j0.984 807 8, −0.939 692 6,	−0.5, ±j0.342 020 1	±j0.866 025 9,
10	−0.156 434 5, ±j0.707 166 8	±j0.987 638 3, −0.891 006 5	−0.4539 990 5, ±j0.453 990 5,	±j0.891 006 5, −0.987 688 3,	−0.707 166 8, ±j0.156 434 5

表 6.2　$B_n(s)=s^n+a_{n-1}s^{n-1}+\cdots+a_2s^2+a_1s+1$ 各项系数

n	$B_n(s)$
2	1.414 213 6
3	2,　　2
4	2.613 125 9,　3.414 213 6,　2.613 125 9
5	3.236 068 0,　5.236 068 0,　5.236 068 0,　3.236 068 0
6	3.063 703 3,　7.464 101 6,　9.141 620 2,　7.464 101 6,　3.863 703 3
7	4.493 959 2,　10.097 834 7,　14.591 793 9,　14.591 793 9,　10.097 834 7,　4.493 959 5
8	5.125 830 9,　13.137 071 2,　21.846 151 0,　25.688 255 9,　21.846 151 0,　13.137 071 2,　5.125 830 9
9	5.758 770 5,　16.581 718 7,　31.163 437 5,　41.986 385 7,　41.986 385 7,　31.163 473 5,　16.581 718 7,　5.758 770 5
10	6.392 453 2,　20.431 729 1,　42.802 061 1,　64.882 396 3,　74.233 429 2,　64.882 396 3,　42.802 061 1,　20.431 729 1,　6.392 432

表 6.3　传递函数 $H(s)$ 的分母多项式的因式形式

n	$B_n(s)$
1	$s+1$
2	$s^2+\sqrt{2}s+1$
3	$(s+1)(s^2+s+1)$
4	$(s^2+0.765\ 4s+1)(s^2+1.847\ 8s+1)$
5	$(s+1)(s^2+0.618\ 0s+1)(s^2+1.618s+1)$
6	$(s^2+0.517\ 6s+1)(s^2+1.412s+1)(s^2+1.931\ 9s+1)$
7	$(s+1)(s^2+0.455s+1)(s^2+1.247s+1)(s^2+1.801\ 9s+1)$
8	$(s^2+0.390\ 2s+1)(s^2+1.111s+1)(s^2+1.166\ 3s+1)(s^2+1.961\ 6s+1)$
9	$(s+1)(s^2+0.347\ 3s+1)(s^2+s+1)(s^2+1.532\ 1s+1)(s^2+1.879\ 4s+1)$
10	$(s^2 0.312\ 9s+1)(s^2+0.908\ 0s+1)(s^2+1.414\ 2s+1)(s^2+1.782s+1)(s^2+1.975\ 4s+1)$

1. 乘积法

当 n 为偶数时，有

$$H(s)=\prod_{k=1}^{n/2}\frac{1}{s^2+2\sin\theta_k s+1} \tag{6.24}$$

当 n 为奇数时，有

$$\begin{cases} H(s)=\dfrac{1}{s+1}\displaystyle\prod_{k=1}^{(n-1)/2}\frac{1}{s^2+2\sin\theta_k s+1} \\ \theta_k=\dfrac{2k-1}{2n}\pi, \qquad k=1,2,\cdots,\dfrac{n-1}{2} \end{cases} \tag{6.25}$$

2. 极点法

$$\begin{cases} H(s) = \dfrac{1}{(s-s_1)(s-s_2)\cdots(s-s_k)\cdots(s-s_n)} \\ s_k = -\sin\theta_k + \mathrm{j}\cos\theta_k \\ \theta_k = \dfrac{2k-1}{2n}\pi, \qquad k = 1, 2, \cdots, n \end{cases} \tag{6.26}$$

除上述方法外，还可以通过网络节点法来求取 $H(s)$。

6.3.3 *n* 阶归一化低通巴特沃思滤波器

n 阶归一化低通巴特沃思滤波器的电路由电阻 R、电容 C、电感 L 组成。由这些元件组成的 n 阶 RCL 网络，其传递函数与 n 阶巴特沃思低通滤波器的传递函数相同，这种滤波器称为无源滤波器。

电路结构有三种形式，为简化计算，取源电阻（输入端电阻）$R_S = 1\,\Omega$。

1. 取 $R_S = R_L = 1\,\Omega$ 时（见图 6.12）

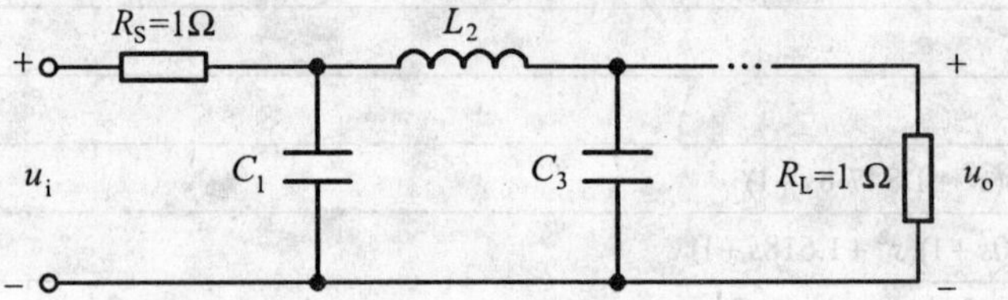

图 6.12 无源模拟滤波器电路图（$R_S = R_L$）

各元件计算公式为

$$\begin{cases} C_m = 2\sin\left(\dfrac{2m-1}{2n}\pi\right), \qquad m = 1,\ 3,\ 5, \cdots \ \text{奇数} \\ L_m = 2\sin\left(\dfrac{2m-1}{2n}\pi\right), \qquad m = 2,\ 4,\ 6, \cdots \ \text{偶数} \end{cases} \tag{6.27}$$

2. 当 $R_L \neq R_S$ 时（见图 6.13 和图 6.14）

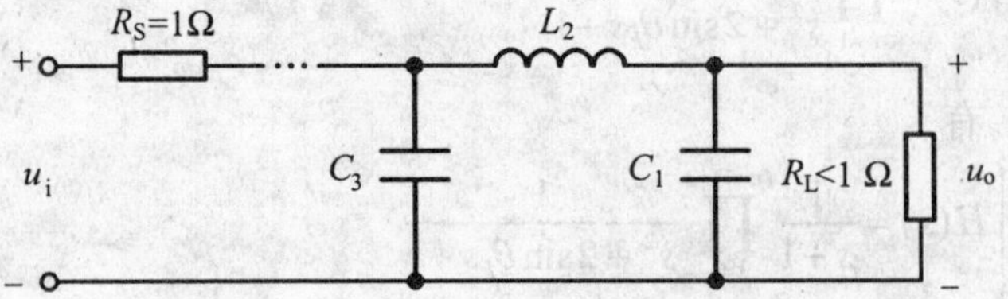

图 6.13 无源模拟滤波器电路图（$R_S > R_L$）

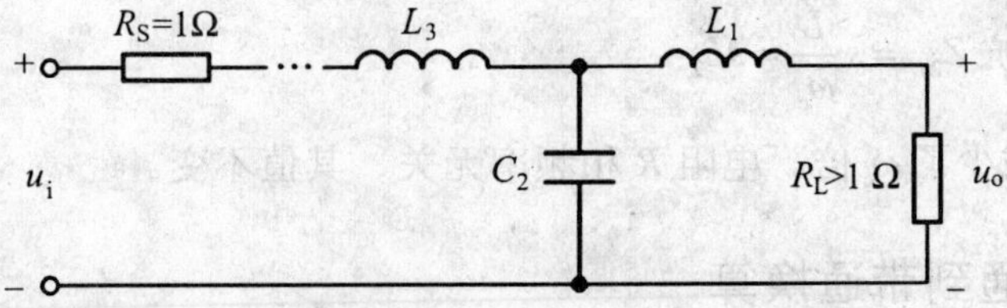

图 6.14　无源模拟滤波器电路图（$R_S<R_L$）

分两种情况，见表 6.4。

表 6.4 元件值的计算

$R_L > R_S$	$R_L < R_S$
$C_1=\dfrac{\alpha_i}{R_L(1-\lambda)}$	$L_1=\dfrac{\alpha_1 R_L}{1-\lambda}$
$C_{2m-1}L_{2m}=\dfrac{\alpha_{4m-3}\alpha_{4m-1}}{1-\lambda\beta_{4m-2}+\lambda^2}$	$L_{2m-1}C_{2m}=\dfrac{\alpha_{4m-3}\alpha_{4m-1}}{1-\lambda\beta_{4m-2}+\lambda^2}$
$C_{2m+1}L_{2m}=\dfrac{\alpha_{4m-1}\alpha_{4m+1}}{1-\lambda\beta_{4m}+\lambda^2}$	$L_{2m+1}C_{2m}=\dfrac{\alpha_{4m-1}\alpha_{4m+1}}{1-\lambda\beta_{4m}+\lambda^2}$
$\lambda=\left(\dfrac{R_L-1}{R_L+1}\right)^{\frac{1}{n}}$	$\lambda=\left(\dfrac{1-R_L}{1+R_L}\right)^{\frac{1}{n}}$

注：$\alpha_i=2\sin\left(\dfrac{\pi i}{2n}\right)$

$\beta_i=2\cos\left(\dfrac{\pi i}{2n}\right)$

$m=1,\ 2,\ \cdots,\ (n-1)/2$（偶数时为 $n/2$）

6.3.4　频率换算

将所设计的归一化低通滤波器还原为所需的滤波器类型，即进行频率换算（解归一化）。

1. 归一化低通到低通换算

$$s\to\frac{s}{\omega_c}\quad 或\quad \omega\to\frac{\omega}{\omega_c}\tag{6.28}$$

则
$$\left|H(s)\right|^2=\frac{1}{1+(-1)^n\left(\dfrac{s}{\omega_c}\right)^{2n}}\tag{6.29}$$

阻抗变换情况（因频率发生了变化，故阻抗会发生变化）为：

换算前：　　容抗 $Z_{1C}=\dfrac{1}{sC}$，感抗 $Z_{1L}=sL$

换算后：　　容抗 $Z_{2C}=\dfrac{1}{\left(\dfrac{s}{\omega_c}\right)C}=\dfrac{1}{s\left(\dfrac{C}{\omega_c}\right)}=\dfrac{1}{sC_2}$　　(6.30)

$$感抗\ Z_{2L}=s\frac{L}{\omega_c}=sL_2 \tag{6.31}$$

电容量和电感量均减少了 ω_c 倍。电阻 R 和频率无关，其值不变。

2. 归一化低通到带通换算

归一化低通滤波器可视为中心频率为 $\omega_0=0$ 的单通带滤波器，作适当的频移，就可完成低通到带通的变换。

$$s\to\frac{s^2+\omega_0^2}{Bs}\quad 或 \quad \omega\to\frac{-\omega^2+\omega_0^2}{B\omega} \tag{6.32}$$

则

$$\left|H(s)\right|^2=\frac{1}{1+(-1)^n\left[\dfrac{s^2+\omega_0^2}{Bs}\right]^{2n}} \tag{6.33}$$

式中，B 为带宽；ω_0 为中心频率。

感抗

$$Z_{2L}=\frac{s^2+\omega_0^2}{Bs}L=\frac{L}{B}s+\frac{1}{\left(\dfrac{B}{\omega_0^2L}\right)s}=L_{2L}s+\frac{1}{C_{2L}s} \tag{6.34}$$

电容导纳

$$Y_{2C}=\frac{1}{Z_{2C}}=\frac{s^2+\omega_0^2}{Bs}C=\frac{C}{B}s+\frac{1}{\left(\dfrac{B}{\omega_0^2C}\right)s}=C_{2C}s+\frac{1}{L_{2C}s} \tag{6.35}$$

电感和电容的变化如图 6.15 所示。

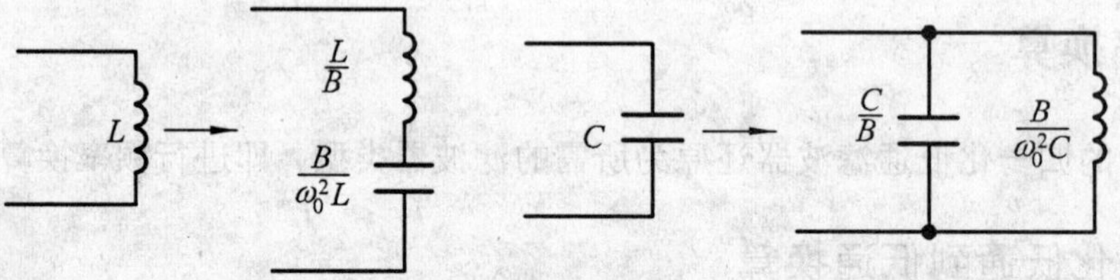

图 6.15　低通到带通换算时感抗和容抗的变化

3. 归一化低通到带阻的换算

$$s\to\frac{Bs}{s^2+\omega_0^2}\quad 或 \quad \omega\to\frac{Bs}{-\omega^2+\omega_0^2} \tag{6.36}$$

则

$$\left|H(s)\right|^2=\frac{1}{1+(-1)^n\left[\dfrac{Bs}{s^2+\omega_0^2}\right]^{2n}} \tag{6.37}$$

电感导纳

$$Y_{2L}=\frac{1}{Z_{2L}}=\frac{s}{BL}+\frac{1}{\left(\dfrac{BL}{\omega_0^2}\right)s} \tag{6.38}$$

容抗 $$Z_{2C}=\frac{s}{BC}+\frac{1}{\left(\frac{BC}{\omega_0^2}\right)s} \tag{6.39}$$

电感和电容的变化如图 6.16 所示。

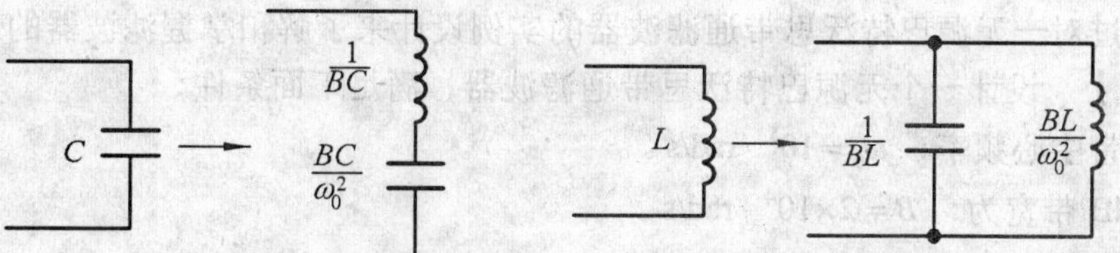

图 6.16　低通到带阻换算时感抗和容抗的变化

4. 归一化低通到高通换算

$$s\to\frac{\omega_c}{s}\quad 或\quad \omega\to\frac{\omega_c}{\omega} \tag{6.40}$$

则 $$|H(s)|^2=\frac{1}{1+(-1)^n\left(\frac{\omega_c}{\omega}\right)^{2n}} \tag{6.41}$$

容抗 $$Z_{2C}=\frac{1}{\left(\frac{\omega_c}{s}\right)C}=\frac{1}{C\omega_c}s=L^*s=Z^*{}_{2L} \tag{6.42}$$

感抗 $$Z_{2L}=\frac{\omega_c}{s}L=\frac{1}{\frac{1}{\omega_c L}s}=\frac{1}{C^*s}=Z_{2C}^* \tag{6.43}$$

电感和电容的变化如图 6.17 所示。

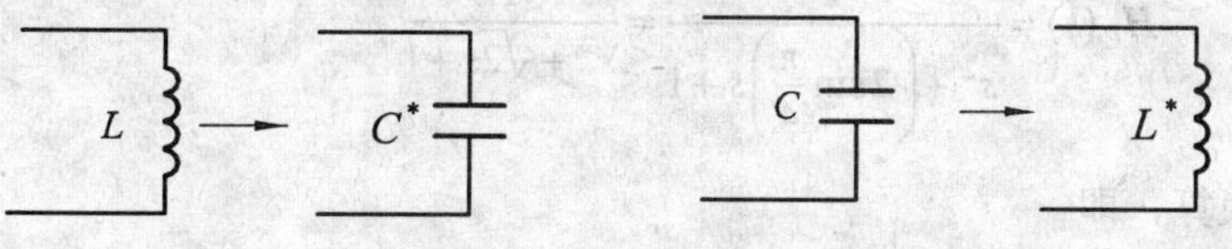

图 6.17　低通到带阻通换算时感抗和容抗的变化

6.3.5　阻抗换算

将滤波器电路中的阻抗换算成实际需要的值，若实际需要的电阻值为 $A\ \Omega$，则可以把电路中元件的全部阻抗值升高 A 倍。

（1）将 R 的电阻升为 AR，

（2）将 L 亨利的电感的阻抗 sL 升高为 AsL，即电感量扩大 A 倍。

（3）将 C 法拉电容的阻抗从 $\dfrac{1}{sC}$ 升高为 $\dfrac{A}{sC}$，即电容量缩小 A 倍。

6.3.6 设计实例

下面通过对一无源巴特沃思带通滤波器的实例设计来了解和掌握滤波器的设计方法。

【例 6.2】 设计一个无源巴特沃思带通滤波器，满足下面条件：

（1）通带中心频率：$\omega_0 = 10^5 \ \ \text{rad/s}$。

（2）3 dB 带宽为：$B = 2\times10^4 \ \ \text{rad/s}$。

（3）通带允许最大衰减：从 $\omega_0 = 10^5$ rad/s 到 $\omega_1 = 1.025\times10^5$ rad/s，为 0.05 dB。

（4）阻带允许最小衰减：当 $\omega > \omega_2 = 1.2\times10^5 \ \ \text{rad/s}$ 时不低于 10 dB。

（5）采用 $R_S = R_L$ 电路，要求电阻值为 $1\ \ \text{k}\Omega$。

解 （1）确定归一化低通滤波器的阶次 n。

根据通带和阻带的衰减要求，得

$$\begin{cases} -10\log\left|\dfrac{1}{1+\left(\dfrac{-1.025^2+1^2}{0.2\times1.025}\right)^{2n}}\right| \leqslant 0.05 \\ -10\log\left|\dfrac{1}{1+\left(\dfrac{-1.2^2+1^2}{0.2\times1.2}\right)^{2n}}\right| \geqslant 10 \end{cases}$$

解上面联立不等式得 $n \geqslant 2$，取 $n=2$。

（2）计算 2 阶归一化低通滤波器的传递函数 $H_C(s)$。

$$\theta = \frac{2k-1}{2n}\pi = \frac{2-1}{4}\pi = \frac{1}{4}\pi$$

$$H_C(s) = \frac{1}{s^2+\left(2\sin\dfrac{\pi}{4}\right)s+1} = \frac{1}{s^2+\sqrt{2}s+1}$$

（3）频率换算，即

$$H(s) = \frac{1}{\left(\dfrac{s^2+\omega_0^2}{Bs}\right)^2+\sqrt{2}\left(\dfrac{s^2+\omega_0^2}{Bs}\right)+1} = \frac{1}{\left(\dfrac{s^2+10^{10}}{2\times10^4 s}\right)^2+\sqrt{2}\left(\dfrac{s^2+10^{10}}{2\times10^4 s}\right)+1}$$

$$= \frac{4\times10^8 s^2}{s^4+2.83\times10^4 s^3+2.04\times10^{10} s^2+2.83\times10^{14} s+10^{20}}$$

（4）4 阶带通滤波器的电路实现。

采用 $R_S = R_L$ 电路结构，先画出 2 阶归一化低通滤波器电路（元件值可查表或计算），如图 6.18 所示。

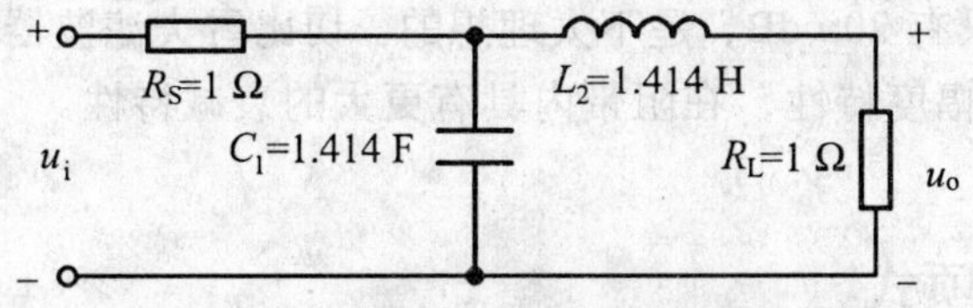

图 6.18　2 阶归一化低通滤波器电路

元件频率变换如下，4 阶带通滤波器电路如图 6.19 所示。

$$L_{带}=\frac{L}{B}+\frac{B}{\omega_0^2 L}=\frac{1.414}{2\times10^4}+\frac{2\times10^4}{10^{10}\times1.414}=70.7\times10^{-6}+1.414\times10^{-6}$$

$$C_{带}=\frac{C}{B}+\frac{B}{\omega_0^2 C}=70.7\times10^{-6}+1.414\times10^{-6}$$

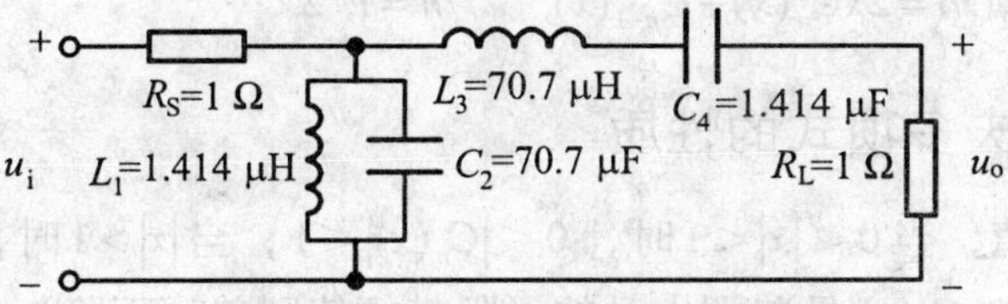

图 6.19　4 阶带通滤波器电路

(5) 阻抗换算，得

$$R_S=R_L=1\ \text{k}\Omega$$
$$L_1=1\,000\times1.414=1\,414\ \mu\text{H}=1.414\ \text{mH}$$
$$L_3=1\,000\times70.7=70\,700\ \mu\text{H}=70.7\ \text{mH}$$
$$C_2=\frac{70.7}{1\,000}=0.070\,7\ \mu\text{F}$$
$$C_4=\frac{1.414}{1\,000}=0.001\,4\ \mu\text{F}$$

实用电路如图 6.20 所示。

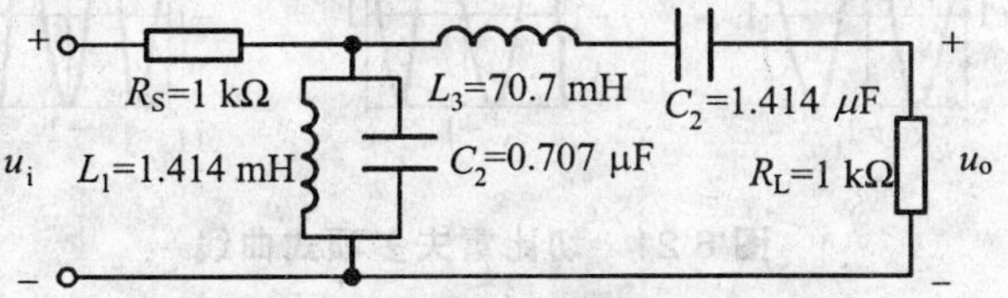

图 6.20　4 阶带通滤波器实用电路

6.4　切比雪夫滤波器

前述巴特沃思滤波器在通带具有平坦的幅度特性，在零频率处具有最佳幅度逼近，但阻带衰减为每 10 倍频程只有 20n dB，是不太理想的。切比雪夫滤波器与巴特沃思滤波器不同，在通带内具有等波纹的幅度特性，在阻带内具有更大的衰减特性。

6.4.1 切比雪夫多项式

1. n 阶切比雪夫多项式定义

$$C_n(x)=\begin{cases}\cos\left(n\cos^{-1}x\right) & |x|\leqslant 1\\ \mathrm{ch}\left(n\,\mathrm{ch}^{-1}x\right) & |x|>1\end{cases} \tag{6.44}$$

式中，n 为切比雪夫多项式阶次，各阶切比雪夫多项式可用递推公式求得

$$C_{n+1}(x)=2xC_n(x)-C_{n-1}(x),\qquad n=1,\ 2,\ \cdots \tag{6.45}$$

2. n 阶切比雪夫多项式的性质

（1）对所有的 n 值，当 $0\leqslant|x|\leqslant 1$ 时，$0\leqslant|C_n(x)|\leqslant 1$；当 $|x|>1$ 时，$|C_n(x)|>1$。

（2）当 $x\geqslant 1$ 时，则 $C_n(x)$ 是单调上升的（阻带幅值则单调下降）。

（3）若 n 为奇数，则 $C_n(x)$ 是 x 的奇次多项式；若 n 为偶数，则 $C_n(x)$ 是 x 的偶次多项式。

切比雪夫多项式在 $|x|\leqslant 1$ 范围的曲线如下，此曲线对应滤波器的通带，曲线形状如图 6.21 所示（图中只画出一部分曲线）。

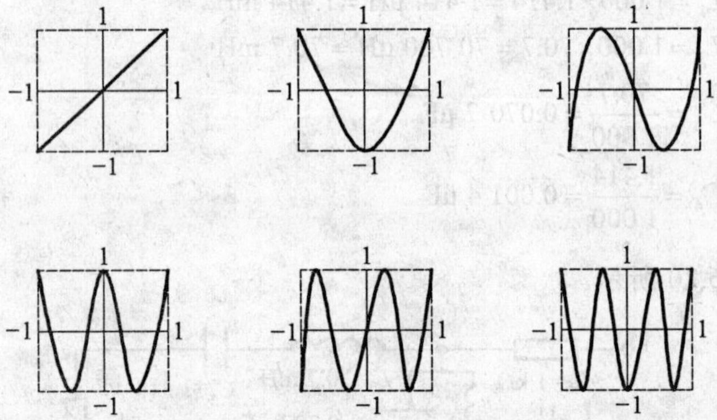

图 6.21 切比雪夫多项式曲线

6.4.2 切比雪夫滤波器的幅度平方函数

切比雪夫滤波器的幅度平方函数为

$$A(\omega^2)=|H(\mathrm{j}\omega)|^2=\frac{1}{1+\varepsilon^2C^2{}_n\left(\dfrac{\omega}{\omega_\mathrm{c}}\right)} \tag{6.46}$$

归一化形式为

$$\left|H(\mathrm{j}\omega)\right|^2=\frac{1}{1+\varepsilon^2C_n^2(\omega)} \tag{6.47}$$

式中，ε 为小于 1 的正数，表示通带内幅度波动的程度；$C_n(\omega)$ 为切比雪夫多项式。

1. 滤波器的通带波纹

由切比雪夫多项式在 $|x|\leqslant 1$ 范围内的曲线可知，滤波器在通带内的特性是呈波纹变化的，如图 6.22 所示。

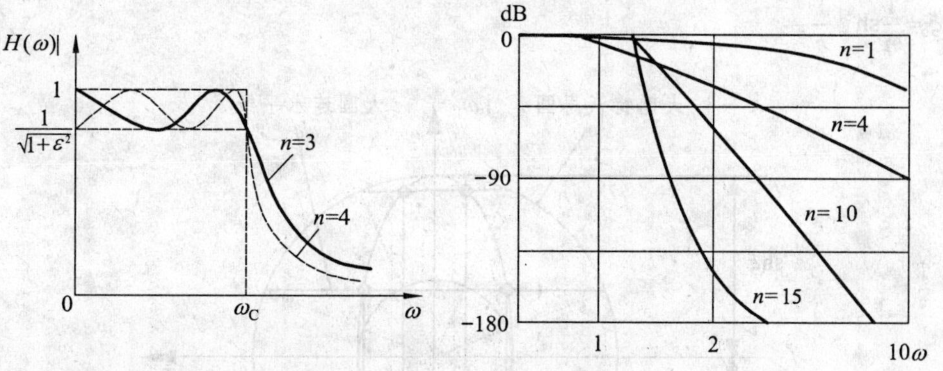

（a）切比雪夫幅度平方函数　　（b）阻带衰减情况

图 6.22　切比雪夫滤波器特性

阶次 n 对通带波纹最大幅值没有影响，只影响波动频率。对阻带衰减特性影响较大，随着 n 的增大，阻带衰减较快。

切比雪夫的通带波纹在 $1\sim\frac{1}{\sqrt{1+\varepsilon^2}}$ 之间变化，一般用 δ_1 表示通带波纹，定义

$$\delta_1=20\log\frac{[H(\omega)]_{\max}}{[H(\omega)]_{\min}}=20\log\frac{1}{\frac{1}{\sqrt{1+\varepsilon^2}}}=20\log\sqrt{1+\varepsilon^2}\ \ \mathrm{dB}$$

2. 切比雪夫低通滤波器传递函数与极点分布

令幅度平方函数中的 $\omega=s/\mathrm{j}$，则得

$$H(s)H(-s)=\frac{1}{1+\varepsilon^2C_n^2\left(\frac{s}{\mathrm{j}}\right)} \tag{6.48}$$

分子为 1，传递函数没有零点。极点为 $2n$ 个，即

$$S_k=\sigma_k+\mathrm{j}\omega_k,\qquad k=1,\ 2,\ \cdots,\ 2n \tag{6.49}$$

考虑到稳定性，选 s 平面左半部的 n 个极点，有

$$s_k = \sigma_k + \mathrm{j}\omega_k\,, \qquad k = 1,\ 2,\ \cdots,\ n \tag{6.50}$$

式中

$$\sigma_k = -\sin\left(\frac{2k-1}{2n}\pi\right)\mathrm{sh}\left(\frac{1}{n}\mathrm{sh}^{-1}\frac{1}{\varepsilon}\right)$$
$$k = 1,\ 2,\ \cdots,\ n$$
$$\omega_k = \cos\left(\frac{2k-1}{2n}\pi\right)\mathrm{ch}\left(\frac{1}{n}\mathrm{sh}^{-1}\frac{1}{\varepsilon}\right)$$

极点分布在 s 平面的一个椭圆上，如图 6.23 所示，椭圆方程为

$$\frac{\sigma_k^2}{\mathrm{sh}^2\xi} + \frac{\omega_k^2}{\mathrm{ch}^2\xi} = 1 \tag{6.51}$$

式中，$\xi = \frac{1}{n}\mathrm{sh}^{-1}\frac{1}{\varepsilon}$。

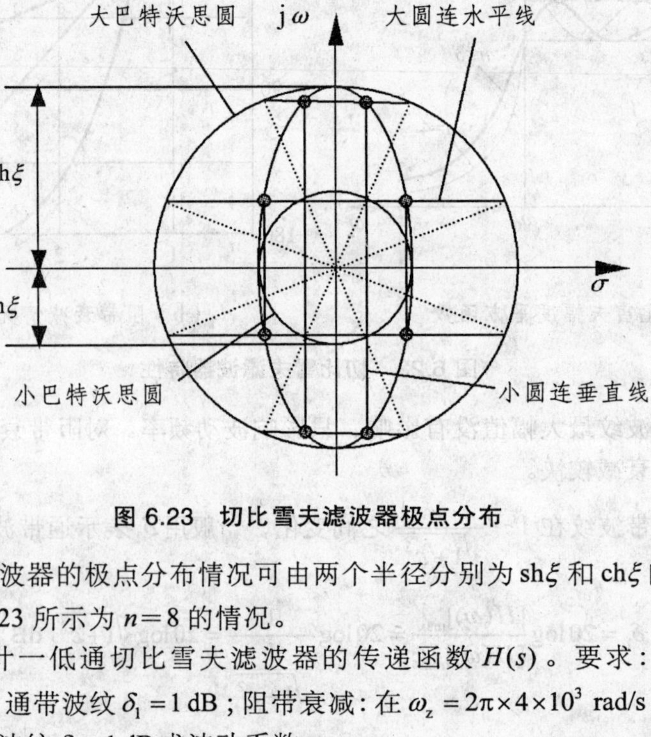

图 6.23　切比雪夫滤波器极点分布

切比雪夫低通滤波器的极点分布情况可由两个半径分别为 shξ 和 chξ 的大小巴特沃思圆上极点来确定，图 6.23 所示为 $n=8$ 的情况。

【例 6.3】　设计一低通切比雪夫滤波器的传递函数 $H(s)$。要求：通带截止频率为 $\omega_c = 2\pi\times2\times10^3$ rad/s；通带波纹 $\delta_1 = 1$ dB；阻带衰减：在 $\omega_z = 2\pi\times4\times10^3$ rad/s 处衰减 $\delta_z > 15$ dB。

解　(1) 由通带波纹 $\delta_1 = 1$ dB 求波动系数 ε。

根据 n 阶切比雪夫多项式的性质，在通带 $0 \leqslant \left|\frac{\omega}{\omega_c}\right| \leqslant 1$ 内，$|H(\omega)|$ 的范围为

$$\frac{1}{\sqrt{1+\varepsilon^2}} \leqslant |H(\omega)| \leqslant 1$$

取 $|H(\omega)| = \frac{1}{\sqrt{1+\varepsilon^2}}$，根据通带波纹 $\delta_1 = 1$，可得

$$\delta_1 = -20\log\frac{1}{\frac{1}{\sqrt{1+\varepsilon^2}}} = 10\log(1+\varepsilon^2) = 1\ \mathrm{dB}$$

得 $\varepsilon^2 = 10^{0.1\delta_1} - 1 = 0.258\ 925$，所以

$$\varepsilon = 0.508\ 847$$

（2）由阻带衰减 $\delta_z > 15$ dB 求在该点的幅度平方值。因为

$$\delta_z = -20\log|H(\omega_z)| = -10\log|H(\omega_z)|^2 > 15\ \text{dB}$$

得

$$|H(\omega_z)|^2 \leqslant 10^{-0.1\delta_z} = 10^{-0.1\times 15} = 0.031\ 622\ 7$$

（3）由 ε^2, ω_z, ω_c 和 $|H(\omega_z)|^2$ 求阶次数 n。

在 ω_z 点处，有

$$|H(\omega_z)|^2 = \frac{1}{1+\varepsilon^2 C_n^2\left(\dfrac{\omega_z}{\omega_c}\right)} \leqslant 0.031\ 622\ 7$$

解得

$$C_n\left(\frac{\omega_z}{\omega_c}\right) = C_n\left(\frac{2\pi\times 4\times 10^3}{2\pi\times 2\times 10^3}\right) = C_n(2) \geqslant \frac{1}{\varepsilon}\sqrt{\frac{1}{0.031\ 622\ 7}-1}$$

$$= \frac{5.533\ 8}{0.508\ 847} = 10.875$$

即

$$C_n(x) = \text{ch}\left[n\,\text{ch}^{-1}(2)\right] \geqslant 10.875$$

求得阶次数为

$$n \geqslant \frac{\text{ch}^{-1}(10.875)}{\text{ch}^{-1}(2)} = \frac{3.03}{1.316\ 5} = 2.32$$

取 $n=3$。

（4）计算传递函数 $H(s)$。

传递函数 $H(s)$ 可查表 6.10 或按式（6.50）计算，得

$$H(s) = \frac{1}{(s-s_1)(s-s_2)(s-s_3)}$$

$$= \frac{1}{(2.023\ 55s+1)(1.005\ 82s^2+0.497\ 06s+1)}$$

（5）以 $s \to \dfrac{s}{\omega_c}$ 代入，解归一化得

$$H(s) = \frac{1}{\left[2.023\ 55\left(\dfrac{s}{\omega_c}\right)+1\right]\left[1.005\ 82\left(\dfrac{s}{\omega_c}\right)^2+0.497\ 06\left(\dfrac{s}{\omega_c}\right)+1\right]}$$

关于切比雪夫滤波器传递函数 $H(s)$ 极点和各种波动切比雪夫滤波器传递函数分母因式表示式的详细数据见表 6.5～表 6.11。

表 6.5 切比雪夫滤波器传递函数 $H(s)$ 极点Ⅰ 0.5 dB 波动（$\varepsilon=0.349\ 311\ 4$）

n	s_n
1	−2.862 775 2
2	−0.712 812 2, ±j1.004 042 5
3	−0.626 456 5, −0.313 228 2, ±j1.021 927 5
4	−0.175 353 1, ±j1.016 252 9, −0.423 339 8, ±0.420 945 7
5	−0.362 319 6, −0.111 962 9, ±j1.011 557 4, −0.293 122 7, ±j0.625 176 8
6	−0.077 650 1, ±j1.008 460 8, −0.212 144 0, ±j0.738 244 6, −0.289 794 0, ±j0.270 216 2
7	−0.256 170 0, −0.057 003 2, ±j1.006 408 5, −0.159 719 4, ±j0.807 077 0, −0.230 801 2, ±j0.447 893 9
8	−0.043 620 1, ±j1.005 002 1, −0.124 219 5, ±j0.851 999 6, −0.185 907 6, ±j0.569 287 9, −0.219 292 9, ±j0.199 907 3
9	−0.198 405 3, −0.034 452 7, ±j1.004 004 0, −0.099 202 6, ±j0.882 906 3, −0.151 987 3, ±j0.655 317 0, −0.186 440 0, ±j0.348 686 9
10	−0.027 899 4, ±j1.003 273 2, −0.080 967 2, ±j0.905 065 8, −0.126 109 4, ±j0.718 264 3, −0.158 907 2, ±j0.461 154 1, −0.176 149 9, ±j0.158 902 9

表 6.6 切比雪夫滤波器传递函数 $H(s)$ 极点Ⅱ 1 dB 波动（$\varepsilon=0.508\ 847\ 1$）

n	s_n
1	−1.965 226 7
2	−0.548 867 2, ±j0.895 128 6
3	−0.494 170 6, −0.247 085 3, ±j0.965 998 7
4	−0.139 536 0, ±j0.983 379 2, −0.336 867 9, ±j0.407 329 0
5	−0.289 493 3, −0.089 458 4, ±j0.990 107 1, −0.234 205 0, ±j0.611 919 8
6	−0.062 180 1, ±j0.993 411 5, −0.169 881 7, ±j0.727 227 5, −0.232 062 7, ±j0.266 183 7
7	−0.205 414 1, −0.045 708 9, ±j0.995 283 9, −0.128 073 6, ±j0.798 155 7, −0.185 071 0, ±j0.443 943 0
8	−0.035 008 2, ±j0.996 451 3, −0.099 695 0, ±j0.844 750 6, −0.149 204 1, ±j0.554 443, −0.175 998 3, ±j0.198 206 5
9	−0.159 330 5, −0.027 667 4, ±j0.997 229 7, −0.079 665 2, ±j0.876 049 0, −0.122 054 2, ±j0.650 895 4, −0.149 721 7, ±j0.346 334
10	−0.022 414 4, ±j0.997 775 5, −0.101 316 6, ±j0.714 328 4, −0.065 049 3, ±j0.900 106 3, −0.127 666 1, ±j0.958 627 1, −0.141 519 3, ±j0.158 032 1

表 6.7 切比雪夫滤波器传递函数 $H(s)$ 极点Ⅲ 2 dB 波动（$\varepsilon=0.754\ 783\ 1$）

n	s_n
1	−1.307 560 3
2	−0.401 908 2, ±j0.689 375 0
3	−0.368 910 8, −0.184 455 4, ±j0.923 077 1
4	−0.104 887 2, ±j0.957 953 0, −0.253 220 2, ±0.396 897 1

续表 6.7

n	s_n
5	−0.218 308 3，−0.067 461 0，±j0.973 455 7，−0.176 615 1，±j0.601 628 7
6	−0.047 366 2，±j0.981 705 2，−0.128 333 2，±j0.718 658 1，−0.175 306 4，±j0.263 047 1
7	−0.155 295 8，−0.034 556 6，±j0.986 613 9，−0.096 825 3，±j0.791 202 9，−0.139 916 7，±j0.439 084 5
8	−0.026 492 4，±j0.989 787 0，−0.075 443 9，±j0.839 100 9，−0.112 909 8，±j0.560 663 9，−0.133 186 2，±j0.196 809 0
9	−0.120 629 3，−0.020 947 1，±j0.991 947 1，−0.060 314 9，±j0.872 303 6，−0.092 407 8，±j0.647 447 5，−0.113 354 9，±j0.344 499 6
10	−0.016 975 8，±j0.993 486 3，−0.076 733 2，±j0.711 258 0，−0.049 365 7，±j0.8962374，−0.096 689 4，±j0.456 655 8，−0.107 181 0，±j0.157 352 8

表 6.8　切比雪夫滤波器传递函数 $H(s)$ 极点Ⅳ　3 dB 波动（$\varepsilon = 0.997\ 628\ 3$）

n	s_n
1	−1.002 377 3
2	−0.322 449 8，±j0.777 157 6
3	−0.298 620 2，−0.149 310 1，±j0.903 814 4
4	−0.085 170 4，±j0.946 484 4，−0.205 619 5，±0.392 046 7
5	−0.775 085 0，−0.054 853 1，±j0.965 923 8，−0.143 607 4，±j0.596 973 8
6	−0.038 229 5，±j0.976 406 0，−0.104 445 0，±j0.714 778 8，−0.142 674 5，±j0.261 627 2
7	−0.126 485 4，−0.028 145 6，±j0.982 695 7，−0.078 862 3，±j0.788 060 8，−0.113 959 4，±j0.437 340 7
8	−0.021 578 2，±j0.986 766 4，−0.061 449 4，±j0.836 540 1，−0.091 965 5，±j0.558 958 2，−0.108 480 7，±j0.196 280 0
9	−0.098 271 6，−0.017 064 7，±j0.989 551 6，−0.049 135 8，±j0.870 197 1，−0.075 280 4，±j0.645 883 9，−0.092 345 1，±j0.343 667 7
10	−0.013 832 0，±j0.991 541 8，−0.040 141 9，±j0.894 482 7，−0.062 522 5，±j0.709 865 5，−0.078 782 9，±j0.455 761 7，−0.087 331 6，±j0.157 044 8

表 6.9　0.5 dB 波动切比雪夫滤波器传递函数分母因式表示式

n	$B_n(s)$
1	$0.349\ 311\ 4s+1$
2	$0.659\ 75s^2+0.940\ 33s+1$
3	$(0.875\ 44s^2+0.548\ 31s+1)(1.596\ 62s+1)$
4	$(0.940\ 35s^2+0.329\ 72s+1)(2.806\ 41s^2+2.375\ 65s+1)$
5	$(0.965\ 5s^2+0.216\ 16s+1)(2.097\ 69s^2+1.229\ 52s+1)(2.768\ 54s+1)$
6	$(0.97753s^2+0.151\ 78s+1)(1.694\ 99s^2+0.719\ 02s+1)(6.370\ 96s^2+3.691\ 81s+1)$
7	$(0.984\ 17s^2+0.112\ 18s+1)(1.477\ 41s^2+0.471\ 85s+1)(3.392s^2+1.818\ 03s+1)(3.904\ 41s+1)$
8	$(0.988\ 23s^2+0.086\ 2s+1)(1.348\ 95s^2+0.335\ 07s+1)(2.788\ 38s^2+1.036\ 56s+1)$ $(11.359\ 35s^2+4.981\ 1s+1)$
9	$(0.990\ 873s^2+0.683\ 569s+1)(1.266\ 841\ 5s^2+0.254\ 521\ 1s+1)(2.209\ 746\ 9s^2+0.707\ 84s+1)$ $(6.392\ 134s^2+2.385\ 02s+1)(5.040\ 187\ 9s+1)$
10	$(0.992\ 717\ 9s^2+0.055\ 392s+1)(1.211\ 093\ 9s^2+0.196\ 117\ 7s+1)(1.880\ 380\ 7s^2+0.742\ 67s+1)$ $(4.203\ 188\ 8s^2+1.335\ 833\ 9s+1)(17.768\ 648s^2+6.259\ 891\ 3s+1)$

表 6.10 1 dB 波动切比雪夫滤波器传递函数分母因式表示式

n	$B_n(s)$
1	$0.508\,847\,1s+1$
2	$0.900\,700s^2+0.995\,67s+1$
3	$(1.005\,82s^2+0.497\,06s+1)(2.023\,55s+1)$
4	$(1.013\,67s^2+0.282\,89s+1)(3.579\,06s^2+2.411\,4s+1)$
5	$(1.011\,82s^2+0.181\,02s+1)(2.329\,37s^2+1.091\,12s+1)(3.454\,23s+1)$
6	$(1.009\,35s^2+0.125\,33s+1)(1.793\,01s^2+0.609\,21s+1)(8.018\,67s^2+3.721\,74s+1)$
7	$(1.007\,37s^2+0.092\,1s+1)(1.530\,32s^2+0.391\,99s+1)(4.339\,3s^2+1.606\,19s+1)(4.068\,121s+1)$
8	$(1.005\,89s^2+0.074\,3s+1)(1.382\,09s^2+0.275\,58s+1)2.933\,75s^2+0.875\,47s+1)$ $(14.232\,37s^2+5.009\,83s+1)$
9	$(1.004\,790\,2s^2+0.055\,599\,8s+1)(1.289\,680\,2s^2+0.205\,485\,2s+1)(2.280\,179\,3s^2+0.556\,610\,9s+1)$ $(7.024\,252\,6s^2+2.103\,366s+1)(6.276\,262\,2s+1)$
10	$(1.003\,957s^2+0.045\,006\,1s+1)(1.921\,118s^2+0.389\,282\,3s+1)(1.227\,863s^2+0.159\,744s+1)$ $(4.412\,332\,4s^2+1.126\,613\,2s+1)(22.221\,33s^2+6.289\,495s+1)$

表 6.11 2 dB 波动切比雪夫滤波器传递函数分母因式表示式

n	$B_n(s)$
1	$0.764\,783\,1s+1$
2	$1.215\,03s^2+0.976\,61s+1$
3	$(1.126\,56s^2+0.416\,32s+1)(2.710\,82s+1)$
4	$(1.076\,81s^2+0.225\,88s+1)(4.513\,431s^2+2.285\,67s+1)$
5	$(1.650\,24s^2+0.141\,69s+1)(2.543\,59s^2+0.898\,43s+1)(4.580\,9s+1)$
6	$(1.035\,25s^2+0.097\,25s+1)(1.876\,4s^2+0.481\,58s+1)(10.007\,71s^2+3.508\,66s+1)$
7	$(1.026\,05s^2+0.070\,93s+1)(1.573\,84s^2+0.304\,85s+1)(4.708\,47s^2+1.317\,9s+1)(6.437\,81s+1)$
8	$(1.020\,01s^2+0.054\,04s+1)(1.408\,89s^2+0.212\,57s+1)(3.057\,2s^2+0.690\,34s+1)$ $(17.699\,4s^2+4.714\,42s+1)$
9	$(1.015\,849\,4s^2+0.042\,558s+1)(1.307\,956\,3s^2+0.157\,778\,5s+1)(2.337\,633\,8s^2+0.432\,031\,1s+1)$ $(7.602\,867\,8s^2+1.723\,644\,8s+1)(8.289\,825\,5s+1)$
10	$(1.012\,859s^2+0.034\,881s+1)(1.241\,205\,1s^2+0.122\,297\,6s+1)(1.974\,424\,4s^2+0.303\,007\,8s+1)$ $(4.589\,612\,8s^2+0.887\,533\,8s+1)(27.587\,934s^2+5.913\,809\,7s+1)$

习 题

6.1 下列各函数是否为可实现系统的频率特性幅度平方函数？如果是，请求出相应的最小相位函数；如果不是，请说明理由。

（1） $|H(\mathrm{j}\omega)|^2=\dfrac{1}{\omega^4+\omega^2+1}$

（2） $|H(\mathrm{j}\omega)|^2=\dfrac{1+\omega^4}{\omega^4-3\omega^2+2}$

(3) $|H(\mathrm{j}\omega)|^2 = \dfrac{100-\omega^4}{\omega^4+20\omega^2+10}$

6.2　已知滤波器幅度平方函数如下，求传递函数 $H(s)$，并画出零、极点图。

(1) $A(\omega^2) = \dfrac{25(4-\omega^2)^2}{(9+\omega^2)(16+\omega^2)}$

(2) $A(\omega^2) = \dfrac{1}{1-\omega^2+\omega^4}$

(3) $A(\omega^2) = \dfrac{4}{6+5\omega^2+\omega^4}$

(4) $A(\omega^2) = \dfrac{4(9-\omega^2)^2}{6+5\omega^2+\omega^4}$

6.3　巴特沃思滤波器的幅度平方函数为 $A(\omega^2) = \dfrac{1}{1+\omega^6}$，求传递函数 $H(s)$ 并画出极点分布图。

6.4　计算 $n=3, 4$ 时，巴特沃思幅度平方函数 $|H(\mathrm{j}\omega)|^2 = A(\omega^2)$ 的极点，并验证表 6.3 多项式 $B_3(s)$ 和 $B_4(s)$ 的正确性。

6.5　利用表 6.3，确定 3 阶巴特沃思低通滤波器的传递函数，3 dB 截止频率为 1 kHz。

6.6　设计一低通巴特沃思滤波器的传递函数 $H(s)$，要求满足下列指标：

(1) 3 dB 截止频率 $\omega_c = 10^5$ rad/s。

(2) 在阻带起点频率 $\omega_z = 4\times10^5$ rad/s 处衰减，$\delta_z \geqslant 35$ dB。

6.7　设计一低通切比雪夫滤波器的传递函数 $H(s)$，要求满足下列指标：

(1) 通带截止频率 $\omega_c = 1$ rad/s，最大波动 $\delta_1 \leqslant 1$ dB。

(2) 在阻带起点频率 $\omega_z = 4$ rad/s 处衰减 $\delta_z \geqslant 40$ dB。

6.8　设计一带通滤波器的传递函数 $H(s)$，要求满足下列指标：

(1) 4 个极点。

(2) 巴特沃思响应。

(3) 几何中心频率为 1 kHz。

(4) 3 dB 带宽为 200 Hz。

6.9　设计一带阻滤波器的传递函数 $H(s)$，要求满足下列指标：

(1) 4 个极点。

(2) 巴特沃思响应。

(3) 几何中心频率为 1 kHz。

(4) 3 dB 带宽为 200 Hz。

6.10　设计一高通滤波器的传递函数 $H(s)$，要求满足下列指标：

(1) 3 个极点。

(2) 巴特沃思响应。

(3) 3 dB 截止频率为 100 Hz。

6.11　设计一带通滤波器的传递函数 $H(s)$，要求满足下列指标：

(1) 在 100 kHz $\leqslant f \leqslant$ 105 kHz 通带之内，响应的变动在 3 dB 内。

(2) 在 3 倍于 3 dB 带宽的频率处衰减 $\delta_z \geqslant 38$ dB。

第 7 章　数字滤波器

内容提要

1. 数字滤波器是处理数字信号的装置，数字滤波过程是一个计算过程
2. IIR 数字滤波器及“冲激响应不变法”、“双线性变换法”设计
3. FIR 数字滤波器及“窗口法”、“频率抽样法”设计
4. 数字滤波器的结构

7.1　基本概念

7.1.1　基本工作原理

数字滤波器是处理数字信号的装置，具有一定的传输选择特性，它本身是一个线性时不变离散系统，用差分方程来描述，用离散变换方法来分析。数字滤波过程是一个计算过程，是将输入序列按预定要求转换成输出序列，所以，数字滤波器的基本工作原理是利用离散系统特性去改变输入的数字信号波形或频谱。

模拟滤波器理论是数字滤波器设计的基本依据，一个模拟滤波过程可由数字滤波过程逼近或代替。图 7.1 和图 7.2 所示为两种滤波器的结构。

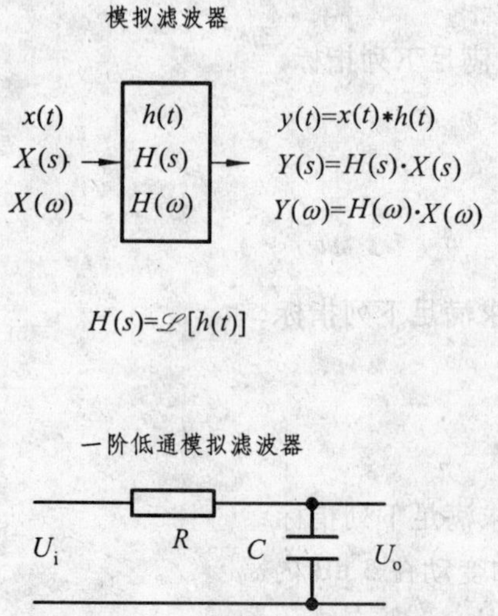

图 7.1　模拟滤波器

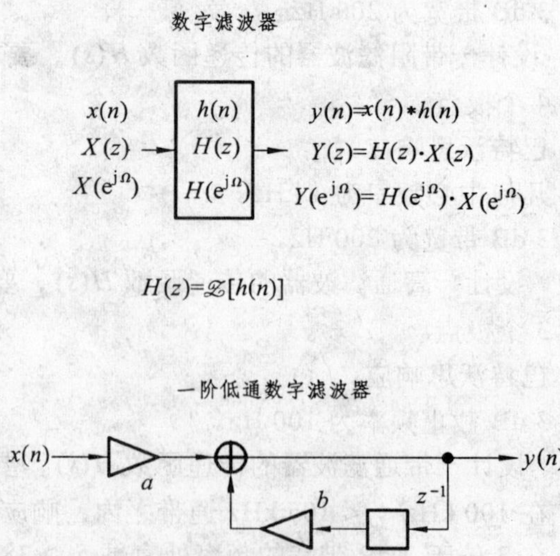

图 7.2　数字滤波器

1. 数字滤波器过程

一个完整的数字滤波过程由 A/D、D/A 转换器和数字滤波器三部分组成，先将模拟信号经 A/D 转换成数字信号，经数字滤波器后，去掉不需要的成分，然后再通过 D/A 转换成模拟信号。整个过程如图 7.3 所示。

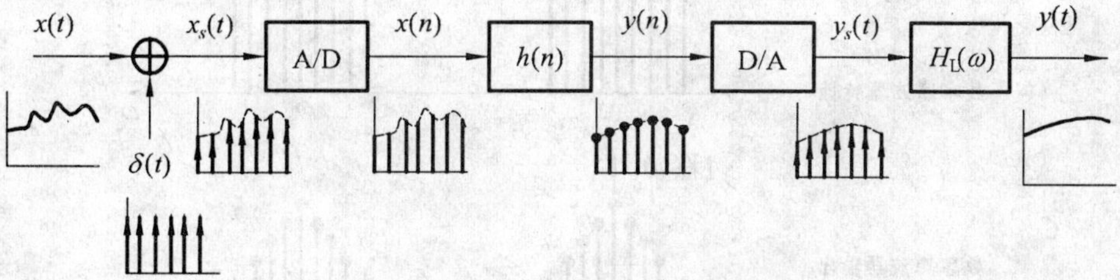

图 7.3　数字滤波过程

1）抽样过程

时间连续的输入信号 $x(t)$ 经周期脉冲信号 $\delta(t)$ 抽样后，得抽样信号 $x_s(t)$，该抽样信号 $x_s(t)$ 通过 A/D 转换并量化为抽样序列 $x(n)$，该过程频谱的映射关系为

$$X_s(\omega)=\frac{1}{T}\sum_{m=-\infty}^{\infty}X(\omega-m\omega_s)=X(e^{j\Omega})\big|_{\Omega=\omega T} \tag{7.1}$$

2）数字滤波过程

数字滤波过程是将抽样序列 $x(n)$ 通过一个数字低通滤波器。如果是理想滤波器，则其幅频特性为

$$\left|H(e^{j\Omega})\right|=\begin{cases}1, & |\Omega|<\Omega_0=\omega_a T\\ 0, & \Omega_0<|\Omega|<\pi\end{cases} \tag{7.2}$$

$x(n)$ 经过滤波器后，输出滤波信号：

时域　　$y(n)=h(n)*x(n)$　　(7.3)

频域　　$Y(e^{j\Omega})=H(e^{j\Omega})X(e^{j\Omega})$　　(7.4)

由于抽样信号 $x(n)$ 的频谱是原连续信号 $x(t)$ 的频谱在频率轴上的周期延拓，滤波器输出信号 $y(n)$ 的频谱仍然如此，是一周期性频谱，是非带限的，但不需要的信号已经被滤掉，因此，滤波后的信号 $y(n)$ 经 D/A 转换成模拟信号 $y_s(t)$ 后，还必须通过一个理想模拟低通滤波器 $H_L(\omega)$，去掉高频延拓部分，抽取主值频段，才能得到所需信号 $y(t)$。从整滤波过程来看，数字滤波过程比模拟滤波过程复杂，它的最大优点是滤波过程可以利用计算机来实现。图 7.4 所示为数字滤波过程频谱的变化情况。

3）滤波后信号的恢复

理想模拟低通滤波器幅频特性

$$\left|H_L(\omega)\right|=\begin{cases}T, & |\omega|\leqslant\omega_s/2\\ 0, & |\omega|>\omega_s/2\end{cases} \tag{7.5}$$

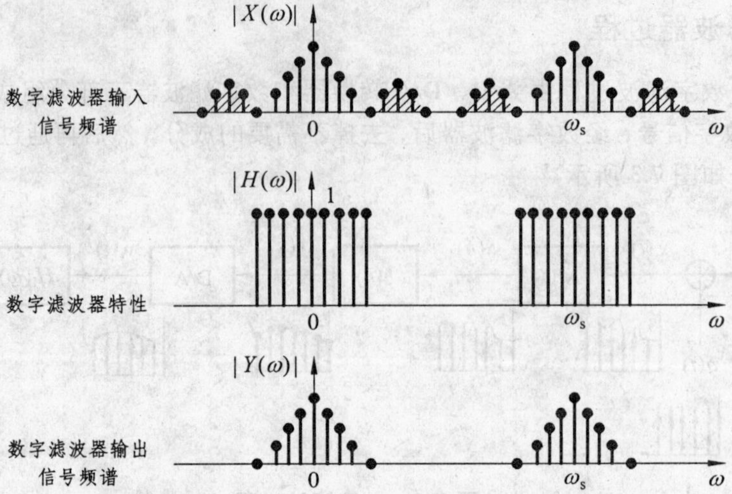

图 7.4 数字滤波器的输出

信号恢复用模拟低通滤波器的输入信号为

$$Y_{\mathrm{s}}(\omega)=Y(\mathrm{e}^{\mathrm{j}\Omega})\big|_{\Omega=\omega T}=\left[H(\mathrm{e}^{\mathrm{j}\Omega})X(\mathrm{e}^{\mathrm{j}\Omega})\right]\big|_{\Omega=\omega T}=\frac{1}{T}\sum_{m=-\infty}^{\infty}X_a(\omega-m\omega_{\mathrm{s}}) \tag{7.6}$$

信号（滤波器输出）的频谱为

$$Y(\omega)=H_{\mathrm{L}}(\omega)Y_{\mathrm{s}}(\omega)=T\cdot\frac{1}{T}X_a(\omega)=X_a(\omega) \tag{7.7}$$

则滤波后的时域信号为

$$y(t)=\mathscr{F}^{-1}\left[Y(\omega)\right]=\mathscr{F}^{-1}\left[X_a(\omega)\right]=x_a(t) \tag{7.8}$$

模拟低通滤波器输出如图 7.5 所示。

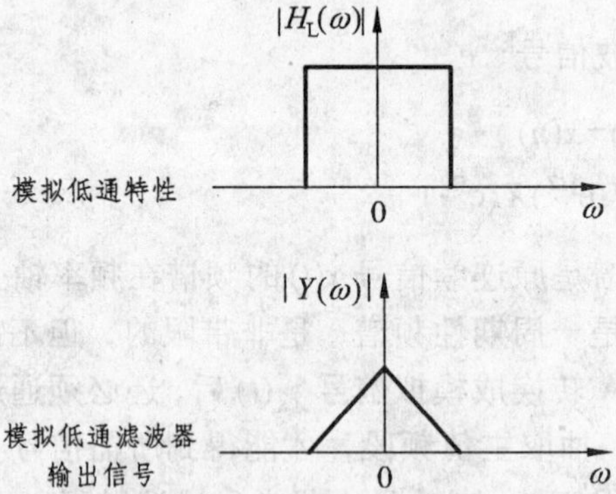

图 7.5 模拟低通滤波器输出

2. 数字滤波器与模拟滤波器的关系

整个数字滤波过程等效为一个模拟滤波器，二者的关系为

$$H_a(\omega)=H(\mathrm{e}^{\mathrm{j}\omega T})=H(\mathrm{e}^{\mathrm{j}\Omega})\big|_{\Omega=\omega T} \tag{7.9}$$

假定抽样信号满足抽样定理，则模拟低通滤波器有 $|\omega| < \frac{\omega_s}{2}$，由于数字角频率是在 2π 区间以 ω_s 的等间隔抽样，所以数字滤波器有 $|\Omega| < \pi$，二者的关系为 $\Omega = \omega T$。

7.1.2　数字滤波器分类

1. 按系统时域性能分

如前所叙，数字滤波器的输出在时域是输入序列 $x(n)$ 与滤波器冲激响应序列 $h(n)$ 的离散卷积，即

$$y(n) = x(n) * h(n) = \sum_{m=-\infty}^{\infty} x(m)h(n-m) \tag{7.10}$$

由于 $h(n)$ 为无限长序列，所以 $y(n)$ 亦为无限。

我们可以根据 $h(n)$ 的长度来分类：

1）无限冲激响应数字滤波器（IIR）

若取 $h(n)$ 为无限长序列，则相应的数字滤波器称为无限冲激响应数字滤波器（infinite impulse response digital filter）。

在实现中采用反馈形式来达到 $h(n)$ 为无限长序列的目的，即滤波器的现时输出与现时输入和有限个过去的输入及输出（移序）有关,，其差分方程为

$$y(n) = \sum_{r=0}^{M} a_r x(n-r) - \sum_{k=1}^{N} b_k y(n-k) \tag{7.11}$$

式中，a_r, b_r 为数字滤波器系数，相应的系统函数为

$$H(z) = \frac{Y(z)}{X(z)} = \frac{\sum_{r=0}^{M} a_r z^{-r}}{1 + \sum_{k=1}^{N} b_k z^{-k}} \tag{7.12}$$

2）有限冲激响应数字滤波器（FIR）

若取 $h(n)$ 为有限长序列，则相应的数字滤波器称为有限冲激响应数字滤波器（finite impulse response digital filter）。

$h(n)$ 为有限长序列时，滤波器的现时输出与现时输入和有限个过去的输入有关，与过去的输出无关，差分方程为

$$y(n) = \sum_{r=0}^{M} h(r) x(n-r) \tag{7.13}$$

系统函数为

$$H(z) = \sum_{r=0}^{M} h(r) z^{-r} = \sum_{r=0}^{M} a_r z^{-r} \tag{7.14}$$

与无限冲激响应数字滤波器系统函数比较，其分母系数 $b_k = 0$。

2. 按系统的结构分

1）递归式滤波器（循环式滤波器）

滤波器的输出 $y(n)$ 不仅与输入有关，而且与过去的输出（移序）值有关。在结构上存在反馈环路，如图 7.6 所示，IIR 滤波器属此类型。

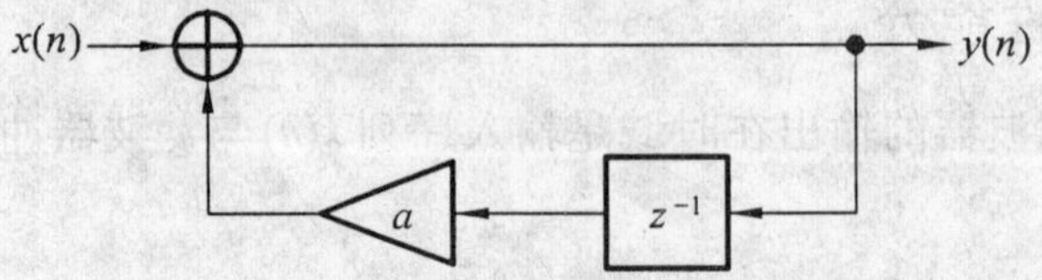

图 7.6 递归式滤波器

2）非递归式滤波器（非循环式滤波器）

滤波器的输出 $y(n)$ 只与输入及其移序有关，与输出的移序值无关，无反馈结构（见图 7.7）。在一般情况下，FIR 滤波器属此类型。有时，FIR 滤波器也可以采用循环式结构。

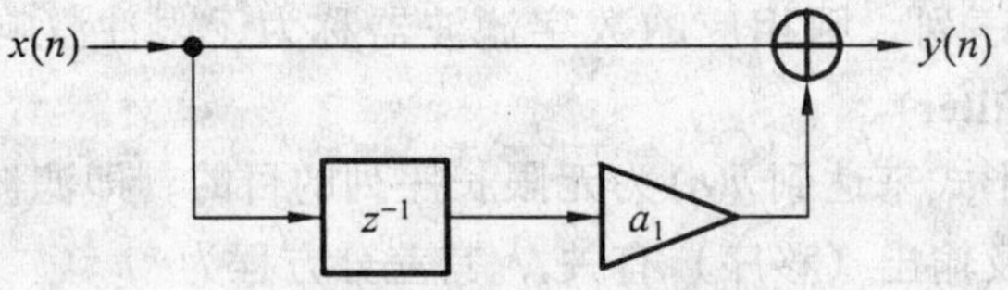

图 7.7 非递归式滤波器

3. 按频域特性分

按频域特性分，与模拟滤波器一样，共有五类：低通、高通、带通、带阻和全通。不同之处是，数字滤波器的频率范围为 $\Omega = 0 \sim \pi$，所以数字滤波器具有周期性，其特性曲线如图 7.8 所示。

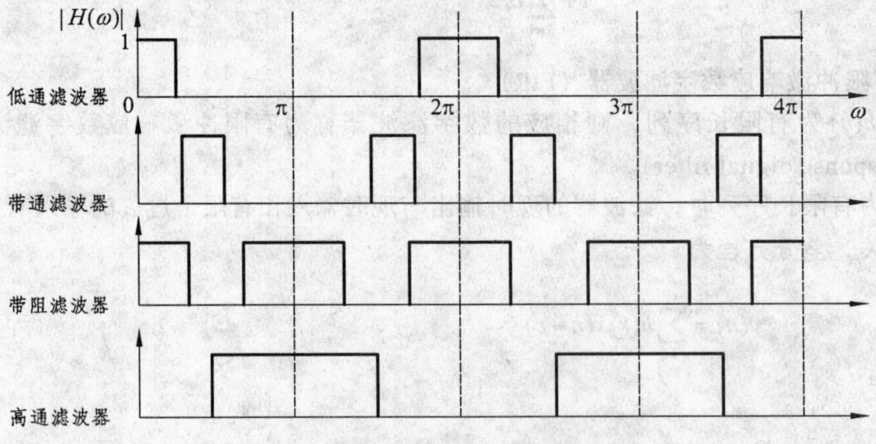

图 7.8 数字波滤器特性曲线

7.1.3　数字滤波器的优点和缺点

1. 数字滤波器的优点

(1) 由于数字滤波器处理数字信号，故抗干扰能力很强，不怕电磁感应。

(2) 模拟滤波器的动态范围一般为 60～70 dB，而数字滤波器不受此限制，增加字长就可提高动态范围。

(3) 不存在阻抗匹配问题。

(4) 不存在因电阻、电容和电感等元件老化引起的误差，也不会因环境变化而产生零漂。

(5) 数字滤波器的带宽可以做得很大。

(6) 在某些情况下，数字滤波器的幅度特性和相位特性可以分别给出，因而可以实现模拟滤波器无法做到的严格线性相位滤波。

(7) 数字滤波器可方便地通过编程调节，容易实现不同类型滤波之间的转换，而不必更换元件（电阻、电容等）。

2. 数字滤波器的缺点

(1) 存在量化误差，字长越短量化误差越大。

(2) 工作频率受 A/D 和 D/A 变换的影响，难于实现高频工作。

(3) 数字滤波器的设计和实现较模拟滤波器困难。

(4) FIR 滤波器存在较大的时延。

(5) 数字滤波器的特性具有周期性，存在失真现象。

7.2　IIR 数字滤波器

数字滤波器的设计较模拟滤波器复杂，大体有三个步骤：制订技术指标；确定系统函数；数字系统实现。

IIR 滤波器设计的基本思路是先设计出模拟滤波器，然后再用数字滤波器逼近。

第一步：按照技术要求，设计一个模拟滤波器，求得传递函数 $H_a(s)$。

第二步：建立模拟滤波器 $H_a(s)$ 与数字滤波器 $H(z)$ 之间的映射关系，这种关系要求满足两个条件：

①：s 平面的虚轴映射为 z 平面的单位圆，以保证频率特性。

②：s 平面左半部映射到 z 平面的单位圆内，以保证稳定性。

常用方法：冲激响应不变法；双线性变换法。

7.2.1 冲激响应不变法

1. 基本原理及变换关系

对模拟滤波器冲激响应 $h_a(t)$ 进行抽样——冲激响应不变换。

$$h(n) = h_a(t)\big|_{t=nT} = h_a(nT) \tag{7.15}$$

式中，T 为抽样周期。

由前述各章分析知，冲激抽样信号与冲激抽样序列的傅氏、拉氏和 z 变换之间的关系，设 $H_a(s)$ 为模拟滤波器的系统函数：

（1）$H_a(s)$ 与 $H(z)$ 之间，映射关系 $z = \mathrm{e}^{sT}$，则

$$H(z)\big|_{z=\mathrm{e}^{sT}} = \frac{1}{T}\sum_{m=-\infty}^{\infty} H_a\left(s + \mathrm{j}\frac{2\pi}{T}m\right) \tag{7.16}$$

（2）$H_a(\mathrm{j}\omega)$ 与 $H(\mathrm{e}^{\mathrm{j}\Omega})$ 之间，映射关系 $\Omega = \omega T$

$$H(\mathrm{e}^{\mathrm{j}\Omega})\big|_{\Omega=\omega T} = \frac{1}{T}\sum_{m=-\infty}^{\infty} H_a\left(\mathrm{j}\omega + \mathrm{j}\frac{2\pi}{T}m\right) \tag{7.17}$$

由式（7.16）和式（7.17）可知，数字滤波器的传输函数 $H(z)$ 或频响函数 $H(\mathrm{e}^{\mathrm{j}\Omega})$ 是模拟滤波器的传递函数 $H_a(s)$ 或频响函数 $H_a(\mathrm{j}\omega)$ 的周期延拓，其延拓周期均为 $\dfrac{2\pi}{T}$。

周期延拓导致的两个问题：

（1）由于模拟滤波器不是带限的，因此数字滤波器的频率特性存在混叠现象。

（2）由于混叠现象，使数字滤波器的频率特性不可能与模拟滤波器特性完全等效。只有在折叠频率内，才能较好地等效，即

$$H(\mathrm{e}^{\mathrm{j}\Omega})\big|_{\Omega=\omega T} = \frac{1}{T}H_a(\mathrm{j}\omega), \quad |\omega| \leqslant \frac{\pi}{T} = \frac{\omega_s}{2} \tag{7.18}$$

频率 ω 越低，等效性越好，图 7.9 反映了混叠情况。

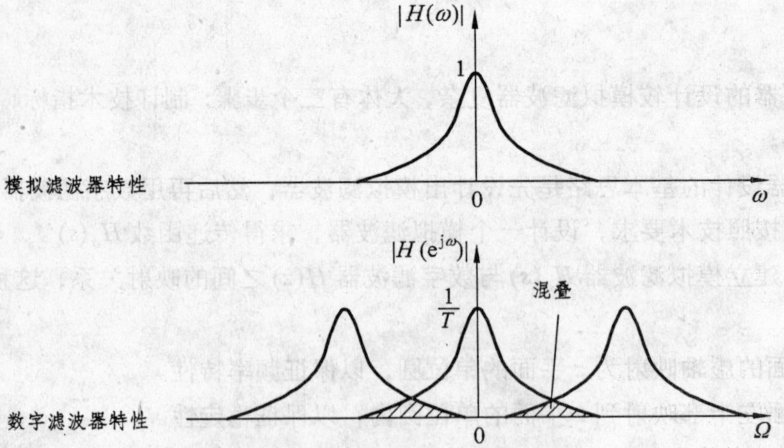

图 7.9 模拟和数字滤波器特性

可见，用冲激响应不变法设计低通和带通数字滤波器可得到较好效果，而设计高通和带阻滤波器时效果不会很理想。

2. $H_a(s)$ 和 $H(z)$ 间的变换关系

(1) 将 $H_a(s)$ 展成单阶极点形式：$H_a(s)=\sum_{i=1}^{N}\frac{A_i}{s-s_i}$，则冲激响应函数为

$$h_a(t)=\mathscr{L}^{-1}[H_a(s)]=\sum_{i=1}^{N}A_i e^{s_i t}u(t) \tag{7.19}$$

(2) 对 $h_a(t)$ 抽样，得数字滤波器的冲激响应序列

$$h(n)=h_a(t)\big|_{t=nT}=\sum_{i=1}^{N}A_i\left(e^{s_iT}\right)^n u(n) \tag{7.20}$$

(3) 对 $h(n)$ 取 z 变换，得数字滤波器的系统函数

$$H(z)=Z[h(n)]=\sum_{i=1}^{N}\frac{TA_i}{1-e^{s_i t}z^{-1}} \tag{7.21}$$

式中考虑了 T 倍关系，比较 $H_a(s)$ 和 $H(z)$ 的系数就可求出 $H(z)$。

3. 稳定性问题

对于模拟滤波器，其稳定条件是 $H_a(s)$ 的所有极点应落在 s 平面的左半部，映射成数字滤波器后，$H(z)$ 的极点是落在 z 平面的单位圆内的，所以数字滤波器是稳定的。

4. 逼近程度问题

要保证所设计的数字滤波器完全逼近原模拟滤波器，要求：s 平面的虚轴必须映射为 z 平面的单位圆；数字频率与模拟频率间保持线性变换。后者是得到满足的，但 s 平面的模拟滤波器和 z 平面的数字滤波器间映射关系不是唯一的。

5. 存在的问题

由 $Z_i=e^{s_iT}$ 知，$H(z)$ 是与 $H_a(s)$ 的周期延拓映射，而不是 $H_a(s)$ 本身映射，如图 7.10 所示。

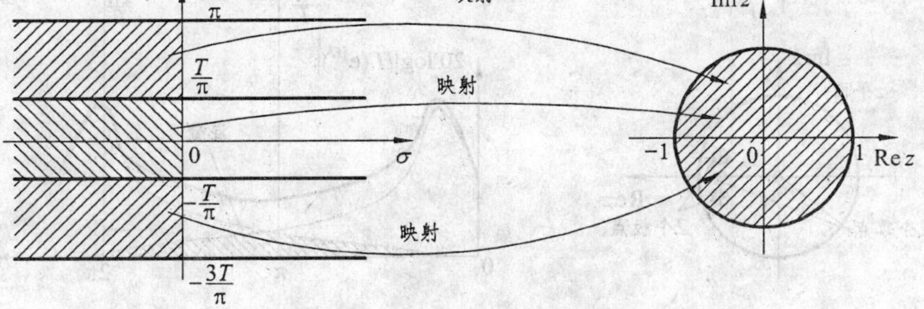

图 7.10　$H(z)$ 与 $H_a(s)$ 的映射

从图中可以看出，s 平面的虚轴 $\mathrm{j}\omega$ 每变化 $\frac{2\pi}{T}$，其左半部的横带都映射到单位圆内，是周期性映射，在频谱 $H(\omega)$ 上的反映是存在混叠现象。

【例 7.1】　设模拟滤波器有一个零点 $s_0=-a$，一对共轭极点 $s_{p1}=-a+\mathrm{j}b$，$s_{p2}=-a-\mathrm{j}b$，传递函数为 $H_a(s)=\frac{s+a}{(s+a-\mathrm{j}b)(s+a+\mathrm{j}b)}$，展开部分分式 $H_a(s)=\sum_{i=1}^{N}\frac{A_i}{s-s_i}=\frac{1}{2}\frac{1}{s+a+\mathrm{j}b}+\frac{1}{2}\frac{1}{s+a-\mathrm{j}b}$。

解　(1) 求 $h_a(t)$：

$$h_a(t)=\mathscr{L}^{-1}\left[H_a(s)\right]=\sum_{i=1}^{N}A_i\mathrm{e}^{s_it}u(t)$$

(2) 对模拟滤波器冲激响应函数抽样

$$h(n)=h_a(t)\Big|_{t=nT}=h_a(nT)=\sum_{i=1}^{N}A_i\left(\mathrm{e}^{s_iT}\right)^n u(n)$$

(3) 对 $h(n)$ 取 z 变换，得数字滤波器系统函数

$$H(z)=\sum_{i=1}^{N}\frac{A_i}{1-\mathrm{e}^{s_iT}z^{-1}}=\frac{1}{2}\frac{1}{1-\mathrm{e}^{(-a+\mathrm{j}b)T}z^{-1}}+\frac{1}{2}\frac{1}{1-\mathrm{e}^{(-a-\mathrm{j}b)T}z^{-1}}$$

$$=\frac{z\left(z-\mathrm{e}^{aT}\cos bT\right)}{\left(z-\mathrm{e}^{-aT}\mathrm{e}^{-\mathrm{j}bT}\right)\left(z-\mathrm{e}^{-aT}\mathrm{e}^{\mathrm{j}bT}\right)}$$

数字滤波器的 $H(z)$ 零极点：

两个零点 $\begin{cases}z_{01}=0\\ z_{02}=\mathrm{e}^{aT}\cos bT\end{cases}$；　两个极点 $\begin{cases}z_{p1}=\mathrm{e}^{-aT}\mathrm{e}^{-\mathrm{j}bT}\\ z_{p2}=\mathrm{e}^{-aT}\mathrm{e}^{\mathrm{j}bT}\end{cases}$

可见两者零点之间不存在 $z=\mathrm{e}^{sT}$ 的映射关系，如图 7.11 所示。

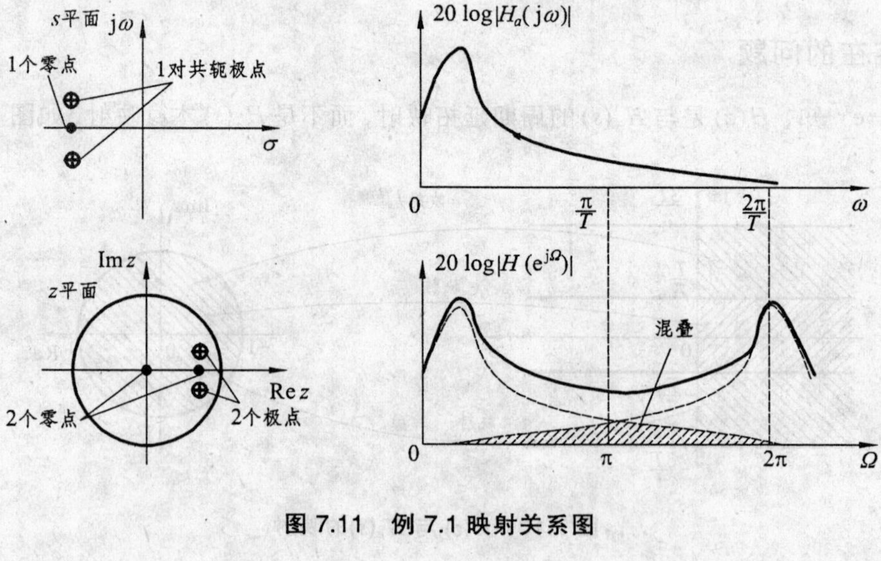

图 7.11　例 7.1 映射关系图

7.2.2　双线性变换法

双线性变换法是使模拟滤波器与数字滤波器在输入、输出上相互模仿，从而达到频响相互模仿的目的。该法不存在频谱混淆，但角频率间为非线性变换。设模拟滤波器的微分方程为

$$c_1 y_a'(t) + c_0 y_a(t) = d_0 x_a(t) \tag{7.22}$$

拉氏变换　$$(c_1 s + c_0)Y(s) = d_0 X_a(s) \tag{7.23}$$

系统函数　$$H(s) = \frac{Y(s)}{X(s)} = \frac{d_0}{c_1 s + c_0} \tag{7.24}$$

用差分方程逼近微分方程

$$y(n) - y(n-1) = \frac{T}{2}\left\{-\frac{c_0}{c_1}\left[y(n) + y(n-1)\right] + \frac{d_0}{c_1}\left[x(n) + x(n-1)\right]\right\} \tag{7.25}$$

作 z 变换得

$$H(z) = \frac{Y(z)}{X(z)} = \frac{d_0}{c_1\left(\frac{2}{T} \cdot \frac{1-z^{-1}}{1+z^{-1}}\right) + c_0} \tag{7.26}$$

比较上述两系统函数，设 s 平面到 z 平面的映射关系为如下简单代数式

$$s = \frac{2}{T}\frac{1-z^{-1}}{1+z^{-1}} \quad 或 \quad z = \frac{\frac{2}{T}+s}{\frac{2}{T}-s} \tag{7.27}$$

则有　$$H(z) = H_a(s)\Big|_{s=\frac{2}{T}\frac{1-z^{-1}}{1+z^{-1}}}$$

式中，T 为抽样时间。这意味着数字滤波器的差分方程是模拟滤波器微分方程的近似解。

将式（7.27）改写为

$$z = \frac{1+(T/2)s}{1-(T/2)s} \tag{7.28}$$

其分子和分母都是 s 的一次方，故称为双线性变换。若令 $s = \mathrm{j}\omega$，则有

$$z = \frac{1+(T/2)\mathrm{j}\omega}{1-(T/2)\mathrm{j}\omega} = \frac{(2/T)+\mathrm{j}\omega}{(2/T)-\mathrm{j}\omega} \tag{7.29}$$

式（7.27）反映了 s 平面虚轴与 z 平面单位圆的映射关系。

双线性变换的映射关系如图 7.12 所示。

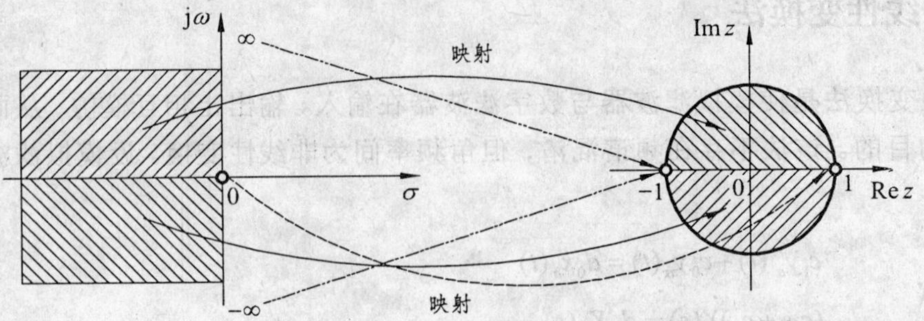

图 7.12 双线性变换的映射关系

由式（7.29）可知：

当 $\omega=0$ 时，$z=1$；当 $\omega\to\pm\infty$ 时，$z=-1$。

当 ω 从 $0\to\infty$ 时，z 的相角 Ω 由 $0\to\pi$，单调增加，z 的模 $|z|$ 不变。

当 ω 从 $-\infty\to 0$ 时，z 的相角 Ω 由 $\pi\to 2\pi$，z 由 $-1\to 1$，即有 $|z|\equiv 1$，令 $z=|z|\mathrm{e}^{\mathrm{j}\Omega}$，代入上式有

$$\mathrm{e}^{\mathrm{j}\Omega}=\frac{1+(T/2)\mathrm{j}\omega}{1-(T/2)\mathrm{j}\omega} \tag{7.30}$$

则

$$\mathrm{j}\omega=\frac{2}{T}\frac{1-\mathrm{e}^{\mathrm{j}\Omega}}{1+\mathrm{e}^{\mathrm{j}\Omega}}=\frac{2}{T}\frac{\mathrm{e}^{\mathrm{j}(\Omega/2)}-\mathrm{e}^{\mathrm{j}(\Omega/2)}}{\mathrm{e}^{\mathrm{j}(\Omega/2)}+\mathrm{e}^{\mathrm{j}(\Omega/2)}}=\frac{2}{T}\mathrm{j}\tan\frac{\Omega}{2} \tag{7.31}$$

得

$$\omega=\frac{2}{T}\tan\frac{\Omega}{2}\quad 或\quad \Omega=2\tan^{-1}\frac{\omega}{2} \tag{7.32}$$

可见，双线性变换虽然建立了 s 平面与 z 平面间的简单代数映射关系，但数字角频率与模拟角频率之间是非线性的，造成了非线性频率失真。

双线性变换的稳定性问题与冲激响应不变法类似。

优点：克服了频谱混叠现象，具有好的幅度特性，适用多种滤波器设计。

缺点：由于将模拟角频率 ω 的变化范围 $0\sim\infty$ 压缩在数字角频率 Ω 的范围 $0\sim\pi$ 内，造成了非线性频率失真。

“预畸”方法：

为了解决非线性频率失真，在建立数字滤波器频率与模拟滤波器频率的关系时，不采用 $\omega=\dfrac{\Omega}{T}$ 这种线性关系来求，而是采用非线性关系 $\omega=\dfrac{2}{T}\tan\dfrac{\Omega}{2}$ 来求得，这就保证了通过双线性变换后，设计的模拟截止频率正好映射在所要求的数字截止频率上。

7.2.3 低通 IIR 数字滤波器设计

IIR 数字滤波器设计步骤：

（1）指标转换：数字滤波器指标→模拟原型指标，频率变换关系 $\omega=f(\Omega)$。

（2）用模拟原型指标设计模拟滤波器，求传递函数 $H_a(s)$。

(3) 通过 s 与 z 变量间的映射关系，由 $H_a(s)$ 求得 $H(z)$。

数字滤波器指标 $\xrightarrow{\text{指标转换}}$ 模拟原型滤波器指标 $\xrightarrow{\text{设计模拟滤波器}}$ 模拟滤波器 $\longrightarrow$ 坐标映射（坐标变换）$\xrightarrow{\text{映射}}$ 数字滤波器

1. 指标转换

滤波器特性指标（技术条件）有通带指标和阻带指标两种，按下面频率范围给出：

(1) 按数字滤波器要求给出时，其频率范围为：$\Omega = 0 \sim \pi$。

(2) 按模拟滤波器要求给出时，其频率范围为：$\omega = 0 \sim \infty$。

两种指标的对应关系如图 7.13 所示。

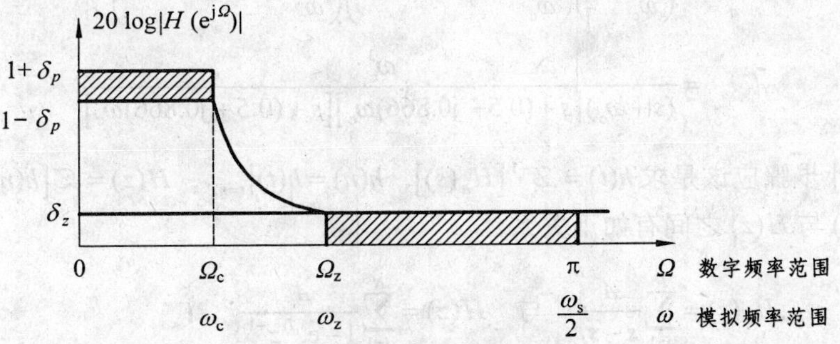

图 7.13　两种指标的对应关系

假定指标是以模拟形式给出的，则变换步骤如下：

$$\text{模拟指标}\ \omega_c\omega_z \xrightarrow{\Omega=\omega T} \text{数字指标}\ \Omega_c\Omega_z \longrightarrow \text{转换}\begin{cases}\lambda = \dfrac{\Omega}{T} = \dfrac{\omega T}{T} = \omega \\ \lambda = \dfrac{2}{T}\tan \Omega/2\end{cases} \longrightarrow \text{模拟原型指标}\ \lambda_c\lambda_z$$

由上面转换步骤可见，对于双线变换法，因需要“预畸”，其中间转换步骤是不可缺少的；但对于冲激响应不变法来说，因不需要“预畸”，如果给出的是模拟指标，实际上不需要转换。

2. 巴特沃思数字滤波器设计举例

1）冲激响应不变法

【例 7.2】　用冲激响应不变法设计巴氏数字滤波器，逼近一巴氏模拟低通滤波器。

指标：　通带 $\omega_c = 2\pi\times 2K$ rad/s，在 ω_c 处 $\delta_c \leqslant 3$ dB。

阻带 $\omega_z = 2\pi\times 4K$ rad/s，在 ω_z 处 $\delta_z \geqslant 15$ dB。

抽样频率 $f_s = 20$ kHz。

解：(1) 指标转换。

由于给出的是模拟指标，对于冲激响应不变法不需要转换。

(2) 设计模拟原型低通滤波器。

根据前述模拟滤波器方法，有

$$n \geqslant \frac{\lg\left(10^{0.1\delta_z}-1\right)}{2\lg\dfrac{\omega_z}{\omega_c}} = \frac{\lg\left(10^{0.1\times 15}-1\right)}{2\lg\dfrac{2\pi\times 4\times 10^3}{2\pi\times 2\times 10^3}} = 2.468 \text{，取 } n=3$$

根据阶次数 $n=3$ 查表 6.1 或按公式计算，得归一化低通 $H_L(s)$ 为

$$H_L(s) = \frac{1}{(s+1)(s+0.5-0.866\mathrm{j})(s+0.5+0.866\mathrm{j})}$$

归一化低通频率变换

$$H_a(s) = \frac{1}{\left(\dfrac{s}{\omega_c}+1\right)\left(\dfrac{s}{\omega_c}+0.5-0.866\mathrm{j}\right)\left(\dfrac{s}{\omega_c}+0.5+0.866\mathrm{j}\right)}$$

$$= \frac{\omega_c^3}{(s+\omega_c)\left[s+(0.5-\mathrm{j}0.866)\omega_c\right]\left[s+(0.5+\mathrm{j}0.866)\omega_c\right]}$$

（3）按设计步骤应该是求 $h(t)=\mathscr{L}^{-1}\left[H_a(s)\right]$，$h(n)=h(t)\big|_{t=nT}$，$H(z)=\mathscr{Z}\left[h(n)\right]$，但从前面推导得知，$H_a(s)$ 与 $H(z)$ 之间有如下关系：

$$H_a(s)=\sum_{i=1}^{N}\frac{A_i}{s-s_i} \quad \text{与} \quad H(z)=\sum_{i=1}^{N}\frac{A_i}{1-\mathrm{e}^{s_iT}z^{-1}}$$

$$\frac{A_i}{s-s_i} \to \frac{A_i}{1-\mathrm{e}^{s_iT}z^{-1}}$$

可直接由 $H_a(s)$ 变换到 $H(z)$，将 $H_a(s)$ 展开部分分式

$$H_a(s)=\sum_{i=1}^{3}\frac{A_i}{s-s_{pi}}$$

用待定系数法求得

$$A_1=\omega_c,\quad A_2=(-0.5-\mathrm{j}0.288\,675\,1)\omega_c,\quad A_3=(-0.5+\mathrm{j}0.288\,675\,1)\omega_c$$

则

$$H_a(s)=\frac{\omega_c}{s+\omega_c}+\frac{(-0.5-\mathrm{j}0.288\,675\,1)\omega_c}{s+(0.5-\mathrm{j}0.866\,025\,4)\omega_c}+\frac{(-0.5+\mathrm{j}0.288\,675\,1)\omega_c}{s+(0.5+\mathrm{j}0.866\,025\,4)\omega_c}$$

得

$$H(z)=\frac{\omega_c}{1-\mathrm{e}^{-\omega_cT}z^{-1}}+\frac{(-0.5-\mathrm{j}0.288\,675\,1)\omega_c}{1-\mathrm{e}^{(-0.5+\mathrm{j}0.866\,025\,4)\omega_cT}z^{-1}}+\frac{(-0.5+\mathrm{j}0.288\,675\,1)\omega_c}{1-\mathrm{e}^{(-0.5-\mathrm{j}0.866\,025\,4)\omega_cT}z^{-1}}$$

将 $\omega_c=2\pi\times 2K$ rad/s，$T=\dfrac{1}{f_c}=\dfrac{1}{20\times 10^3}$ 代入上式，经整理得

$$H(z)=\frac{4\pi\times 10^3 z(1.333z^2-1.001z+0.306)}{(z-0.534)(z-0.73\mathrm{e}^{\mathrm{j}31.6})(z-0.73\mathrm{e}^{-\mathrm{j}31.6})}$$

【例 7.3】　用冲激响应不变法设计一巴氏低通滤波器。

指标：　通带：在 $0\leqslant\Omega\leqslant 0.2$ rad/s 内，衰减 $\delta_c\leqslant 1$ dB。

阻带：在 $0.3\pi \leqslant \Omega \leqslant \pi$ rad/s 内，衰减 $\delta_z \geqslant 15$ dB

抽样周期 $T = 10^{-3}$ s。

解　(1) 指标转换。

由于给出的是数字滤波器指标，需进行转换。假定混叠效应可以忽略（即模拟滤波器是带限的），根据映射关系 $\Omega = \omega T$，得

$$\omega_p = \frac{\Omega_p}{T} = \frac{0.2\pi}{10^{-3}} = 200\pi, \quad \omega_z = \frac{\Omega_z}{T} = \frac{0.3\pi}{10^{-3}} = 300\pi$$

(2) 根据 ω_p, ω_z 及 δ_p, δ_z 设计归一化低通模拟滤波器。

(3) 后面步骤同例 7.2。

2）双线性变换法

【例 7.4】　用双线性变换法设计例 7.2 中的巴氏滤波器（给出的是模拟指标）。

解　双线性变换法必须进行转换，如给出的是数字指标，就直接进行预畸处理。

(1) 指标转换。

① 模拟指标转换为数字指标，线性变换

$$\Omega = \omega T$$

② 预畸处理，将数字指标转换为模拟原型指标，非线性变换

$$\lambda = \frac{2}{T}\tan\left(\frac{\Omega}{2}\right)$$

可将两步合并为一步，有

$$\lambda_c = \frac{2}{T}\tan\frac{\Omega_c}{2} = \frac{2}{T}\tan\frac{\omega_c T}{2} = \cdots = 2.07\times10^3\times2\pi \quad \text{rad/s}$$

$$\lambda_z = \frac{2}{T}\tan\frac{\omega_z T}{2} = \cdots = 4.62\times10^3\times2\pi \quad \text{rad/s}$$

(2) 根据 λ_c, λ_z 和 δ_p, δ_z 设计归一化低通滤波器

$$n \geqslant \frac{\lg(10^{0.1\delta_z}-1)}{2\lg\dfrac{\lambda_z}{\lambda_c}} = \frac{\lg(10^{0.1\times15}-1)}{2\lg\dfrac{4.62}{2.07}} = 2.12$$

取 $n=3$。

用前述乘积法或极点法计算得

$$H_L(s) = \frac{1}{s^3+2s^2+2s+1}$$

(3) 归一化低通到低通频率变换

$$H(s) = \frac{1}{\left(\dfrac{s}{\lambda_c}\right)^3 + 2\left(\dfrac{s}{\lambda_c}\right)^2 + 2\left(\dfrac{s}{\lambda_c}\right) + 1} = \frac{1}{\left[\dfrac{s}{\dfrac{2}{T}\tan\dfrac{\omega_c T}{2}}\right]^3 + 2\left[\dfrac{s}{\dfrac{2}{T}\tan\dfrac{\omega_c T}{2}}\right]^2 + 2\left[\dfrac{s}{\dfrac{2}{T}\tan\dfrac{\omega_c T}{2}}\right] + 1}$$

（4）双线性变换求 $H(z)$，则

$$H(z)=H(s)\Big|_{s=\frac{2}{T}\frac{1-z^{-1}}{1+z^{-1}}}=\frac{1}{\left[\cot\frac{\omega_c T}{2}\frac{1-z^{-1}}{1+z^{-1}}\right]^3+2\left[\cot\frac{\omega_c T}{2}\frac{1-z^{-1}}{1+z^{-1}}\right]^2+2\left[\cot\frac{\omega_c T}{2}\frac{1-z^{-1}}{1+z^{-1}}\right]+1}$$

代入 ω_c 和 T 的具体值，最后得

$$H(z)=\frac{(1+z)^3}{55.251\,98z^3-97.245\,79z^2+58.957\,18z-15.363\,36}$$

3. 切比雪夫数字滤波器设计举例

设计步骤与巴氏滤波器一样。

【例 7.5】 用冲激响应不变法设计切比雪夫数字低通滤波器。

指标：通带：在 $0\leqslant\Omega\leqslant0.2\pi$ rad/s 内，衰减 $\delta_c\leqslant1$ dB

阻带：在 $0.3\pi\leqslant\Omega\leqslant\pi$ rad/s 内，衰减 $\delta_z\geqslant15$ dB。

抽样周期 $T=10^{-3}$ s。

解 （1）指标转换（同例 7.2）。

$$\omega_p=\frac{\Omega_p}{T}=\frac{0.2\pi}{10^{-3}}=200\pi\quad\text{rad/s},\qquad \omega_z=\frac{\Omega_z}{T}=\frac{0.3\pi}{10^{-3}}=300\pi\quad\text{rad/s}$$

（2）设计模拟原型归一化低通滤波器。

$$\varepsilon=\sqrt{10^{0.1\delta_p}-1}=\sqrt{10^{0.1\times1}-1}=0.508\,85$$
$$A(\omega_z^2)=10^{-0.1\delta_z}=10^{-0.1\times15}=0.031\,622\,7$$

由 $\varepsilon, A(\omega_z^2), \omega_z, \omega_p$ 求阶次数 n，得

$$n\geqslant\frac{\text{ch}^{-1}\left[\frac{1}{\varepsilon}\sqrt{\frac{1}{A(\omega_z^2)}-1}\right]}{\text{ch}^{-1}\left(\frac{\omega_z}{\omega_p}\right)}=\frac{\text{ch}^{-1}\left[\frac{1}{0.51}\sqrt{\frac{1}{0.031\,622\,7}-1}\right]}{\text{ch}^{-1}\left(\frac{300\pi}{200\pi}\right)}=3.2$$

取 $n=4$。

计算或查表 6.10 求得 $H_a(s)$，并进行归一化低通到低带通的频率变换，得

$$H_a(s)=\frac{1}{\left[1.013\,67\left(\frac{s}{\omega_c}\right)^2+0.282\,89\left(\frac{s}{\omega_c}\right)+1\right]\left[3.579\,06\left(\frac{s}{\omega_c}\right)^2+2.411\,4\left(\frac{s}{\omega_c}\right)+1\right]}$$

（3）对 $H_a(s)$ 进行部分分式分解，再代入变换关系

$$\frac{A_i}{s-s_i}\longrightarrow\frac{A_i}{1-e^{s_iT}z^{-1}}$$

得
$$H(z)=\frac{0.083\ 27+0.023\ 9z^{-1}}{1-1.565\ 8z^{-1}+0.654\ 9z^{-2}}-\frac{0.083\ 27+0.023\ 9z^{-1}}{1-1.493\ 4z^{-1}+0.839\ 2z^{-2}}$$

【例 7.6】 用双线性变换法设计。

解 指标转换：由于给出的是数字指标，转换只有一步，即

$$\omega_p=\frac{2}{T}\tan\frac{\Omega_p}{2}=2\times10^3\tan0.1\pi,\quad \omega_z=\frac{2}{T}\tan\frac{\Omega_z}{2}=2\times10^3\tan0.15\pi$$

其余设计步骤同前，最后得

$$H(z)=\frac{0.001\ 836(1+z^{-1})^4}{(1-1.499\ 6z^{-1}+0.848\ 2z^{-2})(1-1.554\ 8z^{-1}+0.649\ 3z^{-2})}$$

比较两种设计结果，如图 7.14 所示。

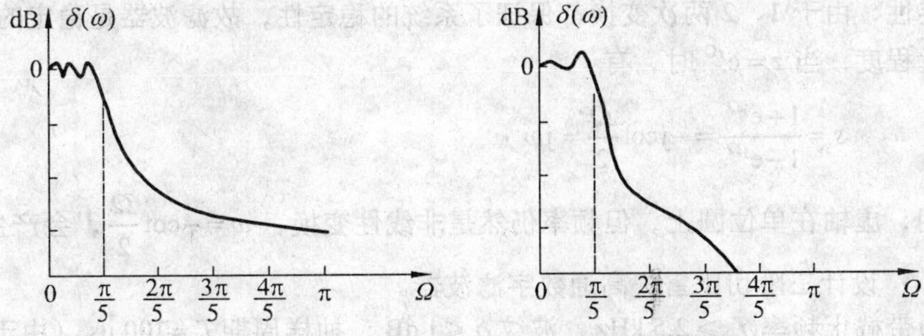

图 7.14　例 7.5 的特性曲线

冲激响应不变法由于存在混叠现象，阻带衰减较慢。双线性变换无混叠现象，阻带衰减快。两种方法所得通带部分差不多。

7.2.4　其他类型 IIR 数字滤波器设计

与模拟滤波器设计类似，先设计模拟低通滤波器原型，然后通过频率变换求得所需的 IIR 滤波器。具体设计方法有三种：

（1）模拟低通 $\xrightarrow{\text{频率变换}}$ 模拟高通、带通、带阻 $\xrightarrow{\text{数字化}}$ 数字高通、带通、带阻。

（2）模拟低通 $\xrightarrow{\text{数字化}}$ 数字低通 $\xrightarrow{\text{频率变换}}$ 数字高通、带通、带阻。

（3）模拟低通 $\xrightarrow{\text{频率变换和数字化}}$ 数字高通、带通、带阻。

其中第一种方法较常用，现介绍如下。

其他类型的 IIR 滤波器多采用双线性变换法设计，这是因为冲激响应不变法存在混叠现象，不适于高通和带阻滤波器的设计。在变换中，为简便起见，可不考虑转换公式中的系数 $\frac{2}{T}$，即认为低通双线性变换为

$$s=\frac{1-z^{-1}}{1+z^{-1}},\quad \omega_c=\tan\frac{\Omega_0}{2}\tag{7.33}$$

这是因为，$s=\dfrac{2}{T}\dfrac{1-z^{-1}}{1+z^{-1}}$在代入$\omega_c=\dfrac{2}{T}\tan\dfrac{\Omega_0}{2}$后，$\dfrac{2}{T}$被消去，故可以不考虑。

1．高通数字滤波器设计

（1）归一化模拟低通到模拟低通原型，变换关系

$$s\to\frac{s}{\omega_c} \tag{7.34}$$

（2）模拟低通到数字高通$s\to\dfrac{1}{s}$，映射关系

$$s=\frac{1}{\dfrac{1-z^{-1}}{1+z^{-1}}}=\frac{1+z^{-1}}{1-z^{-1}} \tag{7.35}$$

（3）稳定性：由于1、2两次变换都保证了系统的稳定性，故滤波器是稳定的。

（4）逼近程度：当$z=e^{j\Omega}$时，有

$$s=\frac{1+e^{j\Omega}}{1-e^{j\Omega}}=-j\cot\frac{\Omega}{2}=j\omega$$

上式表明：虚轴在单位圆上，但频率仍然是非线性变换，$\omega=-\cot\dfrac{\Omega}{2}$，会产生畸变。

【例7.8】 设计三阶切比雪夫高通数字滤波器。

指标：通带截止频率$f_c\geqslant 2.5\ \text{kHz}$，波纹$\delta\leqslant 1\ \text{dB}$；抽样周期$T=100\ \mu\text{s}$（由于给出了$n$，所以未提及阻带要求）。

解 （1）指标变换：给出的是模拟指标，对于双线性变换需两步变换，有：

① 模拟指标到数字指标（线性）。

$$\Omega_c=\omega_c T=2\pi f_c T=2\pi\times 2.5\times 10^3\times 10^{-4}=0.5\pi$$

② 数字指标到模拟低通原型指标（预畸）。

$$\omega_c=\cot\frac{\Omega_c}{2}=\cot\frac{0.5\pi}{2}=1$$

（2）设计低通原型。

由于已给出高通n，无需设计归一化低通原型，归一化低通n与高通相同，按公式计算或查表6.10得

$$H_L(s)=\frac{1}{(1.005\ 82s^2+0.497\ 06s+1)(2.023\ 55s+1)}$$

归一化低通到低通（频率变换）$s\to\dfrac{s}{\omega_c}$，得

$$H_a(s)=\frac{0.491\ 3}{\left(\dfrac{s}{\omega_c}\right)^3+0.988\ 3\left(\dfrac{s}{\omega_c}\right)^2+1.238\left(\dfrac{s}{\omega_c}\right)+0.491\ 3}$$

$$=\frac{0.491\ 3}{s^3+0.988\ 3s^2+1.288s-0.491\ 3}$$

（3）频率变换（映射），由 $H(s)$ 求 $H(z)$，得

$$H(z)=H(s)\big|_{s=\frac{1+z^{-1}}{1-z^{-1}}}=\frac{0.132\ 1(1-3z^{-1}+3z^{-2}-z^{-3})}{1+0.343\ 2z^{-1}+0.604\ 3z^{-2}+0.204\ 1z^{-3}}$$

2. 带通变换

归一化低通至带通

$$s\to\frac{s^2+\omega_0^2}{sB}=\frac{s^2+\omega_0^2}{s(\omega_2-\omega_1)}=\frac{s^2+\omega_2\omega_1}{s(\omega_2-\omega_1)} \tag{7.36}$$

代入 $s=\dfrac{1-z^{-1}}{1+z^{-1}}$，得数字滤波器的映射关系

$$s=\frac{\left(\dfrac{1-z^{-1}}{1+z^{-1}}\right)^2+\omega_2\omega_1}{\left(\dfrac{1-z^{-1}}{1+z^{-1}}\right)(\omega_2-\omega_1)}=\cdots=\cot\frac{B}{2}\cdot\frac{z^2-2z\cos\Omega_0+1}{z^2-1} \tag{7.37}$$

为简便起见，不考虑常数系数 $\cot\dfrac{B}{2}$，则有

$$s=\frac{z^2-2z\cos\Omega_0+1}{z^2-1} \tag{7.38}$$

令 $s=\mathrm{j}\omega,\ z=\mathrm{e}^{\mathrm{j}\Omega}$，代入上式，可得如下频率关系：

频率关系　$$\omega=\frac{\cos\Omega_0-\cos\Omega}{\sin\Omega} \tag{7.39}$$

低通截止频率　$$\omega_c=\frac{\cos\Omega_0-\cos\Omega_c}{\sin\Omega_c} \tag{7.40}$$

下限频率　$$\omega_1=\frac{\cos\Omega_0-\cos\Omega_1}{\sin\Omega_1} \tag{7.41}$$

上限频率　$$\omega_2=\frac{\cos\Omega_0-\cos\Omega_2}{\sin\Omega_2} \tag{7.42}$$

三者的关系为

$$\cos\Omega_0=\frac{\sin(\Omega_2+\Omega_1)}{\sin\Omega_2+\sin\Omega_1}=\frac{\cos\left(\dfrac{\Omega_2+\Omega_1}{2}\right)}{\cos\left(\dfrac{\Omega_2-\Omega_1}{2}\right)}$$

式中，Ω_0 为中心频率；$\Omega_2,\ \Omega_1$ 为上下截止频率。

3. 带阻变换

将带通变换关系倒置即得带阻变换

$$s=\frac{z^2-1}{z^2-2z\cos\Omega_0+1},\quad \omega=\frac{\sin\Omega}{\cos\Omega_0-\cos\Omega} \tag{7.43}$$

7.3 FIR 数字滤波器

IIR 滤波器的优点是阶数低，容易实现；但难于获得严格的线性相位特性。FIR 滤波器的优点是在保证幅度特性的同时能获得好的相位特性；缺点是阶数高，计算量大。

7.3.1 FIR 数字滤波器的特性

FIR 数字滤波器是冲激抽样响应 $h(n)$ 为有限长的因果系统，系统函数 $H(z)$ 是 z^{-1} 的多项式，具有良好的稳定性。

滤波器输出 $$y(n)=\sum_{m=0}^{N-1}h(m)x(n-m)=h(n)*x(n) \tag{7.44}$$

系统函数 $$H(z)=\sum_{n=0}^{N-1}h(n)z^{-n}=\sum_{n=0}^{N-1}\frac{h(n)}{z^n} \tag{7.45}$$

频响函数 $$H(\mathrm{e}^{\mathrm{j}\Omega})=\sum_{n=0}^{N-1}h(n)\mathrm{e}^{-\mathrm{j}n\Omega} \tag{7.46}$$

从系统函数可以看出，该系统有 $N-1$ 个零点，同时在原点上有 $N-1$ 个重极点，说明极点在单位圆内，系统是稳定的。

1. 线性相位特性及条件

线性相位特性：

$$\phi(\Omega)=-\alpha\Omega,\qquad -\pi\leqslant\Omega\leqslant\pi \tag{7.47}$$

其中 α 是用序列延时序号表示的恒定相位延时，则复数形式的频响函数为

$$\left|H(\mathrm{e}^{\mathrm{j}\Omega})\right|\mathrm{e}^{-\mathrm{j}\alpha\Omega}=\sum_{n=0}^{N-1}h(n)\mathrm{e}^{-\mathrm{j}n\Omega} \tag{7.48}$$

其实部和虚部分别为

$$\left.\begin{aligned}\left|H(\mathrm{e}^{\mathrm{j}\Omega})\right|\cos(\alpha\Omega)&=\sum_{n=0}^{N-1}h(n)\cos(n\Omega)\\ \left|H(\mathrm{e}^{\mathrm{j}\Omega})\right|\sin(\alpha\Omega)&=\sum_{n=0}^{N-1}h(n)\sin(n\Omega)\end{aligned}\right\} \tag{7.49}$$

相角的正切为

$$\tan(\alpha\Omega)=\frac{\sin(\alpha\Omega)}{\cos(\alpha\Omega)}=\frac{\sum_{n=0}^{N-1}h(n)\sin(n\Omega)}{\sum_{n=0}^{N-1}h(n)\cos(n\Omega)} \tag{7.50}$$

相角有两个解，一是 $\alpha=0$，二是 $\alpha\neq 0$，在实际滤波器中 $\alpha\neq 0$，故取第二种，然后作交叉相乘，得

$$\sum_{n=0}^{N-1} h(n)\cos(n\Omega)\sin(\alpha\Omega)-\sum_{n=0}^{N-1} h(n)\sin(n\Omega)\cos(\alpha\Omega)=0 \tag{7.51}$$

即

$$\sum_{n=0}^{N-1} h(n)\sin\left[(\alpha-n)\Omega\right]=0 \tag{7.52}$$

上式是一有限项傅氏级数，用数学归纳法求得解为

$$\begin{cases}\alpha=\dfrac{N-1}{2} \\ h(n)=h(N-1-n)\end{cases}\qquad 0\leqslant n\leqslant N-1 \tag{7.53}$$

该组解就是保证 FIR 滤波器具有线性相位的条件。

从式（7.53）可知，满足线性相位的条件：

（1）输出比输入延时 $\dfrac{N-1}{2}$ 个采样周期。

（2）单位冲激函数 $h(n)$ 应为实数，且偶对称于 $\dfrac{N-1}{2}$。

从条件中可以看出，线性相位仅受长度 N 的影响，不受 n 取值的限制，即滤波器的阶次 n 数对线性相位特性没有影响，这就是说相位特性不受幅频特性的影响，可以分别给出幅频和相频特性，这是这种滤波器的最大优点。

2. 幅度特性

线性相位特性要求 $h(n)$ 偶对称于 $\dfrac{N-1}{2}$，现就 N 为奇数、偶数两种情况讨论：

1）N 为奇数

$$H(e^{j\Omega})=e^{-j\Omega\frac{N-1}{2}}\sum_{n=0}^{\frac{N-1}{2}} a(n)\cos n\Omega \tag{7.54}$$

式中

$$a(n)=\begin{cases} h\left(\dfrac{N-1}{2}\right), & n=0 \\ 2h\left(\dfrac{N-1}{2}-n\right), & n=1,\ 2,\ \cdots,\ \dfrac{N-1}{2}\end{cases}$$

则幅度函数（一种表示幅度特性的函数）为

$$H(\Omega)=\sum_{n=0}^{\frac{N-1}{2}} a(n)\cos n\Omega \tag{7.55}$$

相位特性为

$$\phi(\Omega)=-\frac{N-1}{2}\Omega \tag{7.56}$$

N 为奇数时的幅度特性和相位特性如图 7.15 所示。

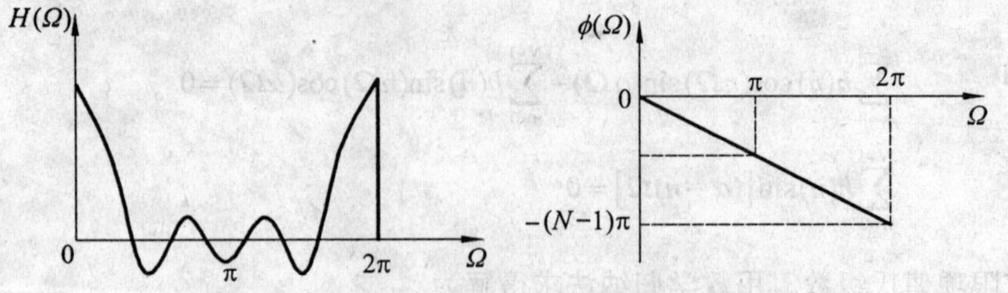

图 7.15　N 为奇数时的幅度特性和相位特性

2）N 为偶数

$$H(\mathrm{e}^{\mathrm{j}\Omega})=\mathrm{e}^{-\mathrm{j}\Omega\frac{N-1}{2}}\sum_{n=1}^{\frac{N}{2}}b(n)\cos\left(n-\frac{1}{2}\right)\Omega \tag{7.57}$$

式中，$b(0)=0$，$b(n)=2h\left(\frac{N}{2}-n\right),n=1,2,\cdots,\frac{N}{2}$。则幅度函数为

$$H(\Omega)=\sum_{n=0}^{\frac{N}{2}}b(n)\cos\left(n-\frac{1}{2}\right)\Omega \tag{7.58}$$

相位特性为

$$\phi(\Omega)=-\frac{N-1}{2}\Omega \tag{7.59}$$

N 为偶数时的幅度特性如图 7.16 所示。

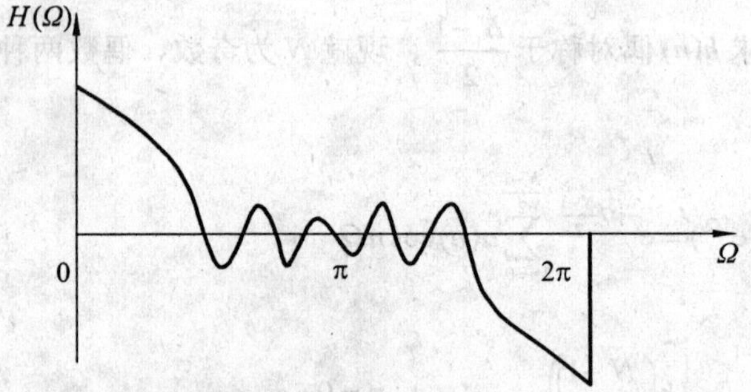

图 7.16　N 为偶数时的幅度特性

此外，还有 $h(n)$ 为奇对称的情况，此时，不满足前面线性相位条件（偶对称），不能获得严格的线性相位。

7.3.2　窗口法设计

1．基本原理

理想滤波器的频率响应为

$$H_d(e^{j\Omega}) = \sum_{n=-\infty}^{\infty} h_d(n) e^{-jn\Omega} \tag{7.60}$$

FIR 滤波器的频率响应为

$$H(e^{j\Omega}) = \sum_{n=0}^{N-1} h(n) e^{-jn\Omega} \tag{7.61}$$

比较式（7.60）和式（7.61），不难发现，FIR 的有限长冲激响应序列 $h(n)$ 是理想滤波器无限长冲激响应序列 $h_d(n)$ 的截短，这相当于用一个窗函数 $w_R(n)$ 去截短无限长冲激响应序列 $h_d(n)$，如图 7.17 所示，有

$$h(n) = h_d(n) w_R(n) \tag{7.62}$$

式中

$$w_R(n) = \begin{cases} 1, & 0 \leqslant n \leqslant N-1 \\ 0, & \text{其他 } n \end{cases} \tag{7.63}$$

根据频域卷积定理，在频域里，式（7.62）是一个卷积过程。

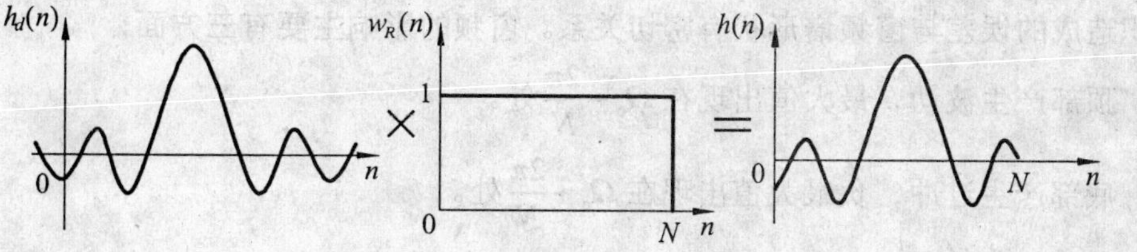

图 7.17　冲激响应序列的截断

2. 误　差

这种截断将导致谱泄漏现象，带来误差。

矩形数据窗的幅度函数为

$$\left|W_R(e^{j\Omega})\right| = W_R(\Omega) = \frac{\sin\left(N\dfrac{\Omega}{2}\right)}{\sin\left(\dfrac{\Omega}{2}\right)} \tag{7.64}$$

根据频域卷积定理：两时间函数在时域上相乘，其频谱为卷积，乘以 $\dfrac{1}{2\pi}$，有

$$\begin{aligned} H(e^{j\Omega}) &= \frac{1}{2\pi}\int_{-\pi}^{\pi} H_d(\theta) e^{-j\theta\alpha} W_R(\Omega-\theta) e^{-j(\Omega-\theta)\alpha} d\theta \\ &= \left[\frac{1}{2\pi}\int_{-\pi}^{\pi} H_d(\theta)\, W_R(\Omega-\theta) d\theta\right] e^{-j\Omega\alpha} = H(\Omega) e^{-j\Omega\alpha} \end{aligned} \tag{7.65}$$

式中，$\alpha=(N-1)/2$，为延时。

式（7.65）表明，FIR 滤波器的频响函数 $H(e^{j\Omega})$ 是理想频响函数 $H_d(e^{j\Omega})$ 与窗频 $W(e^{j\Omega})$ 的卷积（见图 7.18），所以 $H(e^{j\Omega})$ 与 $H_d(e^{j\Omega})$ 之间必然存在误差。

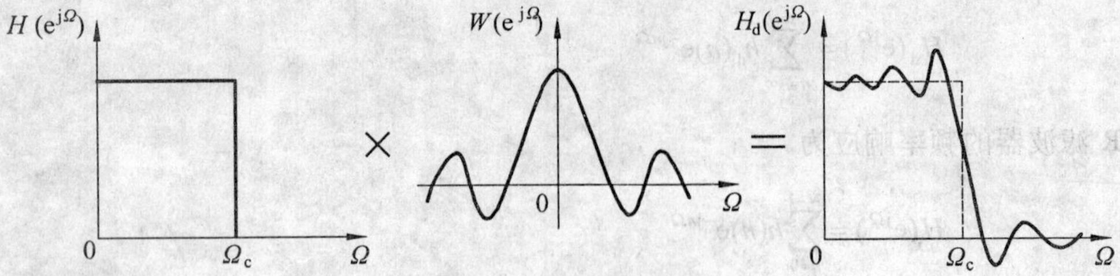

图 7.18 频域卷积过程

在几个特殊点存在如下关系：

当$\Omega=0$时，　　$H(0)=\int_{-\Omega_c}^{\Omega_c} W_R(-\theta)\mathrm{d}\theta$

当$\Omega=\Omega_c$时，　　$H(\Omega_c)=\frac{1}{2}H(0)$

当$\Omega=\Omega_c-\frac{2\pi}{N}$，　　$H(\Omega)=H_{\max}(\Omega)$

当$\Omega=\Omega_c+\frac{2\pi}{N}$，　　$H(\Omega)=H_{\min}(\Omega)$

卷积造成的误差与窗频谱形状有密切关系。窗频的影响主要有三方面：

（1）顶部产生波动，最大值出现在$\Omega_c-\frac{2\pi}{N}$处。

（2）底部产生过冲，负最大值出现在$\Omega_c+\frac{2\pi}{N}$处。

（3）出现了过渡带，带宽等于窗谱的主瓣宽$\Delta\Omega=\frac{4\pi}{N}$。

这种现象也就是前述傅氏级数理论中的吉布斯现象，从吉布斯现象可知，顶部波动峰值和底部波动峰值均为 8.95%，$h(n)$截取的长短只影响峰值的位置而不影响它的大小。

3. 窗序列（数据窗）的改进

与前述谱泄露的情况一样，对数据窗的总的要求为：

（1）主瓣宽度尽量窄——减少过度带宽。

（2）旁瓣尽量小——改善波动和过冲，尽快衰减。

同样，这两种要求是相互矛盾的。

常用的窗序列有矩形窗、三角形窗、海宁窗、哈明窗、布莱克曼窗、凯塞窗等，它们的性能比较见表 7.1。

表 7.1 几种窗序列性能比较

窗序列名称	主瓣宽度	第一旁瓣相对主瓣幅度	所构成低通滤波器阻带最小衰退减
矩形窗	$\frac{4\pi}{N}$	−13 dB	21 dB
三角形窗	$\frac{8\pi}{N}$	−25 dB	25 dB
海宁窗	$\frac{8\pi}{N}$	−31 dB	44 dB

续表 7.1

窗序列名称	主瓣宽度	第一旁瓣相对主瓣幅度	所构成低通滤波器阻带最小衰退减
哈明窗	$\frac{8\pi}{N}$	− 41 dB	53 dB
布莱克曼窗	$\frac{12\pi}{N}$	− 57 dB	74 dB

4. 窗口法的设计步骤

（1）计算 $h_d(n)$。

$$h_d(n)=\frac{1}{2\pi}\int_{-\pi}^{\pi}H_d(e^{j\Omega})e^{j\Omega n}d\Omega \tag{7.66}$$

（2）选择窗函数及窗口长度 N。

根据过渡带宽 ΔQ（约等于主瓣宽）确定 N 为

$$N=\frac{A}{\Delta\Omega} \tag{7.67}$$

式中，A 为与窗函数有关的常数。

（3）截断 $h_d(n)$ 得 $h(n)$ 为

$$h(n)=h_d(n)w(n) \tag{7.68}$$

（4）由 $h(n)$ 求滤波器的 $H(z)$ 和 $H(e^{j\Omega})$。

【例 7.8】　设计一个近似理想矩形频率特性的线性相位 FIR 滤波器，要求：

频率特性：$H_d(e^{j\Omega})=\begin{cases}e^{-j\Omega\alpha}, & |\Omega|\leqslant\Omega_c\leqslant 0.5\pi \quad \text{rad/s}\\ 0, & \Omega_c<|\Omega|<\pi \quad \text{rad/s}\end{cases}$

阻带最小衰减大于 20 dB，过渡带宽 $\Delta\Omega=0.078\pi$

解　（1）求 $h_d(n)$，有

$$h_d(n)=\frac{1}{2\pi}\int_{-\pi}^{\pi}H_d(e^{j\Omega})e^{j\Omega n}d\Omega=\frac{1}{2\pi}\int_{-\pi}^{\pi}e^{-j\Omega\alpha}e^{j\Omega n}d\Omega$$
$$=\frac{\sin[\Omega_c(n-\alpha)]}{\pi(n-\alpha)}$$

根据线性相位条件 $\alpha=\frac{N-1}{2}$，有

$$h_d(n)=\frac{\sin\left[\Omega_c\left(n-\frac{N-1}{2}\right)\right]}{\pi\left(n-\frac{N-1}{2}\right)}$$

（2）根据阻带要求，选用矩形窗。

查表 7.1，得阻带最小衰减为 21 dB，主宽为 $4\pi/N$，得

$$N=\frac{4\pi}{\Delta\Omega}=\frac{4\pi}{0.078\pi}=51$$

（3）截断 $h_d(n)$ 求 $h(n)$，得

$$h(n)=h_d(n)R_N(n)=\frac{\sin\left[\Omega_c\left(n-\frac{N-1}{2}\right)\right]}{\pi\left(n-\frac{N-1}{2}\right)}$$

N 为奇数时，有

$$H(e^{j\Omega})=e^{-j\Omega\frac{N-1}{2}}\left\{\frac{\Omega_c}{\pi}+\sum_{n=0}^{\frac{N-1}{2}-1}2\frac{\sin\left[\Omega_c\left(n-\frac{N-1}{2}\right)\right]}{\pi\left(n-\frac{N-1}{2}\right)}\cos\left[\Omega\left(n-\frac{N-1}{2}\right)\right]\right\}$$

$$=e^{-j25\Omega}\left\{0.5+\sum_{n=0}^{24}\frac{2\sin[0.5\pi(n-25)]}{\pi(n-25)}\cos[\Omega(n-25)]\right\}$$

7.3.3 抽样频率法

1. 基本理论

对理想 FIR 滤波器的冲激抽样序列 $h(n)$ 的频谱抽样，如图 7.19 所示。根据频率抽样理论：对任意长序列 $h_d(n)$ 的频谱 $X_d(e^{j\Omega})$ 在单位圆上做 N 点的等间隔抽样，得到 $X(k)$，经 IDFT 得到一有限长序列 $h(n)$，则 $h(n)$ 为 $h_d(n)$ 主值序列，是它的逼近，即

$$h(n)=\left[\sum_{r=-\infty}^{\infty}h_d(n+rN)\right]R_N(n) \tag{7.69}$$

如果 $h_d(n)$ 为 N 点的有限长序列，则 $h(n)$ 与 $h_d(n)$ 的主值序列等效。如果 $h_d(n)$ 为任意长序列（无限长），则 $h(n)$ 是 $h_d(n)$ 的逼近。由于滤波器单位冲激响应序列 $h_d(n)$ 是无限长序列，故 $h(n)$ 是它的逼近，故称频率特性逼近法。

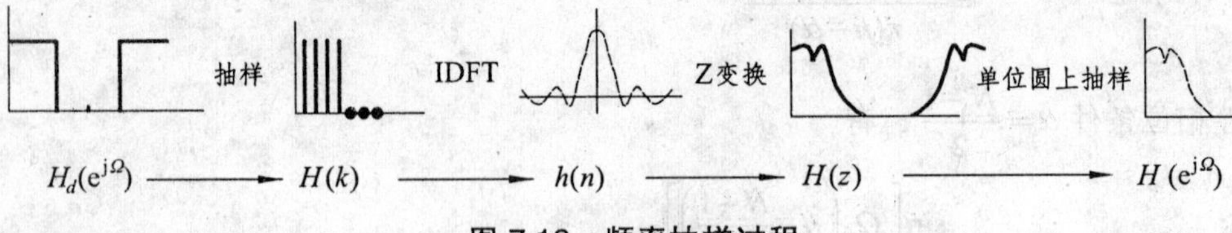

图 7.19 频率抽样过程

2. 设计步骤

设 $H_d(e^{j\Omega})$ 是理想滤波器的频率特性，根据内插公式，有

$$H(z)=\sum_{k=0}^{N-1}H(k)C_k(z)=\frac{1-z^{-N}}{N}\sum_{k=0}^{N-1}\frac{H(k)}{1-e^{j2\pi k/N}z^{-1}} \tag{7.70}$$

$$H(e^{j\Omega})=\frac{1-e^{-j\Omega N}}{N}\sum_{k=0}^{N-1}\frac{H(k)}{1-e^{j\frac{2\pi k}{N}}e^{-j\Omega}} \tag{7.71a}$$

根据频率抽样理论的内插公式，还可将上式写成如下形式

$$H(e^{j\Omega})=\frac{1}{N}\sum_{k=0}^{N-1}H(k)\frac{\sin\left(\frac{\Omega N}{2}\right)}{\sin\left(\frac{\Omega-2\pi k/N}{2}\right)}e^{-j\left(\frac{N\Omega}{2}-\frac{\Omega}{2}+\frac{k\pi}{N}\right)} \tag{7.71b}$$

从上式可以看出：

（1）在每个采样点上（$\Omega_k=2\pi k/N$），$H(e^{j\Omega})$ 和 $H(k)$ 一致。

（2）在相邻采样点之间，$H(e^{j\Omega})$ 是 N 个 $H(k)$ 分别乘以内插函数后的叠加，内插函数为

$$C_k(e^{j\Omega})=\frac{1}{N}\frac{\sin\left(\frac{N\Omega}{2}\right)}{\sin\left(\frac{\Omega-2k\pi/N}{2}\right)}e^{j\left(\frac{N\Omega}{2}-\frac{\Omega}{2}+\frac{k\pi}{N}\right)} \tag{7.72}$$

这时产生的情况与窗口法类似，存在吉布斯现象。

（3）$H(e^{j\Omega})=H(\Omega)e^{j\phi(\Omega)}$ 必须满足线性相位条件，即要求

$$\begin{aligned}&\phi(\Omega)=-\frac{N-1}{2}\Omega\\&H(\Omega)=\begin{cases}H(2\pi-\Omega), & N\text{为奇数}\\-H(2\pi-\Omega), & N\text{为偶数}\end{cases}\end{aligned} \tag{7.73}$$

对上式抽样后，得

$$\begin{aligned}&\phi_k=\phi(\Omega)\big|_{\Omega=\frac{2\pi}{N}k}=-k\pi\left(1-\frac{1}{N}\right)\\&H_k=H(\Omega)\big|_{\Omega=\frac{2\pi}{N}k}\end{aligned} \tag{7.74}$$

若 N 为奇数：$H_k=H_{N-k}$；若 N 为偶数：$H_k=-H_{N-k}$，最后得

$$H(k)=H_k e^{j\phi_k}$$

设计时，先对理想频响曲线 $H_d(e^{j\Omega})$ 抽样，得到 H_k，然后按上式求得 $H(k)$。

3. 减少误差的措施

由任意长序列频谱的抽样理论知，若序列长度为 M，抽样点数为 N，则频率抽样不失真的条件是：$N\geqslant M$。由于 $h_d(n)$ 为无限长，所以该条件无法满足，失真情况必然存在，所以频率抽样法设计的滤波器仅是理想滤波器的逼近。

分析过渡点对频响的影响：

过渡区采样点的值的大小，对阻带衰减有所影响，可用计算机辅助设计方法寻找最优值，一般情况下，是在过渡区增加一个幅度为 0.5 的抽样点，仅管这个方法很简单，但仍能收到好的效果，如图 7.20 所示，其阻带衰减情况远大于未加过渡点的图 7.21。

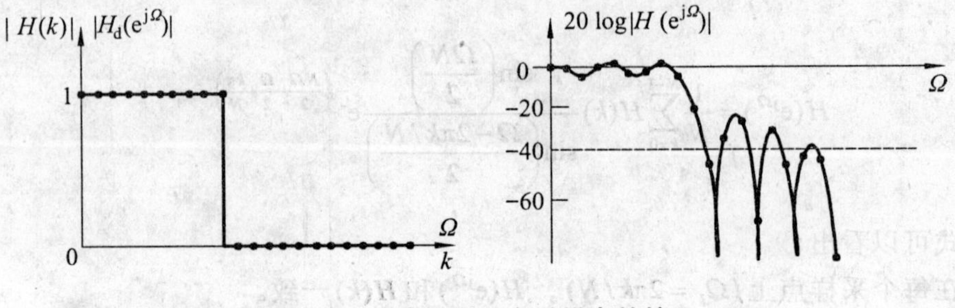

图 7.20 过渡区有一个采样点的情况

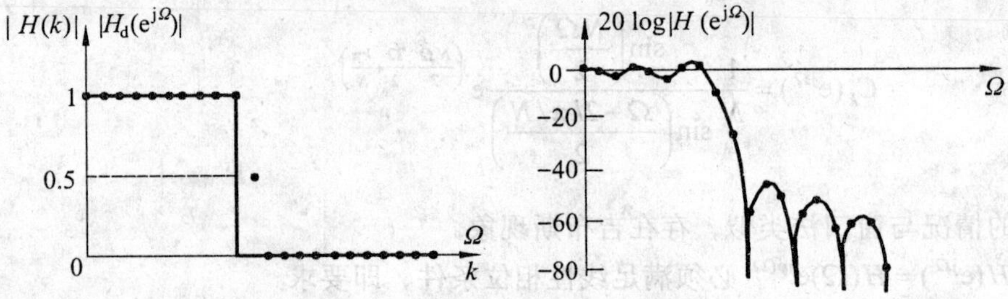

图 7.21 过渡区无抽样点的情况

减少误差的措施：

(1) 增加采样点数 N，减少采样间距 $\dfrac{2\pi}{N}$。

(2) 适当地增加过渡点。

7.4 数字滤波器的实现

7.4.1 软件实现与硬件实现

数字滤波器的滤波过程是个计算过程。有两种方法实现：

(1) 在通用机上编程实现——软件实现。

(2) 利用数字元件研制专用机或专用芯片（DSP）——硬件实现。

在一些专用分析仪上，如实时频谱分析仪，信号处理机等，大都采用由加法器、乘法器、延时器等数字元件（硬件）组成的数字电路来实现，数字滤波器的硬件结构如图 7.22 所示。

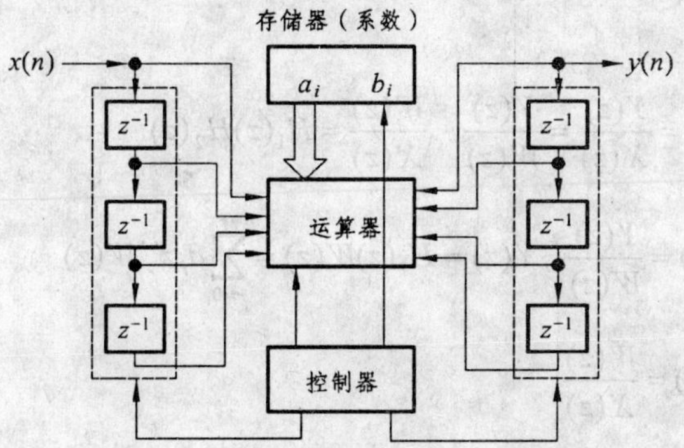

图 7.22　滤波器的硬件实现

7.4.2　数字滤波器的结构

数字滤波器的结构由加法器、乘法器和延时单元等数字元件组成。

1. IIR 滤波器结构

系统函数

$$H(z)=\frac{\sum_{r=0}^{M}a_r z^{-r}}{1-\sum_{k=1}^{N}b_k z^{-k}}=\left[\frac{1}{1-\sum_{k=1}^{N}b_k z^{-k}}\right]\left[\sum_{r=0}^{M}a_r z^{-r}\right] \tag{7.75}$$

滤波器输出

$$y(n)=\sum_{r=0}^{M}a_r x(n-r)+\sum_{k=1}^{N}b_k y(n-k) \tag{7.76}$$

1）直接型结构

直接型结构是直接按式 (7.76) 画出滤波器的结构图，图 7.23 所示就是直接型结构的差分方程的信流图。在第 4 章中讨论离散系统的结构时，已经提到过这种直接型结构不经济，其输入和输出部分的存储器器是分开的，占用存储器较多，所以较少采用，需在结构上作进一步的改进。

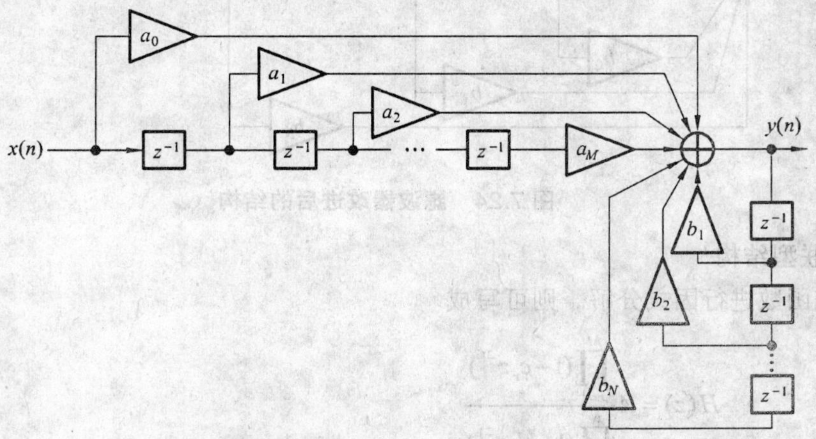

图 7.23　滤波器直接结构

将系统函数改写为

$$H(z)=\frac{Y(z)}{X(z)}=\frac{Y(z)}{W(z)}\cdot\frac{W(z)}{X(z)}=H_1(z)H_2(z) \tag{7.77}$$

$$H_1(z)=\frac{Y(z)}{W(z)},\ Y(z)=H_1(z)W(z)=\sum_{r=0}^{M}a_r z^{-r}W(z) \tag{7.78}$$

$$H_2(z)=\frac{W(z)}{X(z)} \tag{7.79}$$

$$W(z)=H_2(z)X(z)=\left(\frac{1}{1-\sum_{k=1}^{N}b_k z^{-k}}\right)X(z) \tag{7.80}$$

对应的差分方程为

$$y(n)=\sum_{r=0}^{M}a_r w(n-r) \tag{7.81}$$

$$w(n)=x(n)+\sum_{k=1}^{N}b_k w(n-k) \tag{7.82}$$

此时，M、N 应取为相等，前一种结构称为Ⅰ型，后一种结构称为Ⅱ型，后者可以节省一半延时寄存器，如图 7.24 所示。

直接型结构的缺点是：系数 a_r、b_k 对系统的影响大，系数 a_r 中的一个系数的变化将会影响所有零点的分布，同样系数 b_k 中的一个系数的变化将会影响所有极点的分布。故直接型结构对系数 a_r、b_k 的准确度要求严格。

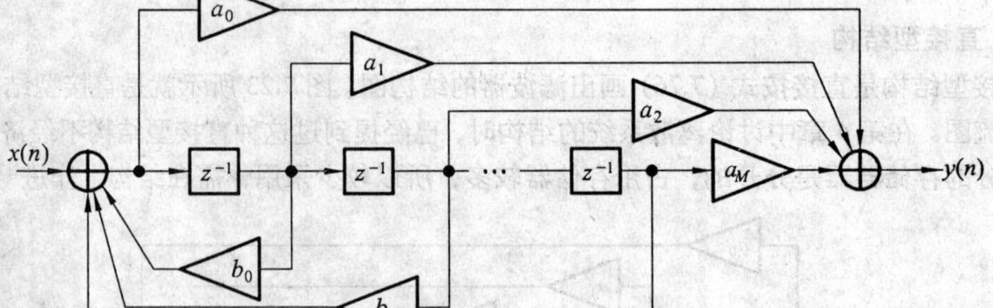

图 7.24 滤波器改进后的结构

2）级联型结构

将系统函数进行因式分解，则可写成

$$H(z)=A\frac{\prod_{r=1}^{M}(1-c_r z^{-1})}{\prod_{k=1}^{N}(1-d_k z^{-1})} \tag{7.83}$$

由于 $H(z)$ 的系数均为实数，分解后因子将由一阶和二阶因子组成，而一阶因子可以看成二阶的特例，则整个 $H(z)$ 就可以用实系数二阶因子来表示，即

$$H(z)=A\prod_{i=1}^{k}\frac{1+\alpha_{1i}z^{-1}+\alpha_{2i}z^{-2}}{1-\beta_{1i}z^{-1}-\beta_{2i}z^{-2}}=A\prod_{i=1}^{k}H_i(z) \tag{7.84}$$

二阶系统的差分方程为

$$y(n)=\alpha_0x(n)+\alpha_1x(n-1)+\alpha_2x(n-2)+\beta_1y(n-1)+\beta_2y(n-2) \tag{7.85}$$

这样滤波器就可以视为由 k 个二阶数字网络级联起来的系统，结构如图 7.25 所示。

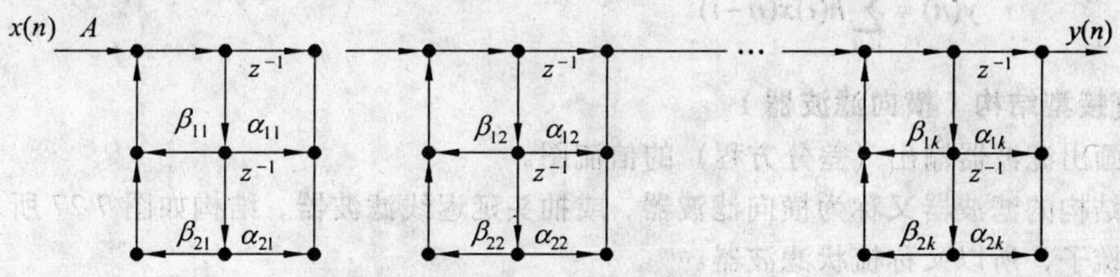

图 7.25　级联结构

级联型的优点：便于控制零点和极点，量化误差较直接型小。

3）并联型结构

若将系统函数 $H(z)$ 展开为部分分式，则

$$H(z)=\frac{a_N}{b_N}+\sum_{i=1}^{L}\frac{\gamma_{0i}+\gamma_{1i}z^{-1}}{1-\beta_{1i}z^{-1}-\beta_{2i}z^{-2}} \tag{7.86}$$

如果 $M<N$，则 $\frac{a_N}{b_N}$ 项不存在。上式表示为 L 个二阶系统的并联组合。并联型结构如图 7.26 所示。

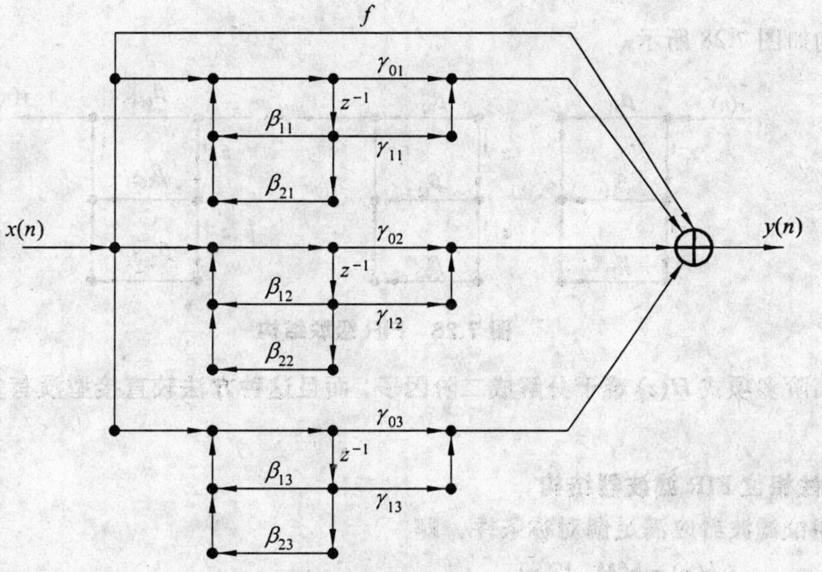

图 7.26　并联结构

并联结构的优点：易于调节极点，运算速度较高，误差较小，但不容易控制零点。

2. FIR 滤波器结构

系统函数

$$H(z)=\sum_{n=0}^{N-1}h(n)z^{-n} \tag{7.87}$$

滤波器输出

$$y(n)=\sum_{i=0}^{N-1}h(i)x(n-i) \tag{7.88}$$

1）直接型结构（横向滤波器）

直接画出滤波器输出（差分方程）的信流图。

这种结构的滤波器又称为横向滤波器，或抽头延迟线滤波器，结构如图 7.27 所示。其形状像一把梳子，所以又称梳状滤波器。

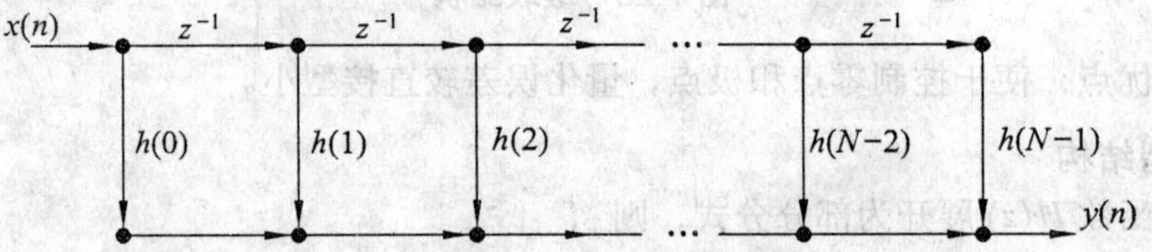

图 7.27 FIR 直接型结构

2）级联型结构（较少用）

将系统函数 $H(z)$ 分解为二阶实系数因子形式

$$H(z)=\prod_{i=1}^{M}\left(\beta_{0i}+\beta_{1i}z^{-1}+\beta_{2i}z^{-2}\right) \tag{7.89}$$

则级联结构如图 7.28 所示。

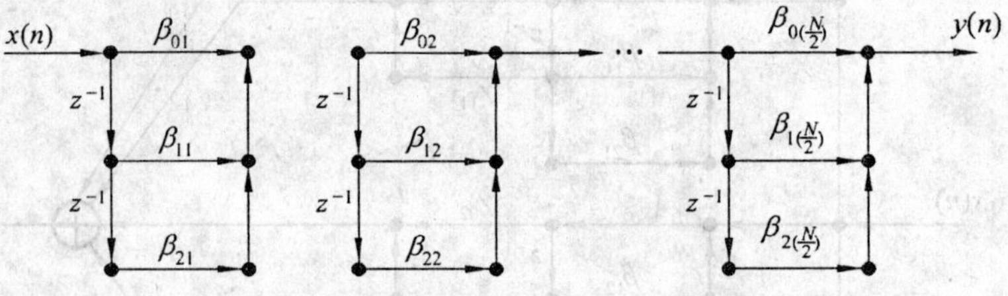

图 7.28 FIR 级联结构

由于高阶多项式 $H(z)$ 难于分解成二阶因子，而且这种方法较直接型没有多大优点，故较少用。

3）线性相位 FIR 滤波器结构

线性相位滤波器应满足偶对称条件，即

$$h(n)=h(N-1-n) \tag{7.90}$$

故 N 为偶数时：

$$H(z)=\sum_{n=0}^{\frac{N}{2}-1}h(n)\left[z^{-n}+z^{-(N-1-n)}\right] \tag{7.91}$$

当 N 为奇数时：

$$H(z)=\sum_{n=0}^{\frac{N-1}{2}-1}h(n)\left[z^{-n}+z^{-(N-1-n)}\right]+h\left(\frac{N-1}{2}\right)z^{-\frac{N-1}{2}} \tag{7.92}$$

两种情况的结构分别如图 7.29（a）、（b）所示。

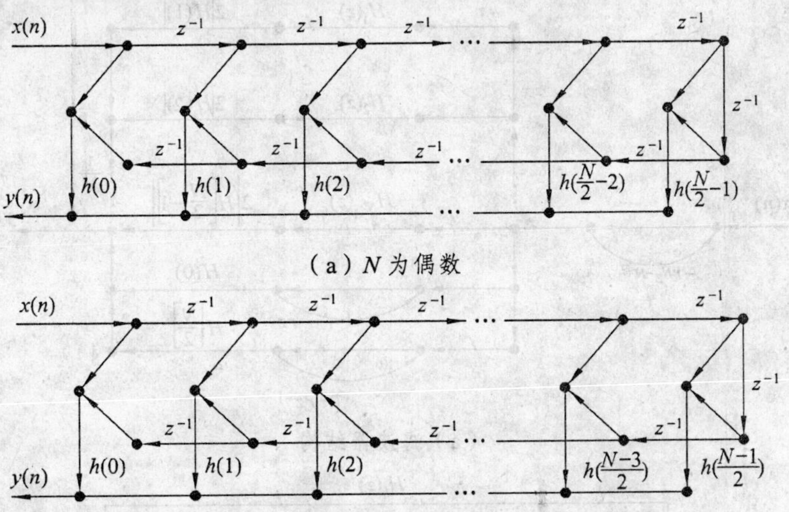

（a）N 为偶数

（b）N 为奇数

图 7.29　线性相位 FIR 滤波器结构

4）频率抽样 FIR 滤波器结构

系统函数为

$$H(z)=\frac{1-z^{-N}}{N}\sum_{k=0}^{N-1}\frac{H(k)}{1-W_N^{-k}z^{-1}} \tag{7.93}$$

式中，$W_N^{-k}=\mathrm{e}^{\mathrm{j}\frac{2\pi}{N}k}$。结构如图 7.30 所示。

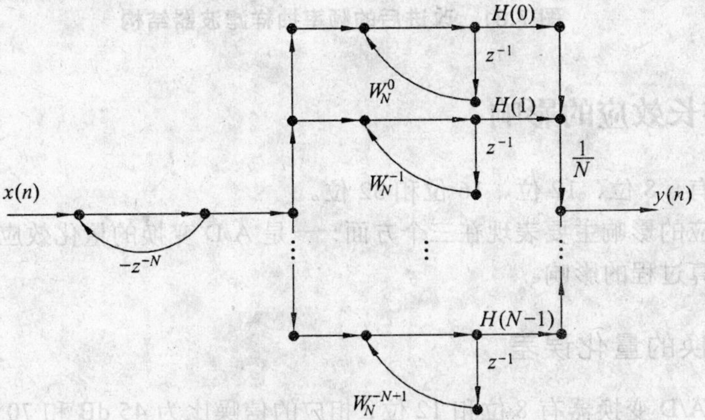

图 7.30　频率抽样 FIR 滤波器结构

由于上述结构中需要进行复数运算，乘起来较繁，常将其复共轭根合并为实系数二阶网络 $H_k(z)$，得到如图 7.31（a）所示的改进结构，其中，$H_k(z)$ 的结构如图 7.31（b），是一实系数二阶网络。

$$H_k(z)=\frac{\cos[\theta(k)]-rz^{-1}\cos\left[\theta(k)-2\pi\frac{k}{N}\right]}{1-2rz^{-1}\cos\left(\frac{2\pi}{N}k\right)+r^2z^{-2}} \tag{7.94}$$

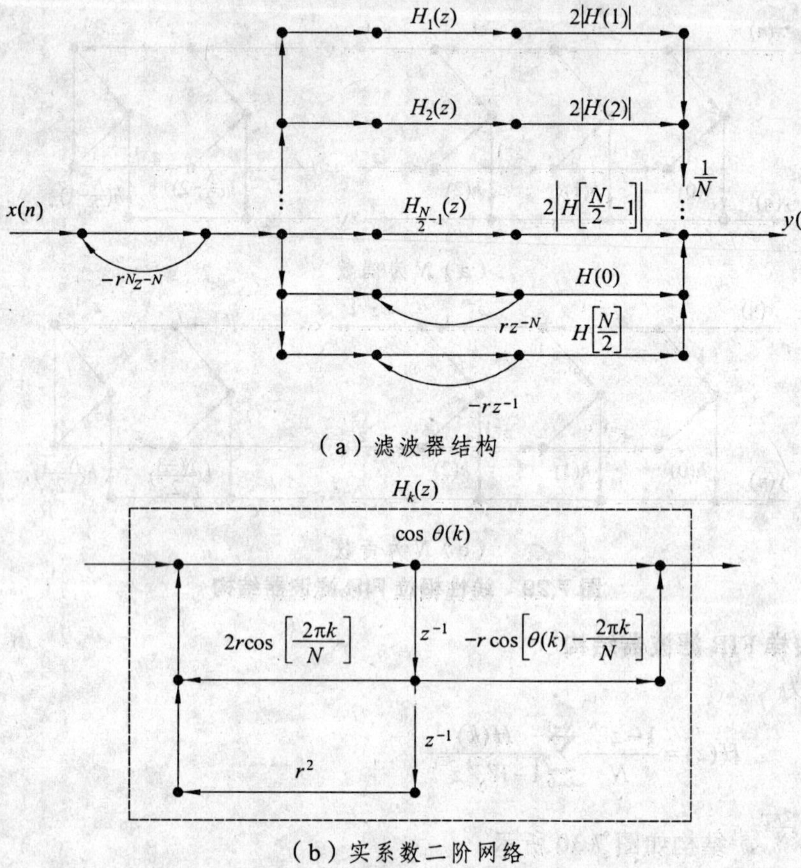

图 7.31 改进后的频率抽样滤波器结构

9.4.3 有限字长效应的影响

常用的字长有：8 位、12 位、16 位和 32 位。

有限字长效应的影响主要表现在三个方面：一是 A/D 变换的量化效应，二是滤波系的量化效应，三是运算过程的影响。

1. A/D 变换的量化误差

目前常用的 A/D 变换器有 8 位和 12 位，相应的信噪比为 45 dB 和 70 dB，其误差相对于其他设备来说还是比较小的，特别是采用 12 位板和 16 位板时，可以忽略其量化误差的影响。

2. 滤波系数的量化影响

滤波器的所有系数都以有限字长存放在存储器中，所以必须对所给系数取量化值，因而存在量化误差，这种误差主要产生两种影响：

1）系数量化对零极点位置的影响

特别是高阶直接型结构，极点数目多，系数的量化误差对零极点的位置影响较大，所以对于某些影响特别大的系数，常采用双倍字长存储。

2）系数量化对频率响应的影响

在 FIR 滤波器中，量化误差主要是 $h(n)$ 的量化，由于系统函数为

$$H(z)=\sum_{n=0}^{N-1}h(n)z^{-n}$$

所以量化误差会使系统函数（或频响函数）产生偏差。当然对于 IIR 滤波器，系数的量化误差也会间接对频响函数造成影响，但相对要小一些。

3. 数字运算过程中有限字长的影响

运算过程中有限字长的影响主要是舍入误差，有效字长度应该与 A/D 板的位数、对系数量化的误差要求等相匹配，这对用软件实现滤波十分重要。

习　题

7.1　用冲激响应不变法将以下模拟系统的传递函数 $H_a(s)$ 转变为数字传递函数 $H(z)$。

（1）$H_a(s)=\dfrac{3}{(s+1)(s+3)}$，抽样周期 T=0.5。

（2）$H_a(s)=\dfrac{1}{s^2+s+1}$，抽样周期 T=0.2。

（3）$H_a(s)=\dfrac{3s+1}{2s^2+3s+1}$，抽样周期 T=0.1。

（4）$H_a(s)=\dfrac{b}{(s+a)^2+b^2}$，抽样周期 T。

7.2　要求按下列指标，用冲激响应不变法求数字低通滤波器的传递函数。

（1）二阶巴特沃思响应。

（2）3 dB 截止频率为 50 Hz。

（3）抽样频率为 500 Hz。

7.3　用双线性法重做 7.2 题。

7.4　用冲激响应不变法设计一个三阶巴特沃思数字低通滤波器，设抽样频率 $f_s=2\pi$ kHz，截止频率 $f_c=400$ Hz，画出数字低通滤波器并联型结构图。

7.5　用双线性法设计一个三阶巴特沃思数字低通滤波器，设抽样频率 $f_s=1.2$ kHz，截止频率为 $f_c=400$ Hz。

7.6　用双线性法设计一个巴特沃思数字低通滤波器，要求满足下列技术指标，并画出它

的级联型结构图。

（1）通带宽为 $0\leqslant \Omega \leqslant 0.261\,3\pi$，衰减 $\delta_p \leqslant 0.75$ dB 。

（2）在阻带范围 $0.4018\leqslant \Omega \leqslant \pi$ 内，衰减 $\delta_z > 20$ dB 。

（3）抽样周期 $T=1$ s。

7.7　用双线性法设计一个三阶巴特沃思数字低通滤波器，抽样频率 $f_s = 6$ kHz，截止频率 $f_c = 1.5$ kHz（不计 3 kHz 以上频率分量）。

7.8　用双线性法设计一个三阶巴特沃思数字带通滤波器，抽样频率 $f_s = 720$ Hz，上、下边带截止频率分别为 $f_1 = 60$ Hz，$f_2 = 300$ Hz 。

7.9　用矩形窗设计一逼近理想矩形频率特性的线性相位 FIR 低通滤波器，有

$$H_d(f)=\begin{cases}1, & 0\leqslant f\leqslant 125\text{ Hz}\\ 0, & 0\leqslant f\leqslant \dfrac{f_s}{2}\text{ 区间内其他各点}\end{cases}$$

设抽样频率 $f_s = 1$ kHz，冲激响应 $h(n)$ 为 20 ms，求：

（1）求滤波器的冲激响应 $h(n)$。

（2）求滤波器的系统函数 $H(z)$。

（3）画出滤波器结构图。

（4）求滤波器的频率响应。

7.10　用海宁窗重做 7.9 题。

7.11　用矩形窗设计一个线性相位带通滤波器，有

$$H_d(f)=\begin{cases}e^{-j\Omega_0}, & -\Omega_0\leqslant \Omega-\Omega_0\leqslant \Omega_c\\ 0, & 0\leqslant \Omega\leqslant \pi\text{ 区间内其他各点}\end{cases}$$

（1）设计 N 为奇数时的 $h(n)$。

（2）设计 N 为偶数时的 $h(n)$。

7.12　用频率抽样法设计一线性相位低通滤波器，$N=15$，幅度抽样值为

$$H_k=\begin{cases}1, & k=0\\ 0.5, & k=1,\ 14\\ 0, & k=2,\ 3,\cdots,\ 13\end{cases}$$

（1）设计抽样的相位 ϕ_k 并求 $h(n)$ 及 $H(e^{j\Omega})$ 的表达式。

（2）画出横截型及抽样型两种结构实现方案。

（3）比较两种结构的乘法与加法的次数。

7.13　设滤波器差分方程为

$$y(n)-\frac{3}{4}y(n-1)+\frac{1}{8}y(n-2)=x(n)+\frac{1}{3}x(n-1)$$

画出用直接Ⅰ型、Ⅱ型、一阶级联型、并联型的结构流程图。

7.14　设数字滤波器系统函数为

$$H(z)=\frac{3+3.6z^{-1}+0.6z^{-2}}{1+0.1z^{-1}+0.2z^{-2}}$$

画出用直接Ⅰ型、Ⅱ型、一阶级联型、并联型的结构流程图。

第 8 章　随机信号分析

内容提要

1. 随机信号概念及主要参数
2. 线性系统对随机信号的响应
3. 相关函数和功率谱估计

8.1　随机信号的概念

8.1.1　随机信号的定义及特点

1. 随机信号的定义

凡是不能用明确的数学关系式描述的、无法预测未来时刻精确值的信号，都称为随机信号（random signal）。随机信号由多个样本记录组成，等效于随机过程（random processes）。所谓样本记录是指在有限时间内观察到的时间历程。

随机过程（或随机信号）可用图 8.1 说明。

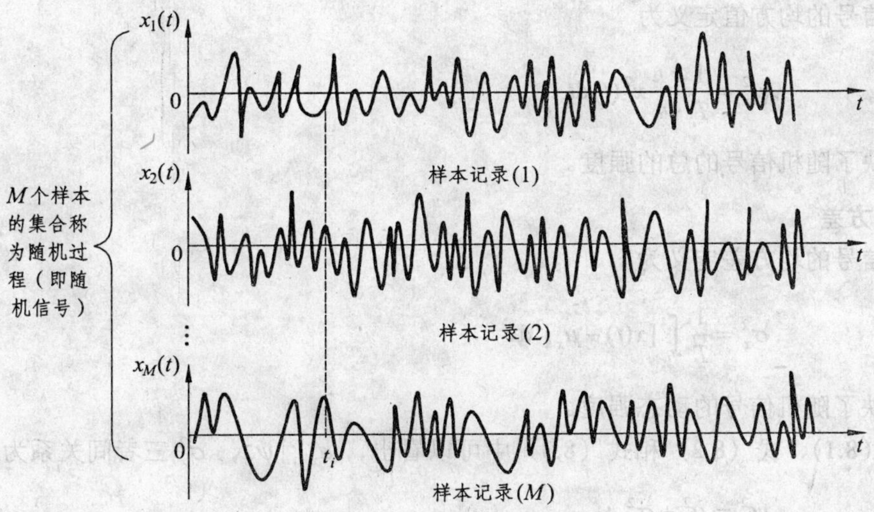

图 8.1　随机过程

2. 随机信号的三个特点

(1) 样本记录是随机信号的一个物理实现，不能代表该随机信号（过程）。

(2) 样本记录中，任一时间点的取值都是一个随机变量，每一次的具体取值称为样本函数，代表许多可能产生的结果之一。

(3) 平稳随机信号是一种功率信号，能量是无限的，随机信号用统计方法来分析。

8.1.2 各态历经平稳随机信号的主要特性参数

随机信号主要分两大类:平稳随机信号和非平稳随机信号。在平稳随机信号中，有一种强平稳随机信号，其特性参数不随观察时间而变化，可以用一个样本记录来进行分析，这种随机信号称为各态历经（ergodicity）随机信号。在工程实际中碰到的多数随机信号可以近似地用各态功经随机信号来处理。

1. 各态历经随机信号的时域统计平均参数

各态历经随机信号的时域统计平均参数分析是随机信号分析的重要内容，时域统计平均参数反映了随机信号的许多特性。

1）均　值

随机信号的均值定义为

$$\mu_x = \frac{1}{T}\int_{t_1}^{t_2} x(t)\mathrm{d}t \tag{8.1}$$

均值反映了随机信号的直流分量。

2）均方值

随机信号的均方值定义为

$$\psi_x^2 = \frac{1}{T}\int_{t_1}^{t_2} x^2(t)\,\mathrm{d}t \tag{8.2}$$

均方值反映了随机信号的总的强度。

3）均方差

随机信号的均方差定义为

$$\sigma_x^2 = \frac{1}{T}\int_{t_1}^{t_2} [x(t)-\mu_x]^2\,\mathrm{d}x \tag{8.3}$$

均方差反映了随机信号的动态强度。

从式（8.1）、式（8.2）和式（8.3）中可以看出，μ_x，ψ_x^2，σ_x^2 三者间关系为

$$\psi_x^2 = \mu_x^2 + \sigma_x^2 \tag{8.4}$$

即　　　　随机信号的总强度＝静态强度＋动态强度

2. 概率密度函数和概率分布函数

概率密度函数（probability density function）是变量幅度的函数（见图 8.2），它表示信号瞬时值落在该 x 值附近的极小范围内的概率密度，定义为

$$p(x)=\lim_{\Delta x\to 0}\frac{P[x<x(t)\leqslant x+\Delta x]}{\Delta x}=\lim_{\Delta x\to 0}\frac{1}{\Delta x}\left[\lim_{T\to\infty}\frac{T_x}{T}\right] \tag{8.5}$$

式中，$T_x=\sum_{i=1}^{k}\Delta t_i$，当 T 趋向无穷大时获得概率密度函数的真值；若 T 取为有限值，则只能获得概率密函数的估计值。

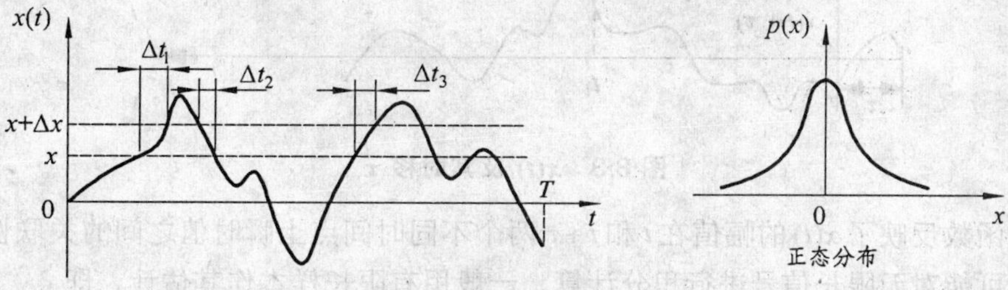

图 8.2　概率密度函数

概率分布函数（distribution function）是概率密度函数从 $-\infty$ ～ x 的积分，即

$$F(x)=P[x(t)\leqslant x]=\int_0^x p(\xi)\mathrm{d}\xi \tag{8.6}$$

对于随机序列，上述 T_x 和 T 可用 N_i 和 N 来代替，分别表示随机数据落在某一幅值范围内的个数和数据的总个数（序列长度），相应地离散公式为

概率密度函数　$p_i=\lim_{N\to\infty}\frac{N_i}{N}$ (8.7)

概率分布函数　$F_i=\sum_{j=-\infty}^{i}p_j$ (8.8)

3. 自相关函数和互相关函数

相关分析就是在时延域（τ）对时域信号本身或两个时域信号之间不同时刻的相似程度的分析，以便认识信号在时延域内所表现出的特征。相关分析为在噪声背景下提取有用信息提供了途径，是随机信号分析的重要内容之一。相关分析有自相关函数和互相关函数两种，前者描述了同一信号的现在值与过去值之间的关系，后者描述了两个信号之间的相互关系或相似程度。

1）自相关函数（auto-correlation function）

需了解一个与时间有关的随机信号在不同时刻之间有无内在关联时，可在时延域 τ 内来确定，就是求出自相关函数及对应的相关系数。

各态历经随机过程的样本函数 $x(t)$（见图 8.3）的自相关函数 $R_x(\tau)$，定义为乘积 $x(t)x(t+\tau)$ 在记录时间历程 T 趋于无穷大时的平均值，其表达式为

$$R_x(\tau)=\lim_{T\to\infty}\frac{1}{T}\int_0^T x(t)x(t+\tau)\mathrm{d}t=\lim_{T\to\infty}\frac{1}{T}\int_0^T x(t-\tau)x(t)\mathrm{d}t \tag{8.9}$$

式中，$R_x(\tau)$ 为自相关函数；τ 为时间滞后值。

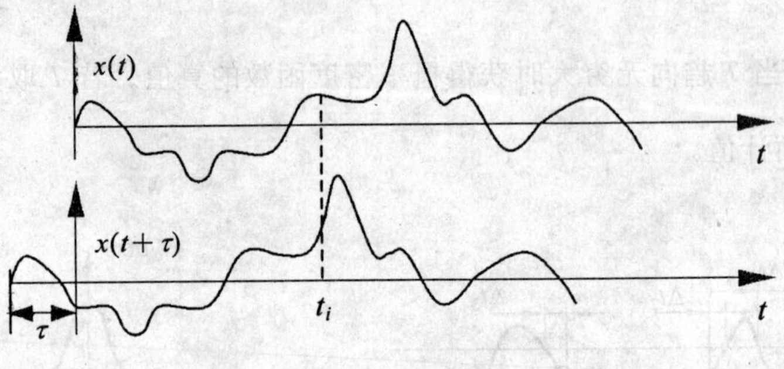

图 8.3　$x(t)$ 及其时移 τ

自相关函数反映了 $x(t)$ 的幅值在 t 和 $t+\tau$ 两个不同时间点上瞬时值之间的关联性。在实际计算中，不可能对无限长信号进行积分计算，一般用有限长样本作其估计，即

$$\hat{R}_x(\tau)=\frac{1}{T}\int_0^T x(t)x(t+\tau)\mathrm{d}t \tag{8.10}$$

随机信号典型的自相关函数图如图 8.4 所示。

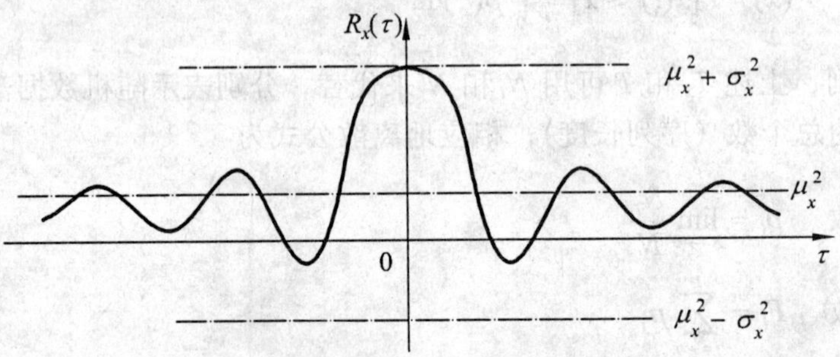

图 8.4　自相关函数曲线

自相关函数具有如下主要性质：

（1）$R_x(0)=\psi_x^2$，且为最大值。

（2）$R_x(\tau)=R_x(-\tau)$，为偶函数。

（3）若 $x(t)$ 是随机信号，当时移 τ 很大和 $\tau=\infty$ 时，$x(t)$ 与 $x(t+\tau)$ 之间就不存在内在的依从性，彼此不相关，即 $R_x(\tau\to\infty)\to\mu_x^2$。

（4）随机信号的自相关曲线为一衰减曲线，其中宽带随机信号衰减最快，周期信号的自相关函数仍然是周期信号，且周期不变，但不反映原信号的相位信息。

（5）若 $x(t)=n(t)+r(t)$，且 $n(t)$ 与 $r(t)$ 是相互独立的，其均值 μ_n 和 μ_r 中至少有一个为零，则 $x(t)$ 的自相关函数等于它们各自的自相关函数之和，有

$$R_x(\tau)=R_n(\tau)+R_r(\tau) \tag{8.11}$$

对于零均值信号，即将 $x(t)$ 的均值扣除，自相关函数又称为自协方差，表示为

$$C_x(\tau)=\lim_{T\to\infty}\frac{1}{T}\int_0^T\left[x(t)-\mu_x\right]\left[x(t+\tau)-\mu_x\right]\mathrm{d}t=R_x(\tau)-\mu_x^2 \tag{8.12}$$

当 $\tau=0$ 时，自协方差即为方差

$$C_x(0)=R_x(0)-\mu_x^2=\sigma_x^2 \tag{8.13}$$

上述的自相关函数未能表示出信号 $x(t)$ 在 t 时刻的值与在 $t+\tau$ 时刻的值之间的相关程度。将自相关函数归一化后得到的自相关系数就能表述出它们之间的相关程度，其表达式为

$$\rho_x(\tau)=\frac{\lim\limits_{T\to\infty}\frac{1}{T}\int_0^T[x(t)-\mu_x][x(t+\tau)-\mu_x]\,\mathrm{d}t}{{\sigma_x}^2}=\frac{R_x(\tau)-\mu_x^2}{\sigma_x^2} \tag{8.14}$$

当 $\rho_x(\tau)=1$ 时，表示 $x(t)$ 在 t 时刻的值与在 $t+\tau$ 时刻的值完全相关；当 $\rho_x(\tau)=0$ 时，表示 $x(t)$ 在 t 时刻的值与在 $t+\tau$ 时刻的值完全不相关。

2）互相关函数（cross-correlation function）

上述自相关函数反映了所描述信号 $x(t)$ 自身在不同时刻的关联性。对于两个信号 $x(t)$ 和 $y(t)$ 之间在不同时刻的相似性，则用互相关函数来表述。

若 $x(t)$ 和 $y(t)$ 是两个各态历经随机过程的样本函数，则它们的互相关函数定义为

$$R_{xy}(\tau)=\lim_{T\to\infty}\frac{1}{T}\int_0^T x(t)y(t+\tau)\mathrm{d}t=\lim_{T\to\infty}\frac{1}{T}\int_0^T x(t-\tau)y(t)\mathrm{d}t \tag{8.15}$$

且有

$$R_{yx}(\tau)=\lim_{T\to\infty}\frac{1}{T}\int_0^T y(t)x(t+\tau)\mathrm{d}t=\lim_{T\to\infty}\frac{1}{T}\int_0^T y(t-\tau)x(t)\mathrm{d}t \tag{8.16}$$

互相关函数是描述两个信号 $x(t)$ 和 $y(t)$ 在不同时移 τ 时的依从关系或相似性，它与时间无关，是 τ 的函数。典型互相关曲线如图 8.5 所示。

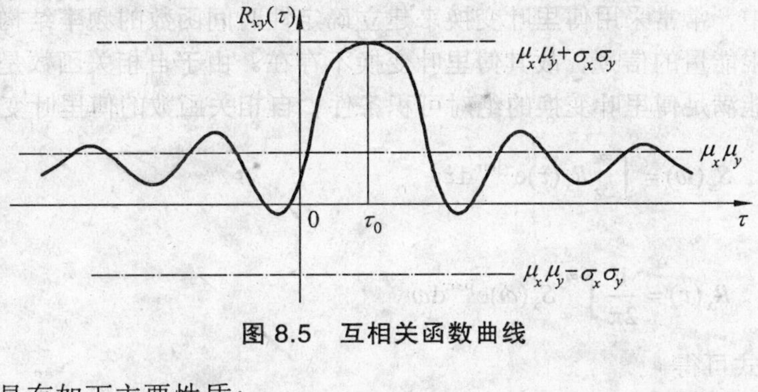

图 8.5　互相关函数曲线

互相关函数具有如下主要性质：

(1) 互相关函数即不是奇函数也不是偶函数。但是，$R_{xy}(\tau)$ 与 $R_{yx}(\tau)$ 之间有如下关系，即

$$R_{xy}(\tau)=R_{yx}(-\tau)$$

（2）互相关函数在 $\tau=0$ 时，一般不会得到最大值。若 $x(t)$ 和 $y(t)$ 是两个随机信号，随着 τ 值的增大，$R_{xy}(\tau)$ 将逐渐趋近于两个信号均值的乘积，即 $R_{xy}(\tau\to\infty)\to\mu_x\mu_y$，$R_{xy}(\tau)$ 的大小变化范围是

$$\mu_x\mu_y-\sigma_x\sigma_y\leqslant R_{xy}(\tau)\leqslant\mu_x\mu_y+\sigma_x\sigma_y$$

（3）若两个随机信号中具有同频率的周期成分，则在互相关函数中也包含有该频率的周期成分，在 $\tau\to\infty$ 时该频率的周期仍然存在。若两信号的周期成分不同频时，则 $R_{xy}(\tau)\to 0$。

（4）互相关函数的最大绝对值必定小于或等于两个信号中的任一个自相关函数在 $\tau=0$ 处的绝对值，即

$$\left|R_{xy}(\tau)_{\max}\right|\leqslant\left|R_x(\tau=0)\right| \quad 或 \quad \left|R_{xy}(\tau)_{\max}\right|\leqslant\left|R_y(\tau=0)\right|$$

互协方差函数定义为

$$C_{xy}(\tau)=\lim_{T\to\infty}\frac{1}{T}\int_0^T\left[x(t)-\mu_x\right]\left[y(t+\tau)-\mu_y\right]\mathrm{d}t=R_{xy}(\tau)-\mu_x\mu_y \tag{8.17}$$

将互相关函数归一化后得到的互相关系数，能表示出 $x(t)$ 和 $y(t)$ 之间的相似程度，其表达式为

$$\rho_{xy}(\tau)=\frac{\lim\limits_{T\to\infty}\frac{1}{T}\int_0^T\{[x(t)-\mu_x][y(t+\tau)-\mu_y]\}\mathrm{d}t}{\sigma_x\sigma_y}=\frac{\lim\limits_{T\to\infty}\frac{1}{T}\int_0^T x(t)y(t+\tau)\mathrm{d}t-\mu_x\mu_y}{\sigma_x\sigma_y}$$

$$=\frac{R_{xy}(\tau)-\mu_x\mu_y}{\sigma_x\sigma_y},\quad -1\leqslant\rho_{xy}(\tau)\leqslant 1 \tag{8.18}$$

4. 自功率谱密度函数和互功率谱函数

功率谱密度（power spectrum density）是反映随机信号的平均功率（密度）相对频率的分布情况，属频域分析内容，分为单边谱密度 $G_x(\omega)$ 和双边谱密度 $S_x(\omega)$。

1）自功率谱密度函数

在信号分析中，常常采用傅里叶变换来建立确定性时间函数的频率结构。对于平稳随机信号，因为是无限能量的信号，故其傅里叶变换不存在。由于自相关函数是一个能量有限的确定性信号，故能满足傅里叶变换的绝对可积条件，自相关函数的傅里叶变换为

$$S_x(\omega)=\int_{-\infty}^{\infty}R_x(\tau)\mathrm{e}^{-\mathrm{j}\omega\tau}\mathrm{d}\tau \tag{8.19}$$

其反变换为

$$R_x(\tau)=\frac{1}{2\pi}\int_{-\infty}^{\infty}S_x(\omega)\mathrm{e}^{\mathrm{j}\omega\tau}\mathrm{d}\omega \tag{8.20}$$

当 $\tau=0$ 时，由上式可得

$$R_x(0)=\lim_{T\to\infty}\frac{1}{T}\int_0^T[x(t)]^2\mathrm{d}t=\frac{1}{2\pi}\int_{-\infty}^{\infty}S_x(\omega)\mathrm{d}\omega \tag{8.21}$$

上式左边可理解为随机信号的平均功率，$S_x(\omega)$ 可看成 $x(t)$ 的平均功率相对频率的分布函

数，所以称 $S_x(\omega)$ 为双边自功率谱密度，简称功率谱密度。

式（8.19）和式（8.20）被称为维纳-辛钦定理：$S_x(\omega)$ 与 $R_x(\tau)$ 互为傅里叶变换对。单边功率谱为

$$G_x(\omega)=\int_0^{\infty}R_x(\tau)\mathrm{e}^{-\mathrm{j}\omega\tau}\mathrm{d}\tau \tag{8.22}$$

随机信号的功率谱密度如图 8.6 所示。

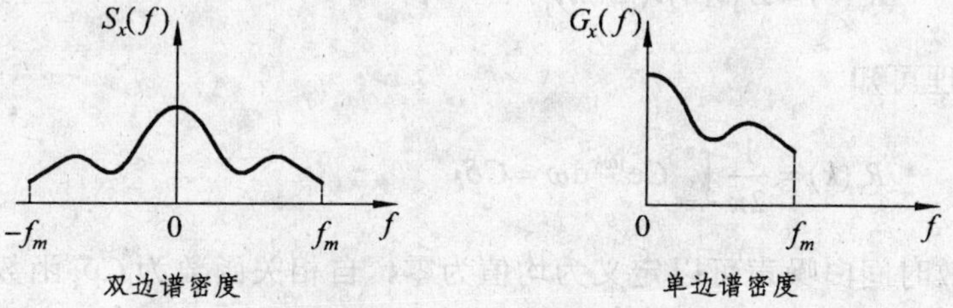

图 8.6　双边及单边自功率谱

由于 $R_x(\tau)$ 是实偶函数，所以 $S_x(\omega)$ 也是实偶函数。从式（8.21）和式（8.22）知

$$G_x(\omega)=2S_x(\omega) \tag{8.23}$$

需要注意的是，从频谱可以恢复出原时域信号，功率谱因为失去了相位信息，只能得出信号的统计特性 $R_x(\tau)$，不能恢复出原时域信号 $x(t)$。

2）互功率谱密度函数

互功率谱密度函数是对两个相互关联的信号而言的，其定义与自功率谱密度函数类似，它是互相关函数的傅里叶变换，即

$$S_{xy}(\omega)=\int_{-\infty}^{\infty}R_{xy}(\tau)\mathrm{e}^{-\mathrm{j}\omega\tau}\mathrm{d}\tau \tag{8.24}$$

所以互功率谱密度函数与互相关函数互为傅里时变换对，即

$$\left.\begin{aligned}S_{xy}(\omega)&=\int_{-\infty}^{\infty}R_{xy}(\tau)\mathrm{e}^{-\mathrm{j}\omega\tau}\mathrm{d}\tau\\R_{xy}(\tau)&=\frac{1}{2\pi}\int_{-\infty}^{\infty}S_{xy}(\omega)\mathrm{e}^{\mathrm{j}\omega\tau}\mathrm{d}\omega\end{aligned}\right\} \tag{8.25}$$

由于 $R_{xy}(\tau)$ 既不是偶函数，也不是奇函数，所以互功率谱 $S_{xy}(\omega)$ 是一复数，有

$$S_{xy}(\omega)=C_{xy}(\omega)-\mathrm{j}Q_{xy}(\omega) \tag{8.26}$$

式中，虚部 $C_{xy}(\omega)$ 称为共谱，为偶函数；实部 $Q_{xy}(\omega)$ 称为重谱，为奇函数。

与自谱密度具有明确的物理意义不同，互谱密度并不具有物理意义，引入这一概念的主要目的是为了能在频率域上描述两个随机过程的相关性。

5. 白噪声

白噪声是一种非常重要的随机过程，很多随机过程可用白噪声加到一个系统上产生，最

典型的白噪声是电阻热噪声。

对于一个随机过程来说，如果它的谱密度等于某个常数$C>0$，则称其为白噪声过程，简称白噪声。白噪声的“白”字源于白色光，因为白色光由强度相等的各种频率的光组成。如果白噪声过程的分布是 Gauss 的，则称为 Gauss 白噪声。

实际中经常采用的离散时间白噪声$v(n)$，其谱密度等于常数$C>0$，设$v(n)$是平稳的，则其自相关函数为

$$R_v(k)=E\left\{v(n)v(n+k)\right\}$$

由维纳-辛钦定理可知

$$R_v(k)=\frac{1}{2\pi}\int_{-\pi}^{\pi}C\mathrm{e}^{\mathrm{j}\omega k}\mathrm{d}\omega=C\delta_k$$

可见，离散时间白噪声可以定义为均值为零、自相关函数为$C\delta_k$函数的离散随机过程，这个过程在$n_1\neq n_2$时，$v(n_1)$和$v(n_2)$是不相关的。实际上这种理想的白噪声是不可能得到的，工程中经常采用伪随机数作为白噪声使用。

8.2 LTI 系统对随机信号的响应

设线性时不变系统的单位冲激响应为$h(t)$，当对该系统输入随机信号$x(t)$时，系统的响应如图 8.7 所示，表达式为

$$y(t)=x(t)*h(t)=\int_{-\infty}^{\infty}h(\tau)x(t-\tau)\mathrm{d}\tau \tag{8.27}$$

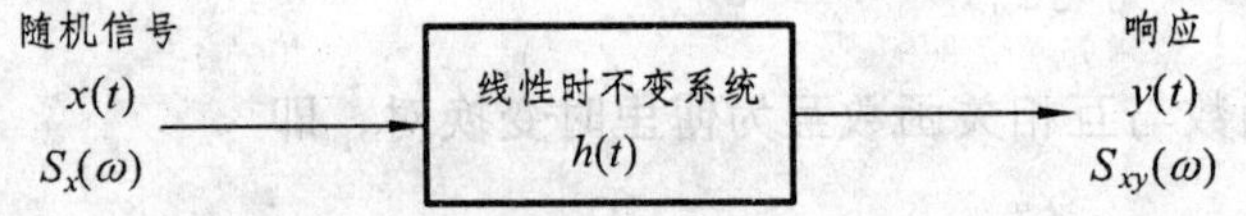

图 8.7 LTI 系统对随机信号的响应

8.2.1 时域分析

在时域分析 LTI 系统对平稳随机信号的响应。

1. $y(t)$的均值μ_y

$$E\left[y(t)\right]=E\left\{\int_{-\infty}^{\infty}h(\tau)x(t-\tau)\mathrm{d}\tau\right\}=\int_{-\infty}^{\infty}h(\tau)E[x(t-\tau)]\mathrm{d}\tau=\mu_x\int_{-\infty}^{\infty}h(\tau)\mathrm{d}\tau$$

可得

$$\mu_y=\mu_x\int_{-\infty}^{\infty}h(\tau)\mathrm{d}\tau=\mu_xH(0)$$

2. $y(t)$ 的自相关函数

$$R_y(\tau)=h(\tau)*h(-\tau)*R_x(\tau)$$

可见，若输入过程是平稳的，则系统输出也是平稳的。

3. $y(t)$ 的互相关函数

$$R_{xy}(\tau)=h(\tau)*R_x(\tau)$$

$$R_{yx}(\tau)=h(-\tau)*R_x(\tau)$$

8.2.2 频域分析

若对时域响应作傅里时变换，则可得频率响应，下面作进一步推导。

（1）对于两个时间：t和$t+\tau$，有

$$y(t)y(t+\tau)=\int\int_{-\infty}^{\infty}h(\xi)h(\eta)x(t-\xi)x(t+\tau-\eta)\mathrm{d}\xi\mathrm{d}\eta \tag{8.28}$$

对上式两边取期望值，有

$$R_y(\tau)=\int\int_{-\infty}^{\infty}h(\xi)h(\eta)R_x(\tau+\tau-\eta)\mathrm{d}\xi\mathrm{d}\eta \tag{8.29}$$

对上式作傅里叶变换，得

$$\begin{aligned}S_y(\omega)&=\int_{-\infty}^{\infty}R_y(\tau)\mathrm{e}^{-\mathrm{j}\omega\tau}\mathrm{d}\tau\\&=\int\int_{-\infty}^{\infty}h(\xi)h(\eta)R_x(\tau+\tau-\eta)\mathrm{e}^{-\mathrm{j}\omega\tau}\mathrm{d}\xi\mathrm{d}\eta\mathrm{d}\tau\end{aligned}$$

令$\tau+\xi-\eta=\mu$，则上式为

$$S_y(\omega)=\iint\limits_{-\infty}^{\infty}\int h(\xi)h(\eta)R_x(\mu)\mathrm{e}^{-\mathrm{j}\omega(\mu+\eta-\xi)}\mathrm{d}\sigma \tag{8.30}$$

式（8.30）所示三重积分可以视为一个正方形边长$a\to\infty$时的积分，即

$$\begin{aligned}S_y(\omega)&=\lim_{a\to\infty}\int_{-a}^{a}h(\xi)\mathrm{e}^{-\mathrm{j}\omega\xi}\mathrm{d}\xi\int_{-a}^{a}h(\eta)\mathrm{e}^{-\mathrm{j}\omega\eta}\mathrm{d}\eta\int_{-a}^{a}R_x(\mu)\mathrm{e}^{-\mathrm{j}\omega\mu}\mathrm{d}\mu\\&=H^*(\omega)H(\omega)S_x(\omega)\\&=\left|H(\omega)\right|^2S_x(\omega)\end{aligned} \tag{8.31}$$

或

$$G_y(\omega)=\left|H(\omega)\right|^2G_x(\omega) \tag{8.32}$$

（2）对于两个时间：t和$t+\tau$，同样有

$$x(t)y(t+\tau)=x(t)\int_{-\infty}^{\infty}h(\xi)x(t+\tau-\eta)\mathrm{d}\xi$$

$$=\int_{-\infty}^{\infty}h(\xi)x(t)x(t+\tau-\eta)\mathrm{d}\xi \tag{8.33}$$

对上式两边取期望值，有

$$R_{xy}(\tau)=\int_{-\infty}^{\infty}h(\xi)R_x(\tau-\xi)\mathrm{d}\xi \tag{8.34}$$

对式（8.34）作傅里叶变换，经一定推导，得

$$S_{xy}(\omega)=H(\omega)S_x(\omega) \quad \text{或} \quad G_{xy}(\omega)=H(\omega)G_x(\omega) \tag{8.35}$$

则

$$H(\omega)=\frac{S_{xy}(\omega)}{S_x(\omega)} \quad \text{或} \quad H(\omega)=\frac{G_{xy}(\omega)}{G_x(\omega)} \tag{8.36}$$

式（8.36）就是LTI系统在随机信号作用下的频率响应函数，它是系统输入、输出随机信号的互功率谱与输入随机信号自互功谱的比值，这与LTI系统对确定性输入信号的情况是不同的。

8.3 相关函数和功率谱估计

8.3.1 相关函数的估计

各态历经随机过程自相关函数和互相关函数常用下列两式作为相关函数的估计

$$\hat{R}_x(\tau)=\frac{1}{T}\int_0^T x(t)x(t+\tau)\mathrm{d}t \tag{8.37}$$

$$\hat{R}_{xy}(\tau)=\frac{1}{T}\int_0^T x(t)y(t+\tau)\mathrm{d}t \tag{8.38}$$

对于样本长度为 N 的离散随机信号，其自相关函数和互相关函数的估计为

$$\hat{R}_x(m)=\frac{1}{N}\sum_{n=0}^{N-|m|-1}x(n)x(n+m)\,,\quad |m|\leqslant N-1 \tag{8.39}$$

$$\hat{R}_{xy}(m)=\frac{1}{N}\sum_{n=0}^{N-|m|-1}x(n)y(n+m)\,,\quad |m|\leqslant N-1 \tag{8.40}$$

上述离散信号的相关函数估计是渐近无偏估计，N 要取大，$|m|$ 宜取小，以减小估计的偏差。但随着 N 的增大，运算时间迅速增加。

为解决估计精度与运算速度的矛盾，利用FFT进行相关函数的估计，即，先用傅里叶变换计算出样本函数的功率谱密度函数，再对功率谱密度作傅里叶逆变换，间接计算出相关函数。

8.3.2　功率谱估计

根据随机序列功率谱密度函数的定义：自相关函数的傅里叶变换，

$$S_x(f)=\sum_{m=-\infty}^{\infty}R_x(m)\mathrm{e}^{-\mathrm{j}2\pi fmT} \tag{8.41}$$

其中，随机序列的自相关函数为

$$R_x(m)=\lim_{N\to\infty}\frac{1}{N}\sum_{n=0}^{N-1}x(n)x(n+m),\qquad m=0,\ 1,\ 2,\cdots,\ N-1 \tag{8.42}$$

按上式求得的功率谱称为真功率谱（功率谱真值），这是由无限长序列求得的。实际应用中采用的是有限长序列，此时求得的功率谱称为功率谱估计，即

$$\hat{S}_x(f)=\sum_{k=0}^{N-1}\hat{R}_x(k)\mathrm{e}^{-\mathrm{j}2\pi fkT} \tag{8.43}$$

式（8.43）所示的功率谱估计，可由两种方法求得：一是快速相关法；一是周期图法。下面对这两种方法加以介绍。

1. 快速相关法求功率谱估计

快速相关法求功率谱估计是先利用 FFT 和 IFFT 计算出自关函数估计，然后再采用 FFT 快速计算自功率谱估计。

相关函数估计可由下式快速计算

$$\begin{aligned}\hat{R}_x(m)&=\frac{1}{N}\sum_{n=0}^{N-1}x_p(n)x_p(n+k)\\&=\frac{1}{N}\mathrm{IDFT}\left[X_p(k)X_p^*(k)\right],\qquad k=0,\ 1,\ 2,\cdots,\ N-1\end{aligned} \tag{8.44}$$

在求得相关函数估计后，再计算功率谱估计。整个计算步骤如下：

（1）设 x（n）是无限长序列的截短，长度为 N。

（2）将 x（n）尾部补零增长到 $L=2N-1$。

（3）用 FFT 计算 $X(k)$ 和 $X^*(k)$，$k=0, 1, 2, \cdots, N-1$。

（4）计算乘积 $\frac{1}{N}X(k)X^*(k)$。

（5）用 IFFT 计算 $\hat{R}_x(k)=\mathrm{IDFT}\left[\frac{1}{N}X(k)X^*(k)\right]$。

（6）用 FFT 计算功率谱估计 $\hat{S}_x(f)=\sum_{k=0}^{N-1}\hat{R}_x(k)\mathrm{e}^{-\mathrm{j}2\pi fkT}$。

2. 周期图法求功率谱估计

根据功率谱定义，有

$$S_x(f)=\sum_{k=-\infty}^{\infty}R_x(k)\mathrm{e}^{-\mathrm{j}2\pi fkT_s}$$
$$=\sum_{k=-\infty}^{\infty}\frac{1}{N}\sum_{n=-\infty}^{\infty}x(n)x(n+k)\mathrm{e}^{-\mathrm{j}2\pi fkT_s} \tag{8.45}$$

令 $n+k=m$，则有

$$S_x(f)=\frac{1}{N}\sum_{k=-\infty}^{\infty}x(n)\mathrm{e}^{\mathrm{j}2\pi nT_s}\sum_{m=-\infty}^{\infty}x(m)\mathrm{e}^{-\mathrm{j}2\pi fmT_s}$$
$$=\frac{1}{N}X^*(k)X(k)=\frac{1}{N}\left|X(k)\right|^2 \tag{8.46}$$

式（8.46）是周期图法计算功率谱的基本公式。

对于离散功率谱估计，有

$$\hat{S}_x(k)=\frac{1}{N}\left|X(k)\right|^2,\qquad k=0,\ 1,\ 2,\ \cdots,\ N-1 \tag{8.47}$$

计算步骤：

(1) 选用合适的窗函数 $w(n)$ 将无限长序列截短为 N 长序列 $x(n)$，N 为 2 的整数次幂。

(2) 用 FFT 计算 $X(k)$。

(3) 计算功率谱估计：$\hat{S}_x(k)=\frac{1}{N}\left|X(k)\right|^2$，$k=0,\ 1,\ 2,\ \cdots,\ N-1$。

(4) 根据所选用的数据窗，对功率谱估计加以修正。

此外，由于功率估计的归一化误差比较大，常常需进一步作平滑得理。

3. 互功率谱估计

离散互功率谱估计的基本算式为

$$\hat{S}_{xy}(k)=\frac{1}{N}\left|X^*(k)Y(k)\right| \tag{8.48}$$

$\hat{S}_{xy}(k)$ 为一复数，其幅值为

$$\left|\hat{S}_{xy}(k)\right|=\frac{1}{N}\left|X^*(k)Y(k)\right| \tag{8.49}$$

若需计算相频谱，在计算过程中可将虚部和实部分开，然后计算相频。计算步骤与自功率谱类似。如需要求共谱和重谱时，可分别计算其实部和虚部。

习　题

8.1 随机信号为什么不能用频谱进行描述？功率谱和频谱的区别是什么？

8.2 已知非周平稳随机信号 $x(t)$ 的自相关函数为

$$R_x(\tau)=16+\frac{9}{1+3\tau^2}$$

试利用自相关函数的性质求稳随机信号 $x(t)$ 的方差。

8.3　已知白噪声 $N(t)$ 的自相关函数为

$$R_N(\tau)=\frac{N_0}{2}\delta(\tau)$$

试求其自功率谱密度 $S_N(\omega)$。

8.4　已知平稳随机信号的功率谱密度为

$$S(\omega)=\frac{\omega^2+2}{\omega^4+3\omega^2+2}$$

试求该随机信号的自相关函数 $R_x(\tau)$

第 9 章　小波变换

内容提要

1. 时频分析
2. 短时傅里叶变换
3. 小波变换

9.1　时频分析

9.1.1　时频分析的定义

时频分析方法是非平稳信号处理的一个重要分支，它是利用时间和频率的联合函数来表示非平稳信号，并对其进行分析和处理。

经典的分析和处理平稳信号的最常用、最主要的方法是傅里叶变换，其重要性在于它是域变换，即它把时域和频域联系起来。许多在时域内难以观察的现象和规律，在频域却十分清楚。

傅里叶变换最主要的局限性来自于它的定义

$$F(\omega)=\int_{-\infty}^{\infty}f(t)\mathrm{e}^{-\mathrm{j}\omega t}\mathrm{d}t \tag{9.1}$$

积分过程后，时间变量 t 不出现在结果。也就是说，傅里叶变换在整个时间轴范围内积分，它表示了信号的全局特征。这点可通过其基函数 $\mathrm{e}_{\omega}(t)=\mathrm{e}^{\mathrm{j}\omega t}$ 分布在整个时间轴上的事实得到佐证，如图 9.1 所示。

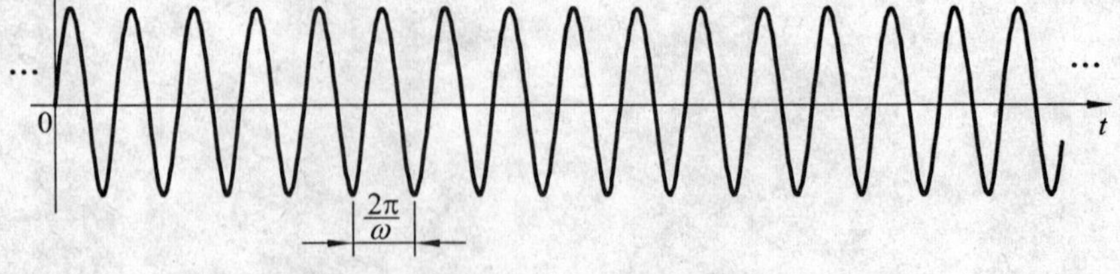

图 9.1　傅里叶变换的基函数

由于傅里叶变换这个特点的存在，使得它不能反映信号频率随时间变化的特征。对于频率随时间变化的非平稳信号，即时变信号，傅里叶变换只能给出一个总的平均效果。然而，在许多实际应用场合，信号是非平稳的。这时，只了解信号在时域或频域的全局特性是远远不够的，最希望得到的仍是信号频谱随时间变化的情况。

为分析信号的局部特征，必须使用局部变换的方法，用时间和频率的联合函数来表示信号，这就是时频分析思想的来源。图 9.2 给出了一个典型的例子，该理想化的变换能够准确地跟踪信号频率的变化。这种信号的时域和频域的二维联合表示，即时频分析。

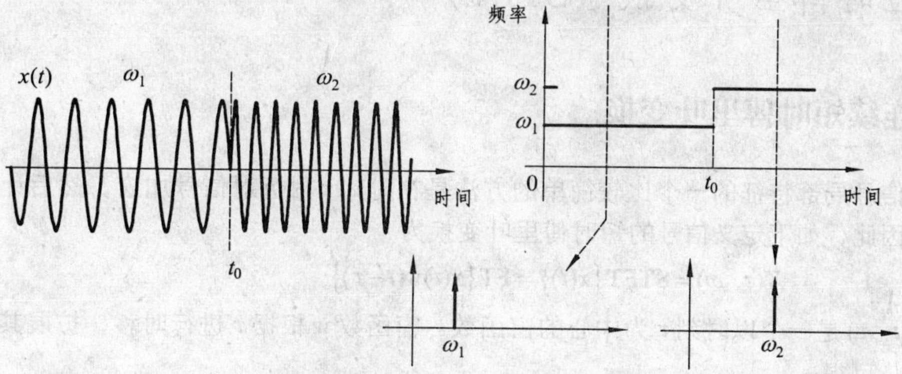

图 9.2　理想的时、频变化

时频分析的基本目的是构造一个能反映信号时变特性的时频联合分布，它可以描述信号的时频联合特性。对于给定的信号 $x(t)$，希望找到一个二维函数 $X(\tau, \omega)$，它具有如下基本性质：

（1）$X(\tau, \omega)$ 是时间 τ 和频率 ω 的联合分布函数。

（2）$X(\tau, \omega)$ 能够反映信号 $x(t)$ 的能量随时间 τ 和频率 ω 变化的特征。

（3）$X(\tau, \omega)$ 既具有较好的时间分辨率，同时又具有较好的频率分辨率。

注意：时频变换需定义两个时间变量，信号 $x(t)$ 使用的"t"和变换 $X(\tau, \omega)$ 使用的"τ"。

9.1.2　时频分析的分类

时频分析方法按照时频联合函数的不同可分为线性时频表示和双线性时频表示两种。

1. 线性时频表示

线性时频表示是由傅里叶变换演化而来，满足线性叠加性。假设 $x(t) = ax_1(t) + bx_2(t)$，记 $x(t)$，$x_1(t)$，$x_2(t)$ 的线性时频表示分别为 $X(\tau, \omega)$，$X_1(\tau, \omega)$，$X_2(\tau, \omega)$，则有

$$X(\tau, \omega) = aX_1(\tau, \omega) + bX_1(\tau, \omega) \tag{9.2}$$

常见的线性时频表示主要有短时傅里叶变换、Gabor 展开以及小波变换等。

2. 双线性时频表示

双线性时频表示也称作二次型时频表示，它反映的是信号能量的时频分布。二次型时频表示不满足线性叠加性。假设 $x(t) = ax_1(t) + bx_2(t)$，记 $x(t)$，$x_1(t)$，$x_2(t)$ 的线性时频表示分别为 $X(\tau, \omega)$，$X_1(\tau, \omega)$，$X_2(\tau, \omega)$，则有

$$X(\tau,\ \omega)=|a|^2 X_1(\tau,\ \omega)+|b|^2 X_1(\tau,\ \omega)+2R\left[abX_{12}(\tau,\ \omega)\right] \tag{9.3}$$

式中最后一项称为干扰项，这是二次型时频表示固有的一个属性。

著名的 Wigner-Ville 分布就是一种二次型时频表示。

9.2 短时傅里叶变换（STFT）

9.2.1 连续短时傅里叶变换

确定信号局部特征的一个比较简单的方法是在时刻 τ 附近对信号加窗，然后计算其傅里叶变换。因此，如下定义信号的短时傅里叶变换为

$$X(\tau,\ \omega)=\mathrm{STFT}\{x(t)\}=\mathrm{FT}\{x(t)w(t-\tau)\} \tag{9.4}$$

式中，$w(t-\tau)$ 是一个以时刻 τ 为中心的窗函数。窗函数 w 根据 τ 进行时移，扩展其傅里叶变换表示式，可得

$$X(\tau,\ \omega)=\int_{-\infty}^{+\infty} x(t)w(t-\tau)\mathrm{e}^{-\mathrm{j}\omega t}\mathrm{d}t \tag{9.5}$$

整个操作如图 9.3 所示。对于任意时刻 τ，$X(\tau,\ \omega)$ 描述了信号在 τ 附近的频率成分。从基函数的角度来分析上述问题。假设窗函数是实的，且具有单位能量

$$\int_{-\infty}^{+\infty} |w(t)|^2\,\mathrm{d}t=1 \tag{9.6}$$

用基函数 $e_{\tau,\ \omega}(t)=w(t-\tau)\mathrm{e}^{\mathrm{j}\omega t}$ 将信号 $x(t)$ 展开。

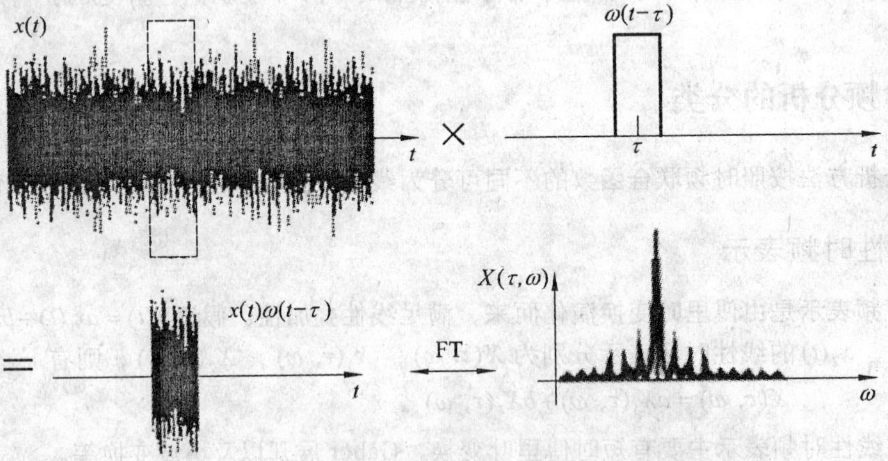

图 9.3 短时傅里叶变换

给定平方可积信号 $x(t)\in L^2(R)$ 的短时傅里叶变换为

$$X(\tau,\ \omega)=\int_{-\infty}^{+\infty} x(t)\tilde{e}^{*}_{\tau,\ \omega}(t)\mathrm{d}t \tag{9.7}$$

重构公式为

$$x(t)=\frac{1}{2\pi}\int_{-\infty}^{+\infty}\int_{-\infty}^{+\infty}X(\tau,\ \omega)\mathrm{e}_{\tau,\ \omega}(t)\mathrm{d}\tau\mathrm{d}\omega \tag{9.8}$$

将式（9.7）的 $X(\tau,\ \omega)$ 表达式代入上式右边积分

$$\int_{-\infty}^{+\infty}\int_{-\infty}^{+\infty}\left\{\int_{-\infty}^{+\infty}x(\lambda)\tilde{\mathrm{e}}_{\tau,\omega}^{*}(\lambda)\mathrm{d}\lambda\right\}\mathrm{e}_{\tau,\omega}(t)\mathrm{d}\tau\mathrm{d}\omega$$
$$=\int_{-\infty}^{+\infty}x(\lambda)\left\{\int_{-\infty}^{+\infty}\int_{-\infty}^{+\infty}\tilde{\mathrm{e}}_{\tau,\omega}^{*}(\lambda)\ \mathrm{e}_{\tau,\omega}(t)\mathrm{d}\tau\mathrm{d}\omega\right\}\mathrm{d}\lambda$$

其基和对偶基是相同的，即 $\tilde{\mathrm{e}}_{\tau,\omega}(t)=\mathrm{e}_{\tau,\omega}(t)$。由于基 e 具有单位能量且是自正交的，所以基函数是标准正交的，即

$$\int_{-\infty}^{+\infty}\int_{-\infty}^{+\infty}\mathrm{e}_{\tau,\omega}^{*}(\lambda)\ \mathrm{e}_{\tau,\omega}(t)\mathrm{d}\tau\mathrm{d}\omega=\left(\int_{-\infty}^{+\infty}w(\lambda-\tau)w(t-\tau)\mathrm{d}\tau\right)\left(\int_{-\infty}^{+\infty}\mathrm{e}_{\tau,\omega}^{-\mathrm{j}\omega(\lambda-t)}\mathrm{d}\omega\right)$$
$$=\left(\int_{-\infty}^{+\infty}\left|w(\tau)\right|^{2}\mathrm{d}\tau\right)2\pi\delta(\lambda-t) \tag{9.9}$$

可见，信号 $x(t)$ 能够由 STFT 来重构。

$$x(t)=\mathrm{ISTFT}\left\{X(\tau,\ \omega)\right\}=\frac{1}{2\pi}\int_{-\infty}^{+\infty}\int_{-\infty}^{+\infty}X(\tau,\omega)w(t-\tau)\mathrm{e}^{\mathrm{j}\omega t}\mathrm{d}\tau\mathrm{d}\omega \tag{9.10}$$

上式可视为广义短时傅里叶反变换。

短时傅里叶变换具有明显的物理意义，它可以看作是信号 $x(t)$ 在“分析时间” τ 附近的“局部频谱”。短时傅里叶变换也满足帕色瓦尔（Parseval）定理

$$\int_{-\infty}^{+\infty}\left|x(t)\right|^{2}\mathrm{d}t=\frac{1}{2\pi}\int_{-\infty}^{+\infty}\int_{-\infty}^{+\infty}\left|X(\tau,\ \omega)\right|^{2}\mathrm{d}\tau\mathrm{d}\omega \tag{9.11}$$

【例 9.1】　若 $x(t)=\delta(t-t_0)$，那么

$$X(\tau,\omega)=\mathrm{STFT}\{\delta(t-t_0)\}=\int_{-\infty}^{+\infty}\delta(t-t_0)w(t-\tau)\mathrm{e}^{-\mathrm{j}\omega t}\mathrm{d}t=w(t_0-\tau)\mathrm{e}^{-\mathrm{j}\omega t_0}$$

观察其幅度：$\left|X(\tau,\omega)\right|=\left|w(t_0-\tau)\right|$，能量集中在时域区间 $\left[t_0-\Delta t/2,t_0+\Delta t/2\right]$。

如图 9.4 所示，冲激函数的 STFT 在任意频率 ω 上的值等于窗函数时移后的数值，其中 t_0 是冲激所处的位置。

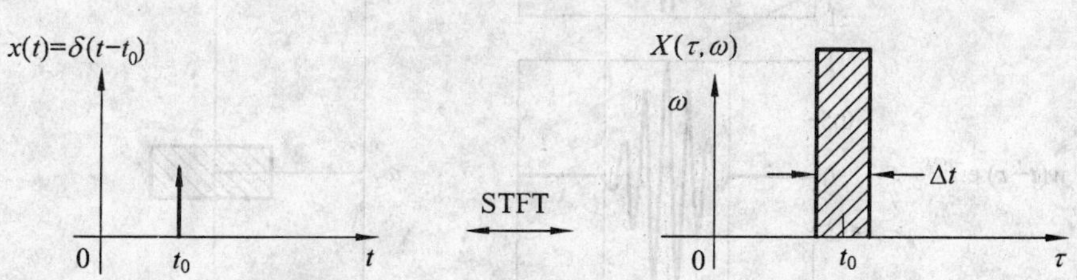

图 9.4　冲击信号的 STFT

【例 9.2】　设 $x(t)=\mathrm{e}^{\mathrm{j}\omega_0 t}$，那么

$$X(\tau,\omega)=\int_{-\infty}^{+\infty}\mathrm{e}^{\mathrm{j}\omega_0 t}w(t-\tau)\ \mathrm{e}^{-\mathrm{j}\omega t}\mathrm{d}t=W(\omega-\omega_0)\ \mathrm{e}^{-\mathrm{j}(\omega-\omega_0)\tau}$$

式中，$W(\omega)=\mathrm{FT}\{w(t)\}$，其幅度为 $\left|X(\tau,\omega)\right|=\left|W(\omega-\omega_0)\right|$，能量集中在频率区间 $\left[\omega_0-\Delta\omega/2,\omega_0+\Delta\omega/2\right]$。

如图 9.5 所示，复指数信号的 STFT 在时域上是常量，其数值取决于窗函数的傅里叶变换。

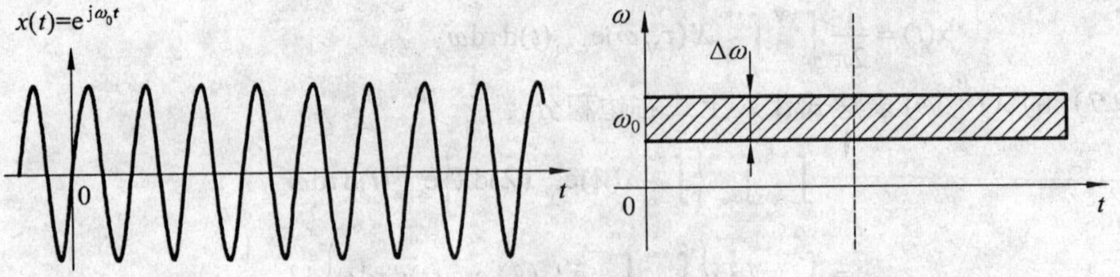

图 9.5　复指数信号的 STFT

对于一个给定信号，希望能够在时域和频域上定位信号中发生的事件（如暂态冲激）。因此，要确定前面两个例子中冲激出现的时间（时间定位）和频率（频率定位），其结果存在一定的不确定性。在分析中，分辨率的损失是窗函数 $w(t)$ 的时域带宽及其傅里叶变换 $W(\omega)$ 的频率带宽所决定的。

如果需要准确的时间定位则要使用时域宽度较小的窗函数（T_0 较小），但 $W(\omega)$ 的频率带宽会变大，因此无法在频域上准确定位，反之亦然。

由 Heisenberg 测不准原理可知，对于给定窗函数的短时傅里叶变换，时间分辨率和频率分辨率的乘积是一个定值：

$$\Delta t\times\Delta\omega\geqslant\frac{1}{2}$$

图 9.6 给出了不同频率 ω 下的基函数 $e_{\tau,\omega}(t)$。图中的矩形阴影表示时域和频域的不确定性——Δt 和 $\Delta\omega$，它们的面积 $\Delta t\times\Delta\omega$ 的下限是 $1/2$。只有采用高斯窗函数 $w(t)=\frac{1}{\sqrt{\pi}}e^{-t^2}$ 时才能达到该下限 $\Delta t\times\Delta\omega=1/2$。此时能得到最高的分辨率。

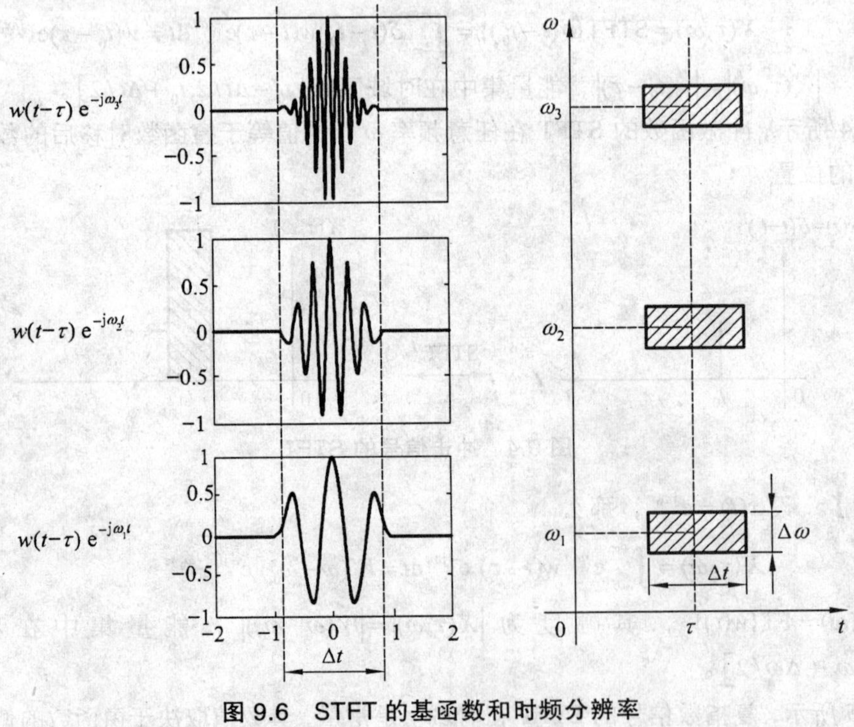

图 9.6　STFT 的基函数和时频分辨率

9.2.2 离散短时傅里叶变换

离散序列 $\{x(n),\ n=0,\ 1,\cdots,\ L-1\}$ 的短时傅里叶变换定义为

$$X(m,\ e^{j\omega})=\text{STFT}\{x(n)\}=\sum_{n}x(n)w(n-mN)e^{-j\omega n} \tag{9.12}$$

式中，N 是在时间轴上窗函数移动的步长；ω 是圆周频率。式（9.12）对应离散时间傅里叶变换，为了进行数字信号处理，将频率 ω 离散化，令

$$\omega_k=\frac{2\pi}{M}k$$

则

$$X(m,\ \omega_k)=\sum_{n}x(n)w(n-mN)e^{-j\frac{2\pi}{M}nk} \tag{9.13}$$

上式实际上就是一个 M 点的离散傅里叶变换（DFT），若窗函数 $w(n)$ 的窗口宽度正好也是 M 点，则上式可写成

$$X(m,\ k)=\sum_{n=0}^{M-1}x(n)w(n-mN)W_M^{nk},\qquad k=0,\ 1,\ \cdots,\ M-1 \tag{9.14}$$

应用中，如果 $w(n)$ 的宽度小于 M，可采用补零的方法使其长度变为 M；若 $w(n)$ 的宽度大于 M，则应增大 M 使之等于窗函数的宽度。

步长 N 的大小决定了窗函数沿时间轴移动的间距。若 $N=1$，则窗函数 $w(n)$ 在的时间方向上每隔一个点移动一次，按式（9.14），此时总共需要进行 L/N 次 M 点 DFT。

与式（9.14）对应的反变换是

$$x(n)=\frac{1}{M}\sum_{m}\sum_{k=0}^{M-1}X(m,\ k)w(n-mN)W_M^{-nk} \tag{9.15}$$

式中，m 的求和范围取决于数据长度 L 及窗函数移动步长 N。

9.3 小波变换（WT）

9.3.1 连续小波变换（CWT）

1. 连续小波变换

前面分析了利用 STFT 将信号展开成为基函数的形式，其中基函数是以时间 τ 和频率 ω 为中心的且加窗的指数函数 $w(t-\tau)e^{j\omega t}$。由于窗函数的长度是固定的，这样只能在时间和频率中选择一个来获得良好的分辨率，无法同时在时间和频率上获得良好的分辨率。

为了解决上述问题，通过分析可以发现，在大多数情况下发生时间短暂的事件（如暂态

信号）对应着信号的高频分量，而低频分量（如慢漂移）的发生时间往往较长。因此，对于高频分量应该选择短窗，而对于低频分量应该选择较长的窗，如

$$\psi_{\tau,\alpha}(t)=\frac{1}{\sqrt{\alpha}}w\left(\frac{t-\tau}{\alpha}\right)\mathrm{e}^{-\mathrm{j}\frac{\omega_0}{\alpha}(t-\tau)}$$

式中，参数 $\alpha>0$，它决定了窗长和频率 ω_0/α。

图 9.7 给出了不同频率的基函数及其相应的频率分辨率。大的 α 值（即位于低频端），对应的基 $\mathrm{e}_{\tau,\alpha}(t)$ 较长，频宽收窄，可以获得较好的频率分辨率；小的 α 值（即位于高频端），对应的基 $\mathrm{e}_{\tau,\alpha}(t)$ 较短，时窗缩小，可以获得较好的时间分辨率。

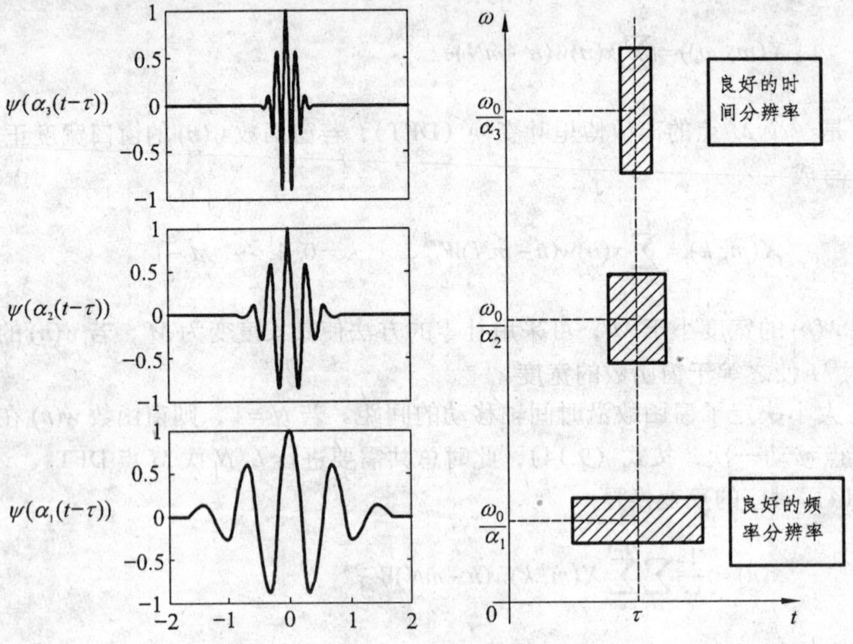

图 9.7　CWT 的基函数及其相应的时频分辨率

下面给出小波函数的确切定义：

设平方可积信号 $\psi(t)\in L^2(R)$ 的傅里叶变换 $\Psi(\omega)$ 满足条件

$$C_\psi=\int_0^{+\infty}\frac{\left|\Psi(\omega)\right|^2}{\omega}\mathrm{d}\omega<\infty \tag{9.16}$$

则称 $\psi(t)$ 为基本小波或母小波，上式称为小波函数的容许条件。

$\psi(t)$ 经伸缩和平移得到一族函数

$$\psi_{\tau,\alpha}(t)=\alpha^{-1/2}\psi\left(\frac{t-\tau}{\alpha}\right),\qquad(\alpha>0,\tau\in\mathrm{R}) \tag{9.17}$$

称 $\{\psi_{\tau,\alpha}(t)\}$ 为连续小波或小波基函数。其中，α 为尺度因子，τ 为平移因子。引入 $\alpha^{-1/2}$ 因子，目的是使不同的 α 值下，基信号 $\psi_{\tau,\alpha}(t)$ 的能量保持相等。

这些小波基函数定义了平方可积信号 $x(t)\in L^2(R)$ 的连续小波变换（CWT）及其反变换（ICWT），即

$$X(\tau,\ \alpha)=\mathrm{CWT}\{x(t)\}=\int_{-\infty}^{+\infty}x(t)\psi_{\tau,\alpha}^{*}(t)\,\mathrm{d}t \tag{9.18}$$

若 $\psi(t)$ 为实函数,则上式成为

$$X(\tau,\ \alpha)=\int_{-\infty}^{+\infty}x(t)\,\alpha^{-1/2}\psi\left(\frac{t-\tau}{\alpha}\right)\mathrm{d}t \tag{9.19}$$

$\psi(t)$ 满足式（9.16），即小波容许条件，可以证明小波反变换的存在。

$$\begin{aligned}x(t)=\mathrm{ICWT}\{X(\tau,\ \alpha)\}&=\frac{1}{C_\psi}\int_{0}^{+\infty}\int_{-\infty}^{+\infty}X(\tau,\ \alpha)\,\psi_{\tau,\alpha}(t)\frac{1}{\alpha^2}\mathrm{d}\tau\mathrm{d}\alpha\\&=\frac{1}{C_\psi}\int_{0}^{+\infty}\int_{-\infty}^{+\infty}X(\tau,\ \alpha)\,\alpha^{-1/2}\psi\left(\frac{t-\tau}{\alpha}\right)\frac{1}{\alpha^2}\mathrm{d}\tau\mathrm{d}\alpha\end{aligned} \tag{9.20}$$

值得注意的是，对任意尺度 α，变换 $X(\tau,\ \alpha)$ 均可表示为卷积形式，

$$X(\tau,\ \alpha)=x(\tau)*\alpha^{-1/2}\psi\left(-\frac{\tau}{\alpha}\right) \tag{9.21}$$

式中，$\psi\left(-\frac{\tau}{\alpha}\right)$ 是某带通滤波器的冲激响应。由于 $\mathrm{FT}\left\{\psi\left(-\frac{\tau}{\alpha}\right)\right\}=|\alpha|\Psi^{*}(\alpha\omega)$，所以若原型滤波器 $\Psi(\omega)$ 是以某一频率 ω_c 为中心且带宽为 B，那么尺度 α 对应的带通滤波器是以频率 ω_c/α 为中心且带宽为 B/α。

定义带通滤波器的带宽与中心频率的比值为其品质因数，即 $\Psi(\omega)$ 的品质因数 $Q=\frac{B}{\omega_\mathrm{c}}$，当其经过尺度伸缩后，其品质因数为 $Q_{\tau,\alpha}=\frac{B/\alpha}{\omega_\mathrm{c}/\alpha}=Q$，所以，小波基函数是一组品质因数恒定的带通滤波器。从物理上看，信号的小波变换就是信号通过一组品质因数恒定带通滤波器的过程。品质因数恒定是小波变换的一个重要性质，也是小波变换被广泛应用的一个重要原因。

为了更好的了解 CWT 的时频定位功能，下面来看一个在时域准确定位的信号的例子。

【例 9.3】　令 $x(t)=\delta(t-t_0)$，则

$$X(\tau,\ \alpha)=\mathrm{CWT}\{\delta(t-t_0)\}=\delta(\tau-t_0)*\alpha^{-1/2}\psi\left(-\frac{\tau}{\alpha}\right)=\alpha^{-1/2}\psi\left(\frac{t_0-\tau}{\alpha}\right)$$

函数 $X(\tau,\ \alpha)$ 的图像是三维的，其重要取值集中在图 9.8 的阴影区域。注意，正如所预期的，频率尺度参数 α 使 $X(\tau,\ \alpha)$ 定位在时间 t_0 的高频端。

连续小波变换具有以下重要性质：

（1）线性性：一个多分量信号的小波变换等于各个分量的小波变换之和。

（2）平移不变性：若 $f(t)$ 的小波变换为 $W_f(a,\ b)$，则 $f(t-\tau)$ 的小波变换为 $W_f(a,\ b-\tau)$。

(3) 伸缩不变性：若 $f(t)$ 的小波变换为 $W_f(a, b)$，则 $f(ct)$ 的小波变换为

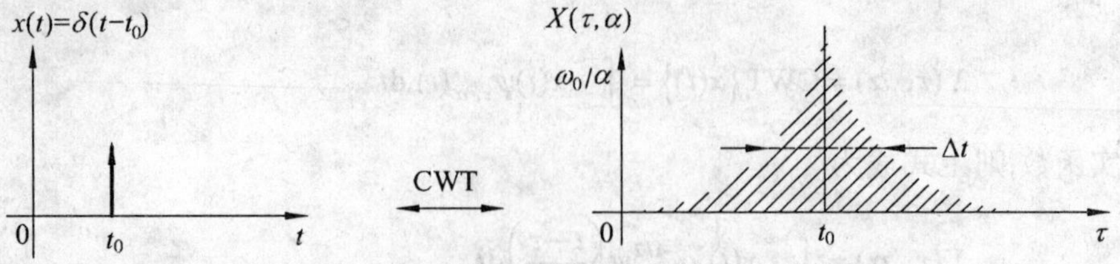

图 9.8 冲击信号的 CWT

$$\frac{1}{\sqrt{c}}W_f(ca, cb), \qquad c>0$$

(4) 自相似性：对应不同的尺度参数 a 和平移参数 τ 的连续小波变换之间是自相似的。

(5) 冗余性：连续小波变换把一维信号变换到二维空间，因此在连续小波变换中存在信息表述的冗余度。小波变换的逆变换公式不是唯一的。

2. 几种常见基本小波

1）Harr 小波

Harr 小波函数是一组互相正交归一的函数集

$$\psi(t)=\begin{cases}1, & 0\leqslant t<1/2\\ -1, & 1/2\leqslant t<1\\ 0, & 其他\end{cases}$$

Harr 小波函数在时域上不连续，在教材中常用来示例，波形如图 9.9 所示。

2）墨西哥草帽小波

墨西哥草帽小波是高斯小波函数 $e^{-t^2/2}$ 的二阶导数

$$\psi(t)=\frac{2}{\sqrt{3\sqrt{\pi}}}(1-t^2)e^{-t^2/2}$$

它因波形酷似墨西哥草帽而得名，主要用于信号处理和边缘检测，波形如图 9.10 所示。

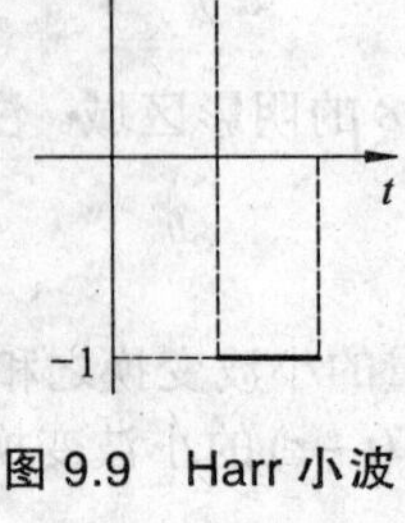

图 9.9 Harr 小波

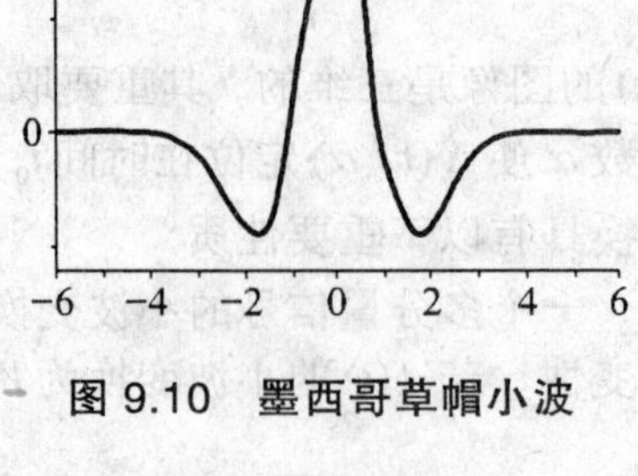

图 9.10 墨西哥草帽小波

3）Morlet 小波

Morlet 小波是复值基本小波，定义为

$$\psi(t)=\mathrm{e}^{\frac{-t^2}{2}}\mathrm{e}^{\mathrm{j}\omega_0 t}$$

由于是复值，能提取信号的幅值和相位信息，故较常用。考虑到工程中实际信号一般是实信号，因此，可将其修改为

$$\psi(t)=\mathrm{e}^{\frac{-t^2}{2}}\cos\omega_0 t$$

波形如图 9.11 所示。

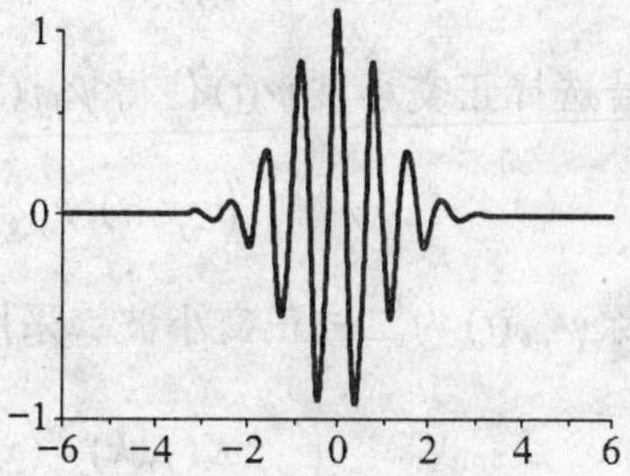

图 9.11　Morlet 小波

9.3.2　离散小波变换

在数字计算中，需要把连续小波及其变换离散化。对尺度因子的离散化一般按幂级数进行，即取 α 为离散值 $\alpha=\alpha_0{}^j$，$j\in \mathrm{Z}$，若 $\alpha_0=2$，则

$$\psi_{j,\tau}(t)=2^{-j/2}\psi\left(2^{-j}(t-\tau)\right) \tag{9.22}$$

称为二进小波，而

$$X(j,\ \tau)=2^{-j/2}\int x(t)\ \psi^*\left(2^{-j}(t-\tau)\right)\mathrm{d}t \tag{9.23}$$

称为二进小波变换。

二进小波只是对尺度因子进行了离散化，而对时间域上的平移因子保持连续变化，因此，仍具有连续小波变换的平移不变性质。

对平移因子的离散化最简单的方法是均匀抽样，如令 $\tau=k\tau_0$，抽样间隔 τ_0 的应保证能由 $X(j,k)$ 恢复出 $x(t)$。令 $\alpha=\alpha_0{}^j$，当尺度扩大 $\alpha_0{}^j$ 倍时，频率降低为 $1/\alpha_0{}^j$，根据采样定理，抽样间隔扩大 $\alpha_0{}^j$ 倍不会丢失信息，取 $\tau=k\alpha^j\tau_0$。这样，对应的离散小波为

$$\psi_{j,k}(t)=\alpha_0^{-j/2}\psi(\alpha_0^{-j}t-k\tau_0) \tag{9.24}$$

离散小波变换（DWT）表示为

$$X(j,\ k)=\alpha_0^{-j/2}\int_{-\infty}^{+\infty}x(t)\ \psi^*(\alpha_0^{-j}t-k\tau_0)\mathrm{d}t=\left\langle x(t),\ \psi_{j,k}(t)\right\rangle \tag{9.25}$$

相应的，离散小波反变换为

$$x(t)=c\sum_{j=-\infty}^{\infty}\sum_{k=-\infty}^{\infty}X(j,k)\ \psi_{j,k}(t)=c\sum_{j=-\infty}^{\infty}\sum_{k=-\infty}^{\infty}\left\langle x(t),\psi_{j,k}(t)\right\rangle\psi_{j,k}(t) \tag{9.26}$$

式中，c 为一个与信号无关的常数。需要指出，时间变量 t 是连续的。

离散小波变换，实质上就是将信号波形分解成一族离散化的小波函数的叠加。几级小波叠加的结果大体上相当于对信号做了低通滤波。不断的分级分析就可以实现所需精细程度的时频局部分析。

离散化参数取 $\alpha_0 = 2$，$\tau_0 = 1$时，得到二进小波基函数

$$\psi_{j,k}(t) = 2^{-j/2}\psi(2^{-j}t-k) \tag{9.26}$$

若选择正交小波$\psi(t)$使得$\psi_{j,k}(t)$正交，即

$$\left\langle \psi_{j,k}(t), \psi_{j',k'}(t) \right\rangle = \delta(j-j')\delta(k-k') \tag{9.27}$$

称$\psi_{j,k}(t)$为二进正交小波，采用二进正交小波基的变换称为二进正交小波变换，有

$$X(j,k) = \left\langle x(t),\ \psi_{j,k}(t) \right\rangle = 2^{-j/2}\int_{-\infty}^{+\infty} x(t)\psi^*(2^{-j}t-k)\mathrm{d}t \tag{9.28}$$

相应的逆变换为

$$x(t) = \sum_{j=-\infty}^{\infty}\sum_{k=-\infty}^{\infty}\left\langle x(t), \psi_{j,k}(t) \right\rangle \psi_{j,k}(t) \tag{9.29}$$

正交小波变换可以消除变换中的冗余度，使得变换结果的图案更能反映信号的本身，所以，正交小波变换比连续小波变换具有更为优良的性质。

9.3.3 多分辨率分析

要对信号进行正交小波变换,首先需要解决的问题就是如何构造出满足要求的正交小波。1988 年，S.Mallat 在构造正交小波基时提出了多分辨分析的概念，从空间的概念上形象地说明了小波的多分辨特性，将此之前的所有正交小波基的构造法统一起来，给出了正交小波的构造方法以及正交小波的快速算法，即 Mallat 算法。Mallat 算法在小波分析中的地位相当于快速傅里叶变换算法在经典傅里叶分析中的地位。

1. 多分辨率分析

小波变换的基本思想就是用一族小波函数去表示或逼近一信号或函数，我们希望小波族$\{\psi_{j,k}\}$能够是一个正交基。设函数$\phi(t)$的平移系列$\{\phi_k(t)=\phi(t-k),\ k\in Z\}$构成标准正交基，称$\phi(t)$为尺度函数。将$\phi(t)$在平移的同时进行尺度伸缩，则可得尺度和位移均可变化的函数集合

$$\phi_{j,k}(t) = 2^{-j/2}\phi(2^{-j}t-k) = \phi_k(2^{-j}t) \tag{9.30}$$

称每一个固定尺度 j 上的平移系列$\phi_k(2^{-j}t)$所张成的的空间V_j为尺度空间(所谓空间是指一定公理的函数、数列、矩阵或运算算子等元素组成的基本集合)。尺度函数和尺度空间为实现多分辨率分析提供了基础。

空间$L^2(R)$的多分辨分析是指构造$L^2(R)$空间内的一个子空间序列$\{V_j : j\in Z\}$，使它具备以下性质：

(1) 单调性：$\forall j\in Z$，$V_{j+1}\subset V_j$，即分辨率2^{-j}（尺度参数2^j的倒数）上的逼近包含了计算较粗分辨率2^{-j-1}上逼近的所有必需信息。

（2）逼近性：$\bigcap_{j=-\infty}^{\infty} V_j = \{0\}$，$\bigcup_{j=-\infty}^{\infty} V_j = L^2(R)$，即所有多分辨分析子空间的并集应该代表平方可积信号的整个空间 $L^2(R)$，信号逼近收敛于原始信号。

（3）伸缩性：$f(t) \in V_j \Leftrightarrow f\left(\frac{t}{2}\right) \in V_{j+1}$，即 V_j 中膨胀两倍的函数定义了在较粗分辨率空间 V_{j+1} 上的一个逼近，体现了尺度的变化、函数的变化与空间的变化具有一致性。

（4）平移不变性：$f(t) \in V_j \Leftrightarrow f(t-2^{-j}k) \in V_j, \forall k \in \mathrm{Z}$，即对于任何与尺度 2^j 成正比的平移，V_j 是不变的。

（5）Riesz 基存在性：存在 $\theta(t) \in V_0$，使得 $\{\theta(2^{-j}t-k), k \in \mathrm{Z}\}$ 构成 V_j 的 Riesz 基。

对于条件（5），可以证明，V_j 是 $L^2(R)$ 空间的一多分辨逼近，则存在一个唯一函数 $\phi(t) \in L(R^2)$，使它的伸缩平移系 $\phi_{j,k}(t) = 2^{-j/2}\phi(2^{-j}t-k), k \in \mathrm{Z}$ 是 V_j 的标准正交基，$\phi(t)$ 就是前述的尺度函数。

建立这个正交基的最终目标是构造正交小波基，因此，除了由尺度函数 $\phi(2^{-j}t)$ 生成的尺度子空间 V_j 外，自然还应该引入由小波函数 $\psi(2^{-j}t)$ 生成的小波子空间 W_j，由 V_j 子空间的包容关系 $V_{j+1} \subset V_j$ 知，应保证

$$V_j = V_{j+1} \oplus W_{j+1},\ \forall j \in \mathrm{Z} \ \text{和}\ W_j \perp V_j,\ \forall j \in \mathrm{Z}$$

W_{j+1} 是 V_{j+1} 在 V_j 上的正交补，则多分辨分析的子空间 V_0 可以用有限个子空间来逼近，即有

$$V_0 = V_1 \oplus W_1 = V_2 \oplus W_2 \oplus W_1 = V_N \oplus W_{N-1} \oplus \cdots \oplus W_2 \oplus W_1 \tag{9.31}$$

若令 $f_j \in V_j$ 代表分辨率为 2^{-j} 的函数 $f \in L^2(R)$ 的逼近（即函数 f 的“粗糙像”或“轮廓”），而 $d_j \in W_j$ 代表逼近的误差（称之为 f 的“细节”），则式（9.31）意味着

$$f_0 = f_1 + d_1 = f_2 + d_2 + d_1 = f_N + d_N + d_{n-1} + \cdots + d_2 + d_1$$

注意到 $f = f_0$，所以上式可简写为

$$f = f_N + \sum_{i=1}^{N} d_i \tag{9.32}$$

这表明，任何函数 $f \in L^2(R)$ 都可根据分辨率 2^{-N} 的 f 的轮廓和分辨率 $2^{-j}(1 \leqslant j \leqslant N)$ 下的 f 的细节“完全重构”。这恰好是著名 Mallat 塔式重构算法的思想。

从包容关系 $V_0 \subset V_{-1}$，我们很容易得到尺度函数 $\phi(t)$ 的一个极为有用的性质。注意到 $\phi_{0,0}(t) \in V_0 \in V_{-1}$，所以 $\phi(t) = \phi_{0,0}(t)$ 可用 V_{-1} 子空间的基函数 $\phi_{-1,k}(t) = 2^{1/2}\phi(2t-k)$ 展开，令展开系数为 $h(k)$，则

$$\phi(t) = \sqrt{2}\sum_{k=-\infty}^{\infty} h(k)\phi(2t-k) \tag{9.33}$$

这就是尺度函数的双尺度方程。

另一方面，由于 $V_{-1} = V_0 \oplus W_0$，故 $\psi(t) = \psi_{0,0}(t) \in W_0 \subset V_{-1}$，因此，小波基函数 $\psi(t)$ 可以用 V_{-1} 子空间的正交基 $\phi_{-1,k}(t) = 2^{1/2}\phi(2t-k)$ 展开，令展开系数为 $g(k)$，则

$$\psi(t)=\sqrt{2}\sum_{k=-\infty}^{\infty}g(k)\phi(2t-k) \tag{9.34}$$

这就是小波函数的双尺度方程。

双尺度方程式（9.33）和式（9.34）表明，小波基$\psi_{j,k}(t)$可由尺度函数的平移和伸缩的线性组合获得，其构造归结为滤波器$H(\omega)$和$G(\omega)$的设计。$H(\omega)$为低通滤波器，$G(\omega)$为高通滤波器，分别对应于尺度函数的低通特性和小波函数的带通特性。

三层分解的多分辨分析的小波分解树如图 9.12 所示，信号被分解成 A 低频部分和 D 高频部分，分解具有关系

$$S=A_3+D_1+D_2+D_3$$

多分辨分析只对低频部分进行进一步分解，使分辨率变得越来越高，长为N的序列最多可分成$\log_2 N$层。

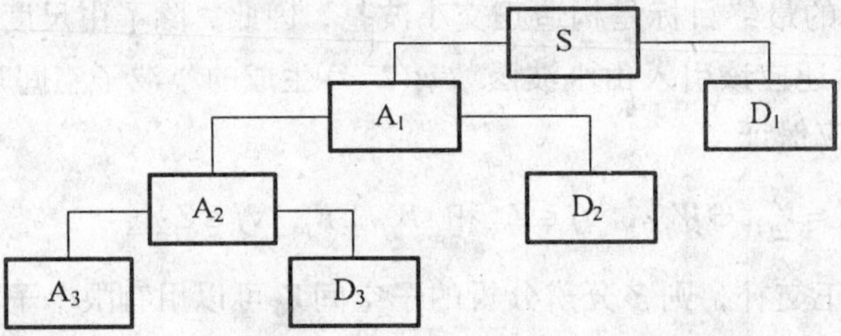

图 9.12　多分辨率小波分析

2. Mallat 算法

函数$f\in L^2(R)$可由数据列$C_{0,n}\in L^2(Z)$构成

$$f(t)=\sum_n C_{0,n}\phi_{0,n}=\sum_n C_{0,n}\phi(t-n) \tag{9.35}$$

即将原函数$f(t)$视为分辨率为$2^0=1$的离散逼近$A_0 f$。$C_{0,n}$为尺度系数，有

$$C_{0,n}=\langle f(t),\ \phi_{0,n}\rangle \tag{9.36}$$

由于$V_0=V_1\oplus W_1$的元素f可以被分解为属于V_1和W_1的分支

$$f=A_0 f=A_1 f+D_1 f \tag{9.37}$$

它的每一个分支对应于正交基$\phi_{1,k}$和$\psi_{1,k}$，被扩展为

$$A_1 f=\sum_k C_{1,k}\phi_{1,k}$$

$$D_1 f=\sum_k C_{1,k}\psi_{1,k}$$

由于$\phi_{1,k}$是V_1的正交基，有

$$C_{1,k}=\left\langle A_1 f,\ \phi_{1,k}\right\rangle=\left\langle f,\ \phi_{1,k}\right\rangle \tag{9.38}$$

由双尺度方程，有

$$\phi(t)=\sqrt{2}\sum_m h(m)\phi(2t-m) \tag{9.39}$$

将其进行伸缩平移，有

$$\phi_{1,k}=2^{-1/2}\phi(2^{-1}t-k)=\sum_m h(m)\phi\left[2(2^{-1}t-k)-m\right]=\sum_n h(m)\phi(t-2k-m)$$

令 $n=2k+m$，有

$$\phi_{1,k}=\sum_n h(n-2k)\phi(t-n)=\sum_n h(n-2k)\phi_{0,n}$$

代入式（9.38），由式（9.36）并考虑到 h 为实函数，有

$$C_{1,k}=\left\langle f,\phi_{1,k}\right\rangle=\left\langle f,\ \sum_n h(n-2k)\phi_{0,n}\right\rangle=\sum_n h(n-2k)\,C_{0,n} \tag{9.40}$$

类似地　$D_{1,k}=\sum_n g(n-2k)C_{0,n}$

对这个过程进行叠代，有

$$C_{j+1,k}=\sum_n h(n-2k)\,C_{j,n} \tag{9.41}$$

$$D_{j+1,k}=\sum_n g(n-2k)\,C_{j,n} \tag{9.42}$$

以上两式即为系数分解的 Mallat 算法，通过递推关系可快速求出尺度系数和小波系数。同样，对小波分解式两边对 $\phi_{0,n}$ 取内积并进行数学变换，有

$$C_{j,n}=\sum_k h(n-2k)\,C_{j+1,k}+\sum_k g(n-2k)D_{j+1,k} \tag{9.43}$$

这就是小波变换系数的重建公式，也是一个树状算法，与分解算法用的是同样的滤波系数，h 和 g 是满足式（9.33）和式（9.34）的双尺度方程的两个滤波器。Mallat 算法的分解与重构过程如图 9.13 所示。

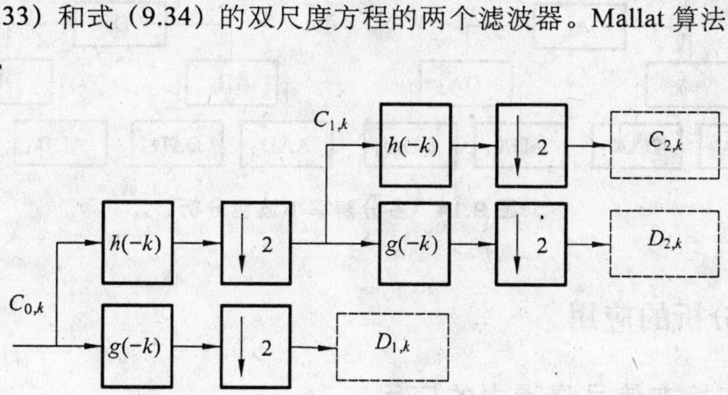

（a）分解示意图

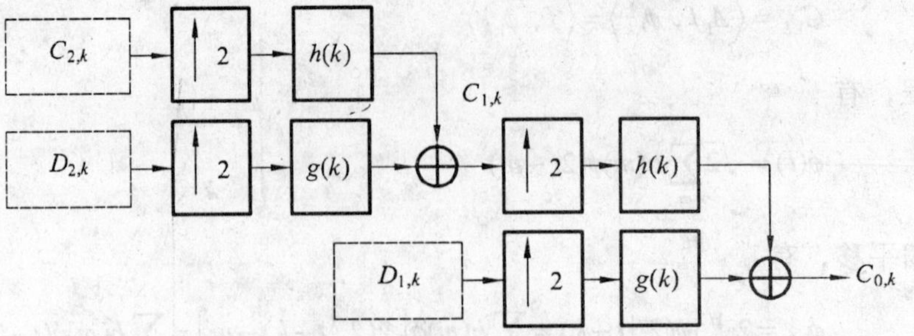

（b）重构示意图

图 9.13 Mallat 算法的分解与重构示意图

初始输入序列利用式（9.36）求得，由于尺度足够小时，可将尺度函数近似为一个δ函数，式（9.36）的内积可近似认为是对原函数的采样，因此，在采样速率足够大时，常直接用 f 的采样序列 $f(n)$ 作为初始序列 $C_{0,n}$。根据采样定理，对频率降低一半的信号，采样频率也可减半。而$h(n)$和 $g(n)$的滤波输出分别对应于离散信号的低频轮廓和高频细节，滤波输出序列的带宽只有原信号的一半，通过二抽取对应的尺度系数和小波系数长度减半，而总的输出序列长度与输入序列长度相等。

9.3.4 小波包分析

在多分辨率分析中，每一层分解只是对尺度空间V_j进行，而对子空间W_j则不再分解，因此高频跨度较宽。实际中，在很多问题上，我们只是对某些特定时间和频率段（点）的信号感兴趣，只要提取这些位置的信息即可。为此，我们希望在感兴趣的频率点上最大可能地提高频率分辨率，在感兴趣的时间点上最大程度地提高时间分辨率，此时正交小波不再满足这种要求。这需要对子空间也一样进行分解，以提高频率分辨率，其过程如图 9.14 所示，称为小波包分析。小波包分析的优点是对信号的高频部分作了更加细致的刻画，从而对信号的分析能力更强；其缺点是将大大增加计算量。

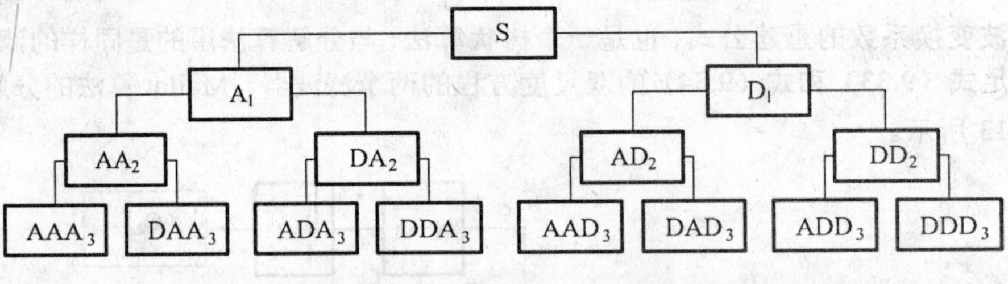

图 9.14 多分辨率小波包分析

9.3.5 小波分析的应用

1. 小波变换在信号降噪中的应用

小波分析的重要应用之一就是用于信号的降噪，工程实际中噪声通常表现为高频信号，因此，我们可按如下方法进行降噪处理：首先对信号进行小波分解，由于噪声信号多包含在具有较高频率的细节中，从而可以利用阈值形式对分解所得的小波系数进行处理，然后对信号进行小波重构即可达到降噪的目的。

对图 9.15 所示的含噪信号，我们用 db1 小波对其进行三层分解，将所得小波系数列 d_1、d_2、d_3 置零进行强制消噪，最后重构信号，得到降噪信号如图 9.16 所示。

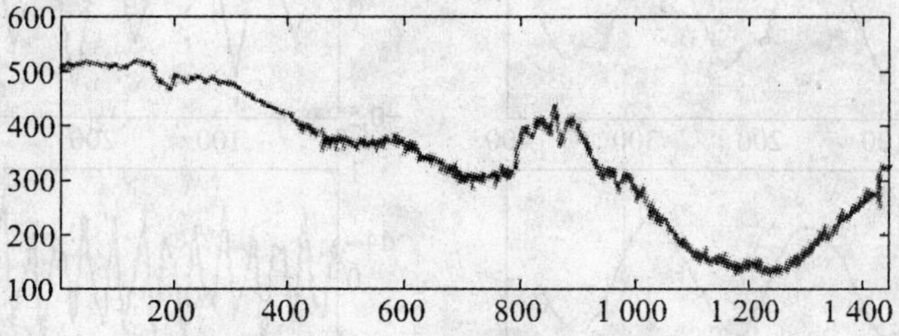

图 9.15　含噪原始信号

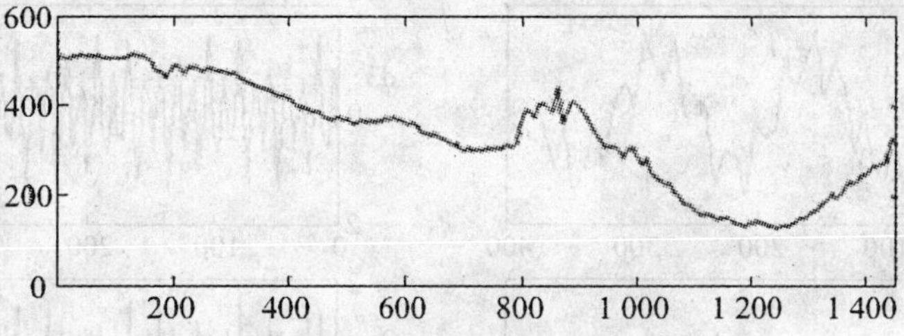

图 9.16　强制消噪后信号

2. 提取信号中某一频率区间的信号

如果信号是由几个不同频率的正弦信号所组成，我们可以用小波分析来分辨这些信号。若信号由式(9-44)产生，其波形如图 9.17 所示。

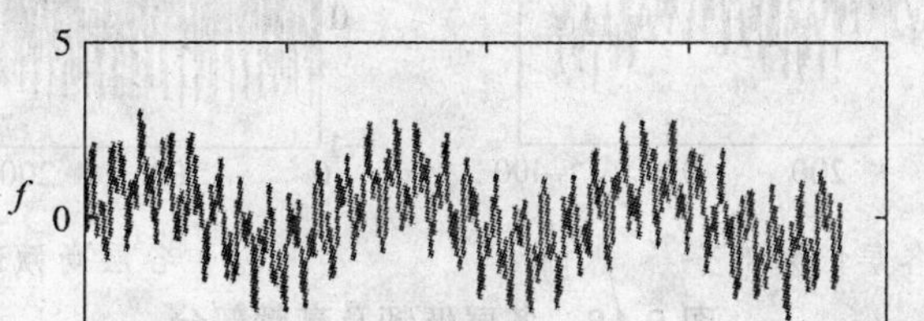

图 9.17　原始信号波形

$$f=\sin(x)+\sin(10*x)+\sin(100*x) \tag{9.44}$$

利用 db3 小波对信号进行 5 层分解，结果如图 9.18 所示。可以看到低频的第四层将正弦信号中的最低组成清晰地分离出来。

在小波分解中，若将信号中最高频率看成是 1，则各层小波分解分别是带通或低通滤波器，具体频带为

a1：0～0.5　　　d1：0.5～1

a2：0～0.25　　　d2：0.25～0.5

其余以此类推。高频正弦频率为 1，位于 d1 层。由于在小波分解下，不同的尺度具有不同的时间和频率分辨率，所以小波分解能将信号的不同频率成分分开。

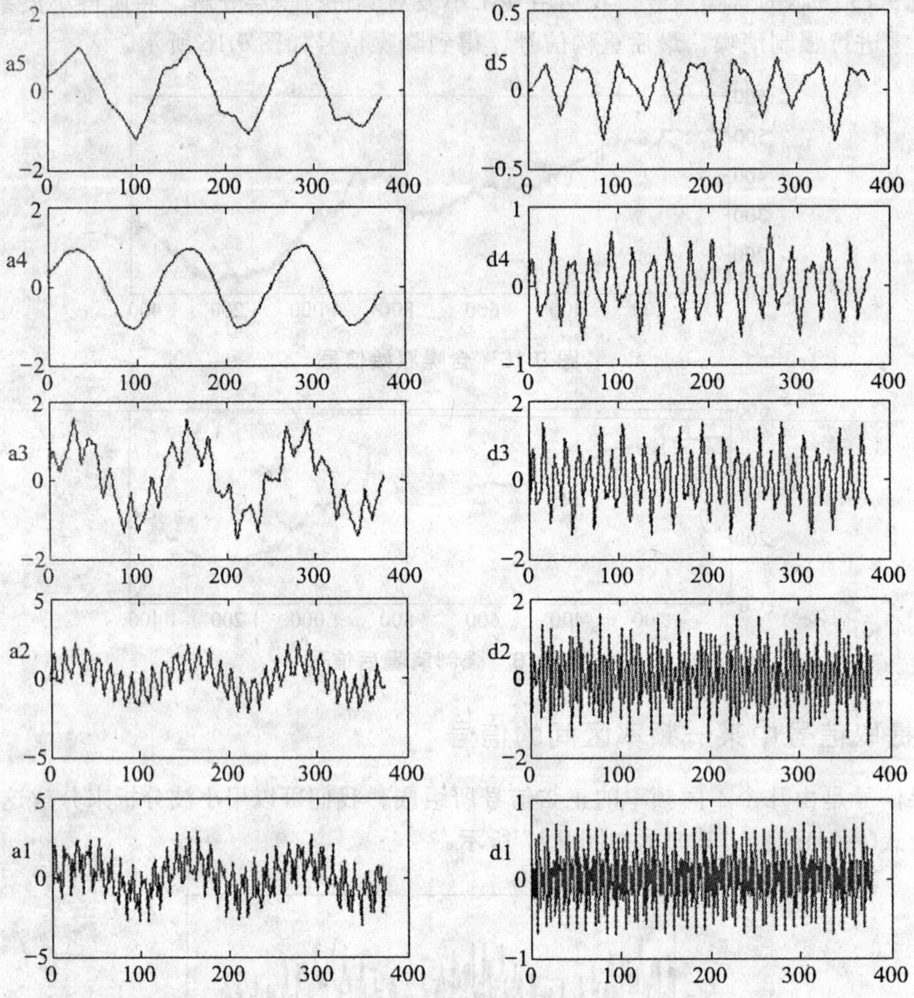

（a）各层低频部分　　　（b）各层高频部分

图 9.18　各层低频及高频部分

习　题

9.1　什么是加窗傅里叶变换？“加窗”的意义何在？

9.2　如何理解小波变换的实质？

9.3　小波变换为什么能用于信号的平滑滤噪？

9.4　试分别用 STFT 及 DWT 检测信号 $x(n)$在什么时候出现断点。已知

$$x(n)=\begin{cases}\sin(0.3n), & 1\leqslant n\leqslant 500\\ \sin(0.03n), & 501\leqslant n\leqslant 1\,000\end{cases}$$

第 10 章　测控信号处理的 DSP 实现

内容提要

1. 数字信号处理器（DSP）的基本概念
2. DSP 的基本结构
3. DSP 指令集及寻址方式
4. 数字滤波器的 DSP 实现

10.1　概　述

数字信号处理器是一种用于进行数字信号处理运算的微处理器，其主要应用是实时快速地实现各种数字信号处理算法。

普通的微处理器芯片由于具有一定的计算能力，在一定场合下也可以用来作为信号处理器，但是这些通用的微处理器在设计时往往以面向控制作为主要目标，因而这些处理器通常具有较强的接口控制能力而计算能力较弱。而 DSP 芯片是以高速计算为目标来进行设计的，在结构上还充分考虑了数字信号处理中常用算法的特点，能合理地安排处理器的指令。

10.1.1　DSP 应用系统

1. DSP 应用系统的构成

图 10.1 示出了一个典型的 DSP 系统。图中，输入信号可以有各种各样的形式，例如，可以是麦克风输出的语音信号或是电话线送来的已调数据信号，也可以是编码后在数字链路上传输或在计算机中存储的摄像机图像信号。

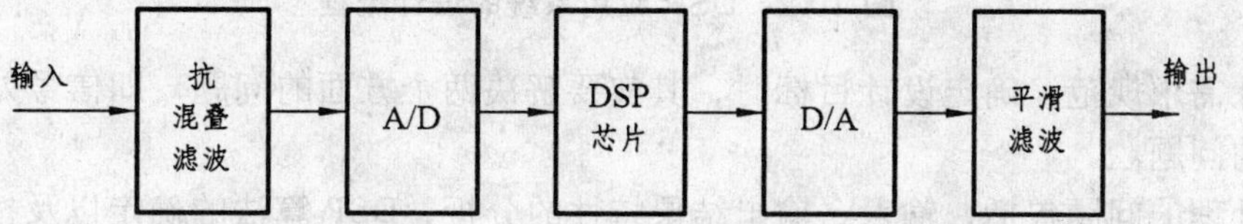

图 10.1　典型的 DSP 应用系统

2. DSP 应用系统的特点

数字信号处理系统是以数字信号处理为基础，因此具有数字处理的全部优点。

(1) 接口方便。DSP 应用系统与其他以现代数字技术为基础的系统或设备都是相互兼容，这样的系统接口以实现某种功能要比模拟系统与这些系统接口要容易得多。

(2) 编程方便。DSP 系统种的可编程 DSP 芯片可使设计人员在开发过程中灵活方便地对软件进行修改和升级。

(3) 稳定性好。DSP 系统以数字处理为基础，受环境温度以及噪声的影响较小，可靠性高。

(4) 精度高。16 位数字系统可以达到的精度。

(5) 可重复性好。模拟系统的性能受元器件参数性能变化比较大，而数字系统基本上不受影响，因此数字系统便于测试，调试和大规模生产。

(6) 集成方便。DSP 系统中的数字部件有高度的规范性，便于大规模集成。

10.1.2 DSP 应用系统的设计过程

图 10.2 所示是 DSP 应用系统设计的一般过程。

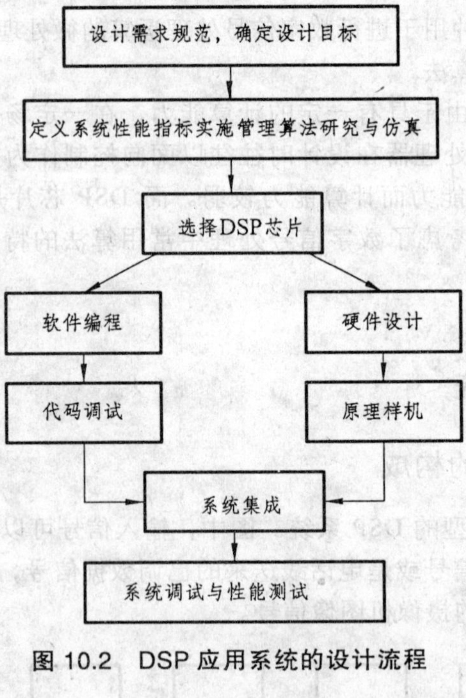

图 10.2 DSP 应用系统的设计流程

在设计需求规范，确定设计目标时，其实要解决两个方面的问题：即信号处理方面和非信号处理的问题。

信号处理的问题包括：输入、输出结果特性的分析，DSP 算法的确定以及按要求对确定的性能指标在通用机上用高级语言编程仿真。

非信号处理问题包括：应用环境、设备的可靠性指标，设备的可维护性，功耗、体积重量、成本、性能价格比等项目。

算法研究与仿真这是 DSP 应用实际系统设计中重要的一步。系统性能指标能否实现，以何种算法和结构应对需求，都是在这一步考虑的。这种仿真是在通用机上用高级语言编程实现的，编程时最好能仿 DSP 处理器形式运行，以达到更好的真实性。

10.1.3　DSP 应用系统的开发工具

随着 DSP 处理器的功能不断强化和系统开发周期不断缩短，设计和调试 DSP 系统越来越依赖于 DSP 开发系统和开发工具，图 10.3 所示为 DSP 处理器开发流程图。

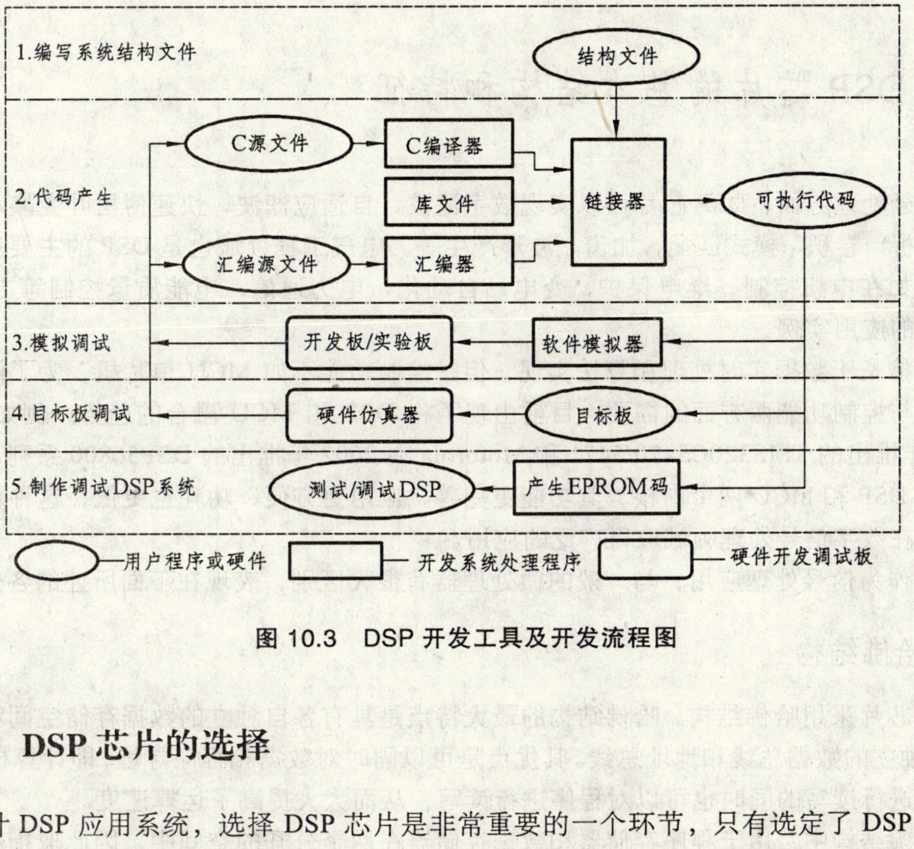

图 10.3　DSP 开发工具及开发流程图

10.1.4　DSP 芯片的选择

设计 DSP 应用系统，选择 DSP 芯片是非常重要的一个环节，只有选定了 DSP 芯片，才能进一步设计外围电路集系统的其他电路。总的来说，DSP 芯片的选择应根据实际的应用系统需要而确定。一般来说，选择 DSP 芯片时考虑如下诸多因素。

（1）DSP 芯片的运算速度。运算速度是 DSP 芯片的一个最重要的性能指标，也是选择 DSP 芯片时所需要考虑的一个主要因素。DSP 芯片的运算速度可以用以下几种性能指标来衡量：

① 指令周期。就是执行一条指令所需要的时间，通常以 ns 为单位。

② MAC 时间。即一次乘法加上一次加法的时间。

③ FFT 执行时间。即运行一个 N 点 FFT 程序所需的时间。

④ MIPS。即每秒执行百万条指令。

⑤ MOPS。即每秒执行百万次操作。

⑥ MFLOPS。即每秒执行百万次浮点操作。

⑦ BOPS。即每秒执行十亿次操作。

(2) DSP 芯片的价格。根据一个价格实际的应用情况，确定一个价格适中的 DSP 芯片。

(3) DSP 芯片的硬件资源。

(4) DSP 芯片的运算速度。

(5) DSP 芯片的开发工具。

(6) DSP 芯片的功耗。

(7) 其他的因素，如封装的形式、质量标准、生命周期等。

10.2 DSP 芯片的基本结构和特征

在信号处理方面，DSP 芯片可以实现数字滤波、自适应滤波、快速傅里叶变换、相关运算、谱分析、卷积、模式匹配、加窗、波形产生等。电气工程领域也是 DSP 的主要应用领域之一，例如在电机控制、继电保护、变电站自动化、电力通信、电能质量控制等方面 DSP 都有成功的应用实例。

DSP 擅长于数据实时处理和算法实现，但是控制功能不如 MCU 单片机，为了同时满足数据处理与控制功能两方面的需要，目前出现了将 DSP 和 MCU 融合的趋势，例如 TI 公司于 2001 年推出的 TMS320C5470/5471 和 Motorola 在 2002 年推出的 DSP56800 系列。一块芯片中集成 DSP 和 MCU 两个内核，其功能更完善、应用更方便、功耗也更低，这种双内核的芯片必将在数字信号处理领域取得广泛的应用。

DSP 作为信号处理应用，与一般的微处理器有很大区别，表现在下面所述的各个方向。

1. 哈佛结构

DSP 芯片采用哈佛结构。哈佛结构的最大特点是具有各自独立的数据存储空间和程序存储空间、独立的数据总线和地址总线。其优点是可以同时对数据和程序寻址，即计算机的 CPU 在对数据进行读写的同时也可以对程序进行读写，从而大大提高了运算速度。

在哈佛结构中，由于程序存储器和数据存储器在两个分开的空间中，因此取指和执行能完全重叠运行。为了进一步提高运行速度和灵活性，TI 公司推出的 TMS320 系列 DSP 芯片在基本哈佛结构的基础上作了改进，一是允许数据存放在程序存储器中，并被算术运算指令直接使用，增强了芯片的灵活性；二是指令存储在高速缓冲存储器（cache）中，当执行此指令时，不需要再从存储器中读取指令，节约了一个指令周期的时间。如 TMS320C30 具有 64 个字的 cache。

2. 流水线

DSP 芯片广泛采用流水线（pipeline）方式以减少指令执行时间，从而增强了处理器的处理能力。TMS320 系列处理器的流水线深度从 2～6 级不等，也就是说处理器可以并行处理 2～6 条指令，每条指令处于流水线上的不同阶段。

在 4 级流水线操作中，取指、译码、取操作数和执行操作可以独立地处理，每个指令周期内，4 条不同的指令同时处于激活状态，总有一条指令处于执行操作阶段，相当于每个指令周期可以执行一条指令。

3. 专用的硬件乘法器

在通用的微处理器中，乘法指令是由一系列加法来实现的，故需要许多个指令周期来完成。DSP 芯片具有一个专用的硬件乘法器。例如在 TMS320 系列 DSP 芯片中，由于具有专用的硬件乘法器，乘法运算可在一个指令周期内完成。以下是利用 TMS32010 实现 FIR 滤波的一个抽头算法的一段程序：

```
LT      ；装乘数到 TREG 寄存器
DMOV    ；在存储器中移动数据以实现延迟
MPY     ；相乘
APAC    ；将乘法结果加到 ACC 中
```

对于一个 256 抽头的 FIR 滤波器，以上 4 条指令必须重复执行 256 次，且 256 次乘法必须在一个抽样间隔内完成。如果采用典型的通用微处理器，每个抽头需要 30～40 个指令周期，而 TMS302010 只需 4 条指令。

4. 特殊的 DSP 指令

DSP 芯片采用了一系列特殊的指令。在 TMS320F240 DSP 中，有 2 条特殊的指令，即 RPT 和 MACD 指令，利用这两条指令，可以将 FIR 滤波的 256 个抽头的计算指令降为 1 条。

```
RPT 255 ；重复执行下条指令 256 次
MACD    ；一次实现 LT、DMOV、MPY、APAC 的功能
```

5. 快速的指令周期

哈佛结构、流水线操作、专用硬件乘法器、特殊的 DSP 指令加上集成电路的优化设计，使 DSP 芯片的指令周期在 200 ns 以下，运算速度大为提高。

10.3　TMS320C54x 系列 DSP

本节以 TMS320C54DSP 为例介绍 DSP 芯片的硬件结构及指令系统。

10.3.1　TMS320C54x 的主要特点

TMS320C54x 是为实现低功耗、高性能而专门设计的定点 DSP 芯片，它的中央处理单元

（CPU）采用优化的哈佛结构，包含 1 条程序总线、3 条数据总线和 4 条地址总线，具有高度的并行性，且功耗很低。芯片具有完善的寻址方式和强大的指令集，进一步提高了系统的性能。此外，芯片采用模块化设计以及先进的集成电路技术，功耗小，成本低。TMS320C54x DSP 芯片可以满足多种实时嵌入系统的需要。

TMS320C54x 的主要特点包括：

（1）运算速度快。运算速度位 30～532 MIPS。

（2）优化的 CPU 结构。内部有一个 40 位的算术逻辑单元，两个 40 位的累加器，两个 40 位加法器，一个 17x17 的乘法器和一个 40 位的捅形移位器。有 4 条内部总线和 2 个地址产生器。此外，内部还集成了维持比加速器，用于提高维特比编译码的速度。先进的 DSP 结构可高效地实现无线通信系统中的各种功能。

（3）低功耗方式。TMS320C54x 可以在 3.3 V、2.5 V、1.8 V 甚至 1.2 V 电压下工作，三种低功耗方式（IDLE1、IDLE2 和 IDLE3）可以节省 DSP 的功耗，TMS320C54x 特别适合与无线通信设备。

（4）智能外设。除了标准的串行口和时分复用串行口外，还提供了自动缓冲串行口 BSP，多通道缓冲串行口 McBSP 和与外部处理器通信的 HPI（host port iterface）接口。

10.3.2 TMS320C54x 的基本结构

TMS320C54x DSP 芯片的基本结构如图 10.4 所示。

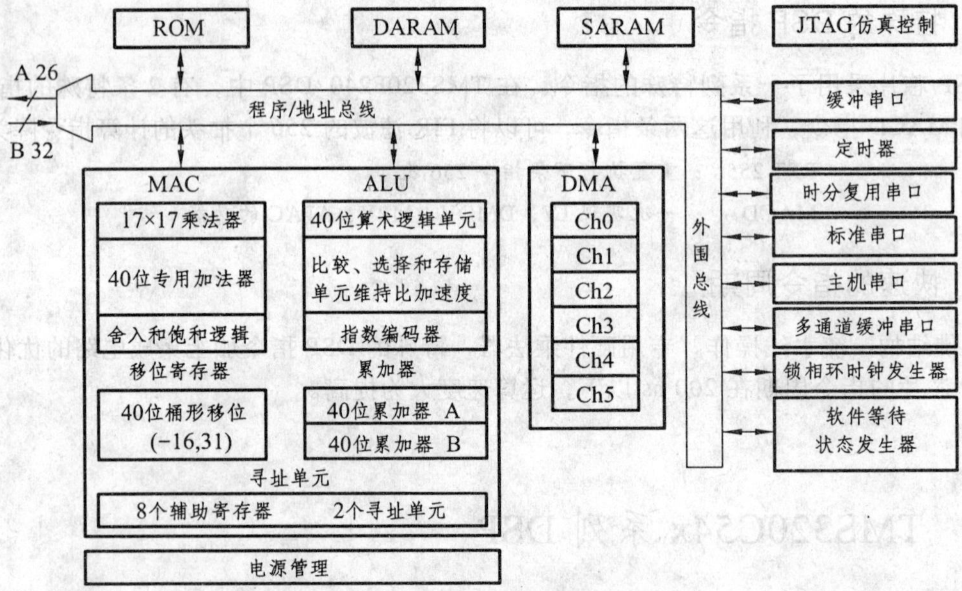

图 10.4 TMS320C54x DSP 方框图

下面对芯片的 CPU、内部存储器、流水线、片内外设以及外部总线操作进行介绍。

1. 中央处理单元

TMS320C54x 系列芯片的 CPU 都是相同的，它由算术逻辑单元（ALU）；2 个 40 位累加器 ACCA、ACCB；40 位桶形移位寄存器；乘累加单元（MAC）；寻址单元组成。

2. 存储器

TMS320C54x 内一般包括 192K 字的可寻址存储器空间：64K 字程序空间，64K 字数据空间和 64K 字的 I/O 空间；一些芯片还通过扩展页增加了地址空间。

3. 流水线

流水线处理的原理是：将指令分为几个子操作，每个子操作由不同的单元完成。TMS320C54x 芯片采用了 6 级流水线的工作方式，即预取指、取指、译码、访问、读数和执行操作。

4. 片内外设

所有的 TMS320C54x 芯片含有相同的 CPU，但是片内外设随芯片类型不同而有变化。

（1）通用 I/O 引脚：XF 和/BIO。

（2）定时器。

（3）主机接口：8 位标准型主机接口，8 位增强型主机接口，16 位增强型主机接口。

（4）串行口：标准串口，缓冲串口，时分复用串口，多通道缓冲串口。

（5）软件可编程等待状态产生器。

（6）可编程块开关模块。

5. 外部总线操作

（1）4 条地址总线。

（2）4 条数据/程序总线。

10.3.3　TMS320C54x 的指令集与寻址方式

1. 汇编指令介绍

TMS320C54x 的指令集包括了 4 中基本类型的操作：

（1）算术指令。包括加法、减法、乘法、乘累加、32 位操作数运算指令以及其他一些专用指令。

（2）逻辑指令。包括与、或、异或、移位和测试指令等。

（3）程序控制指令。包括跳转、调用、中断、返回、重复等程序控制指令。

（4）装载和存储指令。包括装载、存储以及并行装载和存储型的指令等。

2. 寻址方式

TMS320C5000 DSP 芯片的寻址方式分为数据寻址和程序寻址两种。

1）数据寻址

TMS320C5000 提供了 7 中基本的数据寻址方式：

立即数寻址：指令中包含有一个固定的数。

绝对地址寻址：指令中包含一个固定的地址。

累加器寻址：将累加器的内容作为地址去访问程序存储器单元。

直接寻址：数据存储器地址由基地址（DP 或 SP）和偏移地址组成；数据存储器地址的高 9 位由基地址提供，低 7 位由偏移地址提供。

间接寻址：将辅助寄存器中的内容作为地址去访问存储器。

存储器映射寄存器寻址：修改映射寄存器的内容而不影响当前的 DP 或 SP 值。

堆栈寻址：将数据压入或者弹出系统堆栈。

2）程序寻址

在程序存储器中存放着程序代码、系数表和立即操作数等信息，访问这些信息时需要使用程序寻址方式。程序寻址主要包括程序存储器地址如何产生以及程序地址如何入程序计数器 PC。

10.4 数字滤波器的 DSP 实现

在数字信号处理中，滤波占有极其重要的位置。数字滤波是语音和图像处理、模式识别、谱分析等应用中的一个基本处理算法。用 DSP 芯片实现数字滤波除了具有稳定性好、精确度高、不受环境影响等优点外，还有具有灵活性好的特点。有可编程 DSP 芯片实现数字滤波可通过修改滤波器的参数十分方便地改变滤波器的特性。

10.4.1 FIR 滤波器的 TMS320C54x 实现

FIR 滤波器输出差分方程为

$$y(n)=\sum_{i=0}^{N-1}h(i)x(n-i) \tag{10.1}$$

TMS320C54x 定点 DSP 提供了单周期乘/累加指令 MAC 和循环寻址方式，使 FIR 数字滤波器每个样值的计算可以在一个周期内完成。

FIR 数字滤波器每个样值的计算就是实现两数组对应项乘积的累加和。采用 RPTZ 和 MAC 指令结合循环寻址方式可以方便地实现这一运算：

```
RPTZ    ；累加器，N-1
MAC     ；(双访问数据)，(双访问数据)，累加器
```

其中，RPTZ 指令将累加器清零初始化，并将立即数 N-1（16 位）装入到重复计数器，使下一条指令重复执行 N 次。MAC 指令实现将两存储区数据的乘积累加到累加器，再通过使存

储区指针以循环寻址的方式指向下一个存储区。

为了实现对应项相乘，输入样值 $x(n)$ 和滤波器系数 $h(n)$ 必须合理存放，并正确初始化这两个存储块和块指针。图 10.5 是输入样值 $x(n)$和滤波器系数 $h(n)$ 在 TMS320C54x 的一种存放方法，图 10.5（a）是滤波器系数的存储器组织，图 10.5（b）是滤波前输入样值的存放顺序，图 10.5(c)是滤波后输入样值的存放顺序。例 10.1 是高效实现 FIR 滤波器的 TMS320C54x 汇编程序。

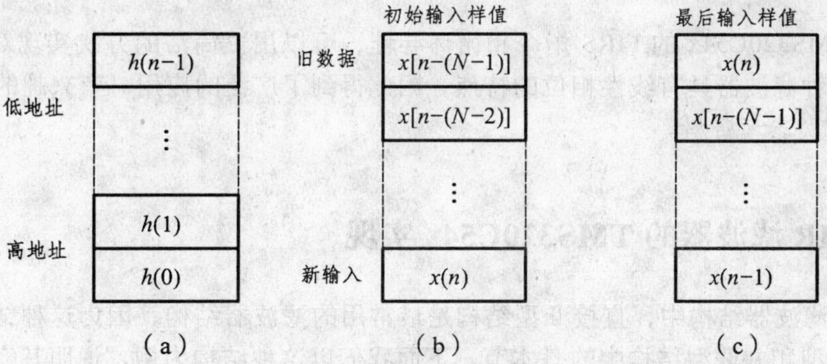

图 10.5　TMS320C54x 实现 FIR 滤波器的存储器组织

【例 10.1】　TMS320C54x 实现 FIR 的程序

```
;N 阶 FIR 滤波的 TMS320C2xx 程序
;y(n)=x(n-(N-1))h(N-1)+ x(n-(N-2))h(N-2)+…+x(n)h(0)
;
STM      #K_FRAME_SIZE-1,BRC        ;对每个数据进行滤波
RPTBD    fir_filter_loop-1
STM      #K_FIR_BFFR,BK             ;FIR 循环缓冲区大小
LD       *INBUF_P+,A                ;装载输入数据
fir_filter:
STL      A,*FIR_DATA_P+%            ;用最新值更新

RPTZ     A,(K_FIR_BFFR-1)
MAC      *FIR_DATA_P+%,*FIR_COFF_P+%,A  ;滤波
STH      A,*OUTBUF_P+
fir_filter_loop
```

程序说明：

（1）数据定标。输入数据和滤波器系数均小于 1，以 $Q15$ 表示。将 FRCT 标志置 1，输入的数据和滤波器系数乘完后结果自动左移一位，和累加器相加并取高 16 位输出。这样，输出和输入的 Q 值就一致了。

（2）数据存放的要求。因为采用了 MAC 指令和循环寻址，所以输入数据和滤波器系数的存放要依照一定的要求。数据块和系数块都要放在双寻址数据存储区。并且，起始地址位 m 位地址边界（$2^m>N$）。

(3) 循环寻址的使用。为了使用循环寻址，除了对数据的存放有要求外，先还要设置 Bk 位块长 N。由于使用了循环寻址，数据和系数指针在操作后以循环的方式增 1。

(4) 数据的初始化。输入数据块要初始化为全 0。

(5) 符号说明。常量 K_FRAME_SIZE 和 K_FIR_BFFR 分别为输入数据的个数、FIR 滤波器抽头个数。指针 INBUF_P，FIR_DATA_P，FIR_COFF_P 和 OUTBUF_P 分别为输入数据指针、FIR 抽头输入数据指针、FIR 抽头系数指针、输出数据指针，他们可以用辅助寄存器 ARx 实现。

利用 TMS320C54x 的 FIRS 指令和循环寻址，可以用更简洁的方式实现对称抽头的 FIR 滤波器。这种滤波器具有线性相位的特点，因此得到了广泛的应用。有兴趣的读者可以查看 TI 公司的有关参考资料。

10.4.2 IIR 滤波器的 TMS320C54x 实现

在 IIR 滤波器结构中，直接Ⅱ型结构是最常用的滤波器结构，因为这种结构的二阶形式可作为级联型和并联型结构中的基本节。下面我们以这种结构为例，说明其实现方法。二阶直接Ⅱ型结构 IIR 滤波器如图 10.6 所示。

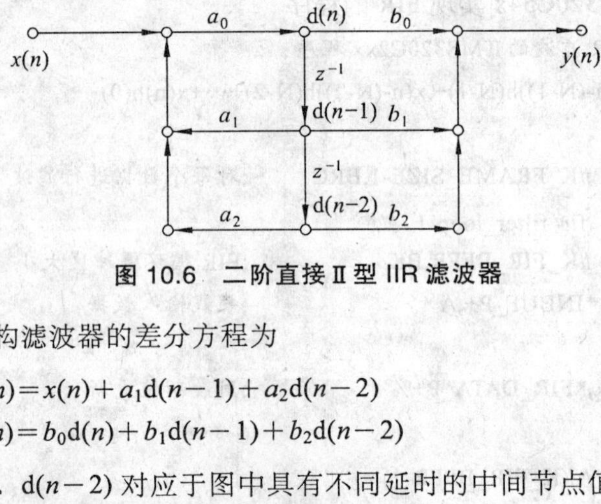

图 10.6 二阶直接Ⅱ型 IIR 滤波器

二阶直接Ⅱ型结构滤波器的差分方程为

$$d(n)=x(n)+a_1d(n-1)+a_2d(n-2) \tag{10.2}$$

$$y(n)=b_0d(n)+b_1d(n-1)+b_2d(n-2) \tag{10.3}$$

式中，d(n)、d(n−1)、d(n−2) 对应于图中具有不同延时的中间节点值。例 10.2 是实现二阶直接Ⅱ型 IIR 滤波器的 TMS320C54x 汇编程序。

【例 10.2】 TMS320C54x 实现的 IIR 滤波器汇编程序

```
;本程序实现一个二阶直接Ⅱ型 IIR 滤波器
      STM    #K_FRAME_SIZE-1,BRC              ;对每一样值进行滤波
      RPTB    iir_filter_loop-1
      LD     *INBUF_P+,16,A                   ;装入输入数据
iir_filter:
      STM    #d_iir_d+2,IIR_DATA_P
      STM    #iir_coff_table,IIR_COFF_P
      MAC     *IIR_COFF_P+,*IIR_DATA_P-,A     ;input+d(n-2)*A2
```

```
        MAC     *IIR_COFF_P+,*IIR_DATA_P-,A    ;input+d(n-2)*A2+ d(n-1)*A1
        STH      A,*IIR_DATA_P+                ;d(n)=input+d(n-2)*A2+ d(n-1)*A1
        MAR     * IIR_DATA_P+
        MPY     *IIR_COFF_P+,*IIR_DATA_P-,A    ; d(n-2)*B2
        MAC     *IIR_COFF_P+,*IIR_DATA_P,A     ; d(n-2)*B2+ d(n-1)*B1
        DELAY      * IIR_DATA_P-               ; d(n-2)= d(n-1)
        MAC     *IIR_COFF_P+,*IIR_DATA_P,A     ; d(n-2)*B2+ d(n-1)*B1+ d(n)*B0
     DELAY   * IIR_DATA_P-                  ; d(n-1)= d(n)
        STH     A,*OUTBUF_P+                ;output= d(n-2)*B2+ d(n-1)*B1+ d(n)*B0
   iir_filter_loop
```

程序说明：

(1) 定标说明。滤波器抽头系数的 Q 值可根据实际情况设置，程序中假定为 *Q*15。

(2) 数据存放要求。延迟节点 d(*n*)、d(*n*−1) 和 d(*n*−2) 占据三个连续的存储单元，d(*n*) 在低地址，d(*n*−2) 在高地址，以 d_iir_d 作首地址。IIR 滤波器系数按 a2、a1、b2、b1、b0 的顺序以地址增的方式存放，以 iir_coff_table 作首地址。

(3) 指令说明。MAR 指令实现以辅助寄存器表示的地址指针修改。DELAY 指令通过将操作数表示存储器数据赋给下一个存储单元来更新延迟节点数据。

(4) 常量和参数说明。常量 K_FRAME_SIZE 表示输入数据个数，指针 INBUF_P、IIR_DATA_P、IIR_COFF_P、OUTBUF_P 分别表示输入数据指针、IIR 延迟节点指针、IIR 滤波器系数指针和输出数据指针。

习　题

10.1　简述 DSP 应用系统的典型构成和特点。

10.2　开发 DSP 应用系统，一般需要哪些软硬件开发工具？

10.3　简述流水线操作的基本原理。

10.4　TMS320C54x 芯片的 CPU 主要由哪几部分组成？

10.5　TMS320C54x 的指令集包含了哪几种基本类型的操作？

10.6　TMS320C54x 提供了哪些基本的数据寻址方式？

参 考 文 献

[1] 陈行禄，秦永元. 信号分析与处理. 北京：北京航空航天大学出版社，1993.

[2] 郑方，徐明星. 信号处理原理. 北京：清华大学出版社，2000.

[3] 王宝祥. 信号与系统. 哈尔滨：哈尔滨工业大学出版社，1992.

[4] 何振亚. 数字信号处理的理论与应用. 北京：人民邮电出版社，1987.

[5] 杨西侠，柯晶. 信号分析与处理. 北京：机械工业出版社，2007.

[6] [美]Roberto Cristi. 现代数字信号处理. 徐盛等，译. 北京：机械工业出版社，2005.

[7] 宋爱国，刘文波，王爱民. 测试信号分析与处理. 北京：电子工业出版社，2006.

[8] 郑方，徐明星. 信号处理原理. 北京：清华大学出版社，2000.

[9] [美]奥本海姆等. 信号与系统（英文版）. 2 版. 北京：机械工业出版社，2004.

[10] 郑君里，应启珩，杨为理. 信号与系统. 2 版. 北京：高等教育出版社，2000.

[11] 宗孔德，胡广书. 数字信号处理. 北京：清华大学出版社，1988.

[12] 徐守时. 信号与系统理论、方法和应用. 合肥：中国科学技术大学出版社，1999.

[13] [美]V.K.恩格尔，J.G.普罗克斯. 数字信号分析——使用 MATLAB. 西安：西安交通大学出版社，2002.

[14] 程佩青. 数字信号处理教程习题分析与解答. 北京：清华大学出版社，2007.

[15] 高西全，丁玉美. 数字信号处理学习指导. 西安：西安电子科技大学出版社，2001.

[16] 张筱华，林莘. 滤波技术. 北京：人民邮电出版社,1994.

[17] Harry Y-F Lam. Analog and Digital Filters：Design and Realization. Prentice-Hall, Inc., 1973.

[18] 范子亮. 应用随机过程. 成都：西南交通大学出版社，1995.

[19] 赵淑清，郑薇. 随机信号分析. 哈尔滨：哈尔滨工业大学出版社，1998.

[20] 罗鹏飞，张文明. 随机信号分析与处理. 北京：清华大学出版社，2006.

[21] 张贤达，保铮. 非平稳信号分析与处理. 北京：国防工业出版社，1998.

[22] [法]S Mallat. 信号处理的小波导引. 杨力华等，译. 北京：机械工业出版社，2002.

[23] 李弼程，罗建书. 小波分析及其应用. 北京：电子工业出版社，2003.

[24] 孙延奎. 小波分析及其应用. 北京：机械工业出版社，2005.

[25] 葛哲学，陈仲生. Matlab 时频分析技术及其应用. 北京：人民邮电出版社，2006.

[26] 苏涛，蔺丽华，卢光跃，等. DSP 实用技术. 西安：西安电子科技大学出版社，2002.

[27] 张雄伟，陈亮，徐光辉. DSP 芯片的原理与开发应用. 北京：电子工业出版社，2003.

[28] 姜阳，周锡青. DSP 原理与应用实验. 西安：西安电子科技大学出版社，2008.